Die Ventilatoren

Berechnung, Entwurf und Anwendung

Von

Dr. sc. techn. **E. Wiesmann**
Ingenieur

Mit 135 Abbildungen, 10 Zahlentafeln
und zahlreichen Rechnungsbeispielen

Springer-Verlag Berlin Heidelberg GmbH 1924

ISBN 978-3-662-36011-8 ISBN 978-3-662-36841-1 (eBook)
DOI 10.1007/978-3-662-36841-1

Ursprünglich erschienen bei Julius Springer in Berlin 1924
Softcover reprint of the hardcover 1st edition 1924

Vorwort.

Das Anwendungsgebiet des Schleudergebläses, kurz Ventilator genannt, ist fortwährend im Wachsen begriffen, weil sich derselbe leichter als vielleicht andere Gebläse den verschiedenen Anforderungen des Lufttransportes anpassen läßt. Heute wird die Luft nicht allein als Lebenspenderin zu Lüftungszwecken auf künstlichem Wege nach dem Orte des Verbrauches hinbefördert, sondern es dient oft die durch Leitungen hindurchbewegte Luft als Trägerin von Energien sogar von leichten festen Stoffen als Fördergut.

Der Ventilator soll nicht bloß für die verschiedenen Zwecke, denen er zu dienen hat, richtig gebaut sein, sondern muß sich auch mit der Luftförderleitung in Übereinstimmung befinden, darum ist eine Ventilatoranlage, d. h. Ventilator und Leitungssystem, stets als ein Ganzes aufzufassen. Für beide gelten die bekannten drei Proportionalitätsgesetze, auf die an verschiedenen Stellen des Buches hingewiesen wird.

Dem Verfasser war daran gelegen, die beim Entwurf eines Ventilators in Frage kommenden Grundgesetze zu entwickeln unter Berücksichtigung der vielerlei Widerstände, die beim Gebrauch des Ventilators den theoretischen Druck- und Geschwindigkeitsverlauf anders gestalten. Der Konstrukteur muß die einfachen Prinzipien, auf die es ankommt, klar vor Augen haben, dann wird er auch die richtige Form finden. Dabei müssen sich jedoch Theorie und Praxis, Berechnung und Versuch fortwährend unterstützen und ergänzen; denn bei den schwer zu erfassenden störenden Einflüssen kommt dem Versuch eine große Bedeutung zu.

Bei der Berechnung des Ventilators sollen zur Erleichterung und zum besseren Verständnis die zeichnerischen Hilfsmittel herangezogen werden, nicht zu vergessen die graphische Entropietafel der Luft, die für die Behandlung von Zustandsänderungen der Luft wertvolle Dienste leistet, die Berechnung übersichtlich gestaltet und bedeutend vereinfacht.

Wir haben Wert darauf gelegt, den Inhalt des Buches durch einige praktische Beispiele von ausgeführten Ventilatoranlagen zu ergänzen. Die gegenwärtigen Zeitläufte waren einem solchen Unternehmen nicht besonders günstig, um so mehr Grund zum Dank haben wir gegen diejenigen Firmen, die durch Überlassung von wertvollem Material unserem Vorhaben Unterstützung gewährten.

Zürich, im August 1924. **E. Wiesmann.**

Inhaltsverzeichnis.

Zweiter Teil.

C. Ventilatoren.

Anhang.

Einleitung.

Ventilatoren sind bewegliche Vorrichtungen mit umlaufendem Flügelrad, die der Luft unter Veränderung der Druckverhältnisse eine Bewegung erteilen; sie dienen, an eine Luftleitung angeschlossen, zum Bewegen und Fördern der Luft. Sie werden auch Schleudergebläse oder Zentrifugalventilatoren genannt, eine Benennung, die gleichzeitig ihre Wirkungsweise andeutet. Wir nennen sie hier kurzweg Ventilatoren.

Gebläse anderer Art sind: Blasebälge, Kolben- und Kapselgebläse und Schraubengebläse.

Unter diesen Gebläsen spielen heutzutage die Ventilatoren die wichtigste Rolle. Sie haben mit der Zeit eine so hohe Vervollkommnung in bezug auf Bau und Wirkungsgrad erfahren und werden innerhalb gewisser Grenzen in beliebiger Größe, mit den verschiedensten Geschwindigkeiten und Leistungen hergestellt, schließen sich vorzüglich an die heutigen schnellaufenden Kraftmaschinen an, besitzen keine beweglichen Teile außer dem rotierenden Flügelrad, das im übrigen starr gebaut ist, und verlangen ganz geringe Wartung, so daß sie andere Gebläsemaschinen stark verdrängt haben. Wir behandeln deshalb ausschließlich die Ventilatoren und gestatten uns beiläufig nur noch die Schraubengebläse oder Propeller kurz in den Kreis unserer Betrachtungen zu ziehen, da zwischen beiden wenigstens äußerlich eine gewisse Verwandtschaft besteht.

Die physikalischen Eigenschaften der Luft brauchen nicht so ausführlich behandelt zu werden wie in einem Werk über Kompressoren, da hier keine großen Zustandsänderungen in Frage kommen, so daß in den meisten Fällen beim Durchgang der Luft durch den Ventilator mit einem mittleren spezifischen Gewicht gerechnet werden kann. Hingegen kann im Einzelfalle das spezifische Gewicht der Luft, worauf es hauptsächlich ankommt, sehr verschieden sein.

Unter den Bewegungsvorgängen verdient der Leitungswiderstand der Luft beim Durchgang durch Röhren und geschlossene Kanäle, welcher von den sog. Proportionalitätsgesetzen beherrscht wird, besondere Beachtung, weil bei unrichtiger Abmessung der Förderleitung der Effekt der besten Gebläsemaschine in Frage gestellt wird. Beinahe ebenso wichtig ist eine fortwährende Kontrolle der Luftförderung durch selbstregistrierende Meßapparate.

Die Ventilatoren sind sog. Kreisel. Ihre Theorie ist im Grunde genommen die nämliche wie diejenige der Zentrifugalpumpe. Für beide gelten die nämlichen Gesetze. Der Unterschied besteht hauptsächlich in der Verschiedenheit des Fördergutes (Luft, Gase oder Wasser und andere Flüssigkeiten) und dem dadurch bedingten Unterschied in der Fördergeschwindigkeit, wobei selbstredend dem spezifisch leichteren Körper die größere Geschwindigkeit zukommt. Es ergeben sich bei der Ausführung gewisse konstruktive Unterschiede, hauptsächlich in der Länge der Flügel.

Sowohl für die Theorie als auch ihre Anwendung sind zur Erleichterung des Verständnisses zahlreiche Zahlenbeispiele eingeflochten.

Im übrigen ist der Inhalt dem jetzigen Stand der Herstellung in den verschiedenen Anwendungsgebieten angepaßt.

Erster Teil.

A. Physikalische Eigenschaften der Luft.

I. Beziehungen zwischen Spannung, Volumen, Temperatur und dem spezifischen Gewicht der Luft.

Die atmosphärische Luft ist ein Gasgemisch, dessen Hauptbestandteile Sauerstoff und Stickstoff meistens noch mit etwas überhitztem Wasserdampf gemischt sind. Der Einfluß des Wasserdampfes auf das spezifische Gewicht der Luft wird in einem besonderen Abschnitt ausführlich behandelt.

In technischer Hinsicht sind nachstehende Zustandsgrößen zu unterscheiden:

1. Das spezifische Volumen v; es bedeutet den Raum, den 1 kg Gas einnimmt (cbm/kg).

2. Das spezifische Gewicht γ ist das Gewicht von 1 cbm Gas. Es ist der reziproke Wert des spezifischen Volumens

$$\gamma = \frac{1}{v}. \tag{1}$$

Das Gesamtgewicht eines Gasvolumens V ist gleich

$$G = \gamma V = \frac{V}{v}. \tag{2}$$

3. Der absolute Druck p, den das Gas auf die Flächeneinheit ausübt. Der gewöhnliche atmosphärische Druck wird vom Anfangsdruck gleich Null vermittels Quecksilber- oder Aneroidbarometer gemessen, während man zum Messen des Überdruckes oder Unterdruckes über oder unter dem atmosphärischen Druck das Manometer bzw. das Vakuummeter verwendet. Zur Messung kleiner Über- oder Unterdrücke dient das Wassermanometer. Die Druckhöhe h wird in Millimeter des Wassers angegeben.

1 mm Wassersäule (W.-S.) = 1 kg/qm .

4. Die Temperatur t in Celsiusgraden. Die absolute Temperatur wird vom absoluten Nullpunkt, der 273° C unter dem gewöhnlichen Nullpunkt liegt, gemessen und wird mit T bezeichnet

$$T = 273 + t.$$

Das Gesetz von Boyle (Mariotte)

$$p_1 v_1 = p_2 v_2 = \text{konst.} \tag{3}$$

lautet in Worten:

Die Spannkraft der Luft steht im umgekehrten Verhältnis zum Volumen und in geradem Verhältnis zu ihrer Dichtigkeit, so lange die Temperatur konstant bleibt, und kann auch geschrieben werden

$$\frac{p_1}{p_2} = \frac{v_2}{v_1} = \frac{\gamma_1}{\gamma_2}. \tag{3a}$$

Für überschlägige Berechnungen, bei denen die kleinen Temperaturschwankungen vernachlässigt werden können, ist das unter dem Namen Mariotte bekannte Gesetz äußerst bequem.

Wird z. B. der Druck von 1 Atm. auf 1,5 Atm. gebracht, so nimmt das spezifische Gewicht der Luft ebenfalls den anderthalbfachen Wert an, während das Volumen um ein Drittel abnimmt.

Bleibt hingegen der Druck konstant und wird nur die Temperatur verändert, so wird

$$\left.\begin{aligned} \frac{v_2}{T_2} &= \frac{v_1}{T_1}, \\ v_2 &= v_1 \frac{T_2}{T_1}. \end{aligned}\right\} \tag{4}$$

In Worten:

Bei gleichem Druck verhalten sich die Rauminhalte gleicher Gewichtsmengen desselben Gases wie die absoluten Temperaturen.

Dieses Gesetz trägt den Namen von Gay-Lussac.

$$v_2 = v_1 \frac{273 + t_2}{273 + t_1},$$

$$\frac{1}{273} = \alpha = 0{,}003663,$$

$$v_2 = v_1 \frac{1 + \alpha t_2}{1 + \alpha t_1}. \tag{5}$$

Diese Gleichung vereinfacht sich, wenn die Temperaturänderung von 0° C gerechnet wird.

Der Temperatur $t_0 = 0°$ C entspreche das spezifische Volumen v_0, somit wird

$$v = v_0 + v_0 \alpha t,$$

$$v = v_0 (1 + \alpha t). \tag{6}$$

Aus der Verbindung der beiden vorgenannten Gesetze geht die allgemeine Zustandsgleichung der Gase hervor. Ein Gas mit dem Anfangszustand p_1, v_1, t_1 soll dadurch in den Zustand p_2, v_2, t_2 übergeführt werden, daß es zuerst bei gleichbleibender Temperatur t_1 auf den Enddruck p_2 gebracht wird, wobei es das Volumen v annimmt. Es wird dann

$$\frac{v}{v_1} = \frac{p_1}{p_2} \quad \text{oder} \quad \frac{v\,p_1}{v_1\,p_1} = 1\,.$$

Hierauf soll es durch Änderung der Temperatur t_1 auf t_2 vom Volumen v auf v_2 gebracht werden, wobei

$$\frac{v_2}{v} = \frac{1 + \alpha\,t_2}{1 + \alpha\,t_1}\,.$$

Durch Multiplikation beider Gleichungen ergibt sich die allgemeine Form

$$\frac{p_2\,v_2}{p_1\,v_1} = \frac{1 + \alpha\,t_2}{1 + \alpha\,t_1} = \frac{273 + t_2}{273 + t_1} = \frac{T_2}{T_1} \tag{7}$$

als Beziehung zwischen den drei Zustandsgrößen am Anfang und am Ende eines Prozesses.

Man erhält durch Umformung

$$\frac{p_2\,v_2}{T_2} = \frac{p_1\,v_1}{T_1} = \frac{p\ v}{T} = \text{konst.} = R\,,$$

woraus sich die allgemeine Zustandsgleichung der Gase ergibt:

$$p\,v = R\,T\,, \tag{8}$$

$$\frac{p}{\gamma} = R\,T\,. \tag{8a}$$

Wird die Luft bei konstanten Volumen erwärmt, so gilt

$$\frac{p_2}{T_2} = \frac{p_1}{T_1}\,, \tag{9}$$

d. h. die Pressungen verhalten sich zueinander wie die absoluten Temperaturen.

Bei den verschiedenen Vorgängen der Lüftung sind die Änderungen des Druckes und der Temperatur so gering, daß oft mit einem mittleren spezifischen Gewicht γ der Luft gerechnet wird.

R heißt die Gaskonstante. Sie hat für trockene Luft den Wert 29,27 und für mittelfeuchte Luft 29,4. Daraus ist ersichtlich, daß feuchte Luft leichter ist als trockene, entsprechend dem geringeren spezifischen Gewicht des Wasserdampfes.

Nach Gleichung (8a) ist

$$\gamma = \frac{p}{R\,T}\,. \tag{10}$$

Anwendungen:

Beispiel 1. Welches ist das spezifische Gewicht trockener Luft von 10° C auf Meereshöhe bei dem Mittelwert des Barometerstandes von 760 mm Q.-S.?

$$p = 760 \cdot 13{,}596 = 10\,333 \text{ kg/qm},$$

$$\gamma = \frac{10\,333}{29{,}27 \cdot 273} = 1{,}2923,$$

Beispiel 2. Und für die neue Atmosphäre von 10 000 kg/qm entsprechend 753,5 mm Q.-S.

$$\gamma = \frac{10\,000}{29{,}27 \cdot 273} = 1{,}2515$$

oder rund 1,25; $v = 0{,}8$.

Beispiel 3. Das spezifische Gewicht trockener Luft ist bei 0° und 760 mm Q.-S. 1,293. Wie groß ist es bei +20° C und 710 mm Q.-S.?

Nach Gleichung (10) ist $\frac{\gamma_1}{\gamma_2} = \frac{p_1}{p_2} \cdot \frac{T_2}{T_1}$,

$$\gamma_2 = 1{,}293 \cdot \frac{710}{760} \cdot \frac{1}{1 + 20 \cdot 0{,}003663} = 1{,}126 \text{ kg/qm}.$$

Die Beziehungen zwischen p, v und T lassen sich in bequemer Weise aus der Entropietafel herauslesen.

II. Die Gaskonstante R.

Die Gaskonstante R richtet sich nach den Maßeinheiten. Wird der Druck in kg/qm und das spezifische Volumen in cbm/kg eingesetzt, so beträgt die Gaskonstante z. B.

für trockene Luft	$R = 29{,}27$,
„ Sauerstoff	$R = 26{,}5$,
„ Stickstoff	$R = 30{,}13$,
„ Wasserstoff	$R = 47{,}0$.

Die Bedeutung der Gaskonstanten geht aus folgender Betrachtung hervor:

Wird eine bestimmte Gasmenge, z. B. 1 kg, unter konstantem Druck erwärmt, so verrichtet das Gas bei seiner Ausdehnung eine gewisse mechanische Arbeit L.

Das ursprüngliche spezifische Volumen v_1 wird dabei auf v_2 gebracht:

$$pv = RT,$$

$$L = p(v_2 - v_1) = R(T_2 - T_1).$$

Die Temperaturdifferenz $T_2 - T_1$ sei gleich 1; dann wird

$$L = R. \tag{11}$$

Die Gaskonstante R bedeutet also die absolute Ausdehnungsarbeit in mkg, die 1 kg des betreffenden Gases bei der Erwärmung unter konstantem Druck um 1° C verrichtet.

Betrachtet man zwei verschiedene Gase mit gleichem Druck und gleicher Temperatur, so ist

$$p\,v = R\,T\,, \qquad p\,v_0 = R_0\,T\,,$$

$$\frac{v}{v_0} = \frac{\gamma_0}{\gamma} = \frac{R}{R_0}\,, \tag{12}$$

Kennt man die Gaskonstante eines Gases, so läßt sich aus dem Atomgewicht bzw. spezifischen Gewicht dieses und eines anderen Gases die Gaskonstante des letzteren bestimmen.

Aus der Verbindung des Daltonschen Gesetzes: Die Spannkraft eines Gasgemenges ist gleich der Summe der Spannkräfte der einzelnen Raumteile

$$p = p_1 + p_2 + p_3 \dots \tag{13}$$

und dem weiter oben genannten Gesetz von Gay-Lussac ergibt sich das Gesetz: Bei gleichem Druck und gleicher Temperatur enthalten gleiche Volumina aller Gase gleich viele Moleküle.

Dieses Gesetz wird nach Avogadro benannt.

Daraus folgt der Satz: Die spezifischen Gewichte der Gase verhalten sich wie die Molekulargewichte m,

$$\frac{\gamma_1}{\gamma_2} = \frac{m_1}{m_2}\,, \tag{14}$$

und da $\qquad \gamma_1 = \frac{1}{v_1} \quad$ und $\quad \gamma_2 = \frac{1}{v_2}\,,$

so wird
$$m_1\,v_1 = m_2\,v_2\,. \tag{15}$$

Das Gewicht m kg wird als Kilogramm-Molekül oder Mol bezeichnet. $m_1\,v_1$, $m_2\,v_2$ sind also die Rauminhalte von 1 Mol, und diese sind für alle Gase bei gleichen Drucken und Temperaturen gleichgroß. Daher gilt das Gesetz:

Gewichtsmengen verschiedener Gase, die im Verhältnis der Molekulargewichte der Gase stehen, haben den gleichen Rauminhalt.

So nehmen z. B. 32 kg O_2 den gleichen Raum ein wie 28,08 kg N_2 oder 28 kg CO_2, vorausgesetzt, daß sie unter gleichem Druck und gleicher Temperatur stehen. Dieser Raum wird z. B. aus dem Gewicht $\gamma\,(O_2)$ von 1 cbm Sauerstoff bei 0° und 760 mm Q.-S. bestimmt.

Mit $\gamma\,(O_2) = 1{,}429\,234$ kg/cbm wird der Raum von 1 kg O_2

$$v = \frac{1}{1{,}429\,234}\,\text{cbm}\,.$$

Das Molekulargewicht des Sauerstoffs ist = 32, es ist also 1 Mol Sauerstoff = 32 kg, und diese nehmen bei 0° und 760 mm Q.-S. einen Raum von

$$\frac{32}{1{,}429\,234} = 22{,}4 \text{ cbm}$$

ein. Gleichgroß ist der Raum von 1 Mol eines beliebigen Gases. Die spezifischen Gewichte aller Gase lassen sich demnach aus den Beziehungen ermitteln

$$\frac{m}{\gamma} = 22{,}4$$

oder

$$\gamma = \frac{m}{22{,}4}. \tag{16}$$

Für eine beliebige Gasmenge lautet die Zustandsgleichung

$$p\,V = G\,R\,T.$$

Setzt man hierin $G = m$ (Gewicht von 1 Mol), so ist für 0°, d. h. $T = 273$, und 760 mm Q.-S., also $p = 10\,333$ kg/cbm, das Volumen $V = 22{,}4$ cbm zu setzen. Daher wird

$$10\,333 \cdot 22{,}4 = m\,R \cdot 273,$$

$$m\,R = 848 = \mathfrak{R},$$

$$R = \frac{848}{m} = \frac{\mathfrak{R}}{m}. \tag{17}$$

Beispiel 4. Bekannt sind für Luft

$$R_0 = 29{,}27; \quad m_0 = 28{,}95; \quad \gamma_0 = 1{,}293.$$

Welches ist der Wert von R für Sauerstoff, dessen $m = 32$ und $\gamma = 1{,}43$ ist?

$$R = \frac{29{,}27 \cdot 28{,}95}{32} \quad \text{oder} \quad = \frac{29{,}27 \cdot 1{,}293}{1{,}43} = 26{,}5.$$

Beispiel 5. Welches ist die Gaskonstante des Sauerstoffs? Bekannt ist das Molekulargewicht $m = 32$.

$$R_{(0)} = \frac{848}{32} = 26{,}52;$$

in gleicher Weise

Zahlentafel 1.

Kohlenoxyd	$m = 28$,	$R = \frac{848}{28} = 30{,}28$,
Kohlensäure	$m = 44$,	$R = \frac{848}{44} = 19{,}25$,
Schweflige Säure	$m = 64$,	$R = \frac{848}{64} = 13{,}25$.

III. Bestimmung der Gaskonstanten R eines Gasgemisches.

Nach dem Daltonschen Gesetz ist der Gesamtdruck eines Gasgemisches gleich der Summe der einzelnen Pressungen, und jedes Gas nimmt für sich den ganzen Raum ein, als ob die anderen Bestandteile nicht vorhanden wären.

Die einzelnen Gasgewichte G_1, G_2, G_3 ... nehmen bei gleicher Temperatur denselben Raum V ein, und daraus wird

$$p_1 V = G_1 R_1 T; \quad p_2 V = G_2 R_2 T; \quad p_3 V = G_3 R_3 T; \ \ldots$$

$$p = p_1 + p_2 + p_3 \ldots,$$

$$pV = T(G_1 R_1 + G_2 R_2 + G_3 R_3 \ldots).$$

Die Gaskonstante der Mischung sei R, also

$$pV = (G_1 + G_2 + G_3 \ldots) R \cdot T.$$

Durch Verbindung der beiden Gleichungen erhält man

$$R = \frac{G_1 R_1 + G_2 R_2 + G_3 R_3 \ldots}{G_1 + G_2 + G_3} = \frac{G_1 R_1 + G_2 R_2 + G_3 R_3}{G}. \tag{18}$$

Größe der Teildrücke. Nach der Zustandsgleichung ist

$$p_1 = \frac{G_1 R_1 T}{V}; \quad p_2 = \frac{G_2 R_2 T}{V} \quad \text{usw.}$$

und der Gesamtdruck

$$p = \frac{G R_m T}{V}$$

$$\frac{p_1}{p} = \frac{G_1}{G} \frac{R_1}{R_m}; \quad \frac{p_2}{p} = \frac{G_2}{G} \frac{R_2}{R_m} \quad \text{usw.} \tag{19}$$

Am Gesamtdruck beteiligen sich demnach die Bestandteile einer Gasmischung im Verhältnis ihres Gewichtsanteiles und ihrer Gaskonstante; denn

$p V_1 = G_1 R_1 T$ und für dasselbe Gas innerhalb der Mischung

$p_1 V = G_1 R_1 T$, daher ist $p_1 V = p V_1$,

$$\frac{p_1}{p} = \frac{V_1}{V}, \quad \text{ebenso} \quad \frac{p_2}{p} = \frac{V_2}{V} \quad \text{usw.} \tag{20}$$

Beispiel 6. Die Luft besteht aus 23,6 Gewichtsteilen Sauerstoff und 76,4 Teilen Stickstoff in 100 Teilen.

Wie berechnet sich die Gaskonstante der Luft und wie verteilt sich der Druck der beiden Bestandteile in der Luft bei einem Gesamtdruck von 760 mm Q.-S.?

$R_{(O)} = 25{,}62; \quad R_{(N)} = 30{,}13; \quad G_1 = 0{,}236; \quad G_2 = 0{,}764; \quad G = 1{,}00.$

Nach Gleichung (18) wird

$$R_{(l)} = 0{,}236 \cdot 26{,}52 + 0{,}764 \cdot 30{,}13 = 29{,}27,$$

und nach Gleichung (19)

$$p_{(O)} = 0{,}236 \frac{26{,}52}{29{,}27} p = 0{,}213 p = 0{,}213 \cdot 760 = 161{,}8 \text{ mm Q.-S.},$$

$$p_{(N)} = 0{,}764 \frac{30{,}13}{29{,}27} p = 0{,}787 p = 0{,}786 \cdot 760 = 598{,}2 \text{ mm Q.-S.}$$

Viel einfacher folgt dieses Ergebnis nach Gleichung (20) aus der bekannten räumlichen Zusammensetzung der Luft

$$V_{(O)} = 0{,}21; \quad V_{(N)} = 0{,}79,$$
$$p_{(O)} = 0{,}21 \cdot 760 = 159{,}8 \text{ mm Q.-S.},$$
$$p_{(N)} = 0{,}79 \cdot 760 = 600{,}2 \text{ mm Q.-S.}$$

Wegen Abrundung ist die Übereinstimmung nicht vollständig.

IV. Feuchte Luft.

Die atmosphärische Luft enthält stets etwas Wasserdampf, „Dunst“, meistens in überhitztem Zustand, der als gasförmige Beimengung, auf die das Daltonsche Gesetz Anwendung findet, behandelt werden darf.

Bezeichnet man den Teildruck des Wasserdampfes mit p_d und den Anteil der Luft mit p_l, so ist

$$p_d + p_l = p\,. \tag{21}$$

Dies gilt nur so lange, als der Dampf noch nicht gesättigt oder naß ist (Nebel, Wolken).

Im gesättigten Zustand des Dampfes enthält die Luft, die dann ebenfalls als gesättigt bezeichnet wird, so viel Wasserdampf, als bezogen auf 1 cbm dem Gewicht nach (γ_s kg/cbm) der Temperatur entspricht. Der Teildruck des Dampfes hat dann einen bestimmten Wert p_s, der nur von der Temperatur des Dampfes und nicht vom Druck der Luft abhängig ist.

Enthält die Luft weniger Dampf als γ_s kg/cbm, so ist der Dampf bzw. die Luft ungesättigt.

In den Dampftabellen findet man den der Lufttemperatur entsprechenden größten möglichen Wassergehalt in der Luft beispielsweise von:

Zahlentafel 2.

	− 20	0°	+ 20°	+ 30°	+ 40°	
$p_s =$	0,96	4,6	17,6	31,8	55	mm Q.-S.
$\gamma_s =$	1,0	4,7	17,0	31,1	53,1	g/cbm

Meistens enthält die Luft Wasserdampf in ungesättigtem Zustand, dessen Druck p_d und spezifisches Gewicht γ_d kleiner sind als die der Sättigung entsprechenden Werte p_s und γ_s bei derselben Temperatur t.

Man unterscheidet absolute und relative Feuchtigkeit. Jene bedeutet das Gewicht des Dampfgehaltes γ_d auf 1 cbm, diese das Verhältnis x (gewöhnlich in Prozenten angegeben) des in der Luft enthaltenen Dampfgewichtes zum Dampfgewicht, das dem Sättigungsgrad entspricht.

$$x = \frac{\gamma_d}{\gamma_s}\,.$$

Der Dunstdruck p_d der ungesättigten Luft wird vermittels Hygrometer, das weiter unten ausführlich besprochen wird, bestimmt, entweder direkt oder es wird die sog. Taupunkttemperatur t_s ermittelt, d. h. die Temperatur, bei der die Luft mit ihrem Dampfgehalt in den Zustand der Sättigung übergeht.

Aus den Dampftabellen wird dann der der Taupunkttemperatur entsprechende Dampfdruck und das spezifische Gewicht entnommen.

Mit genügender Genauigkeit ist die Zustandsgleichung auch für den Wasserdampf anzuwenden.

$$\frac{p_d}{\gamma_d} = R_d T\,, \qquad \frac{p_s}{\gamma_s} = R_s T\,,$$

$$\frac{p_d}{p_s} = \frac{\gamma_d}{\gamma_s} = x\,. \tag{22}$$

Nach dem Daltonschen Gesetz ist

$$p_l = p - p_d = p - x p_s\,.$$

Es beträgt daher das in 1 cbm der Mischung befindliche Gewicht an trockener Luft in 1 cbm Raum

$$\gamma_l = \frac{p - x p_s}{R_l T}$$

und dasjenige des Dampfes

$$\gamma_d = \frac{x p_s}{R_d T}$$

und für die Mischung

$$\gamma = \gamma_l + \gamma_d = \frac{p}{R T}\,.$$

Aus der Verbindung der drei Gleichungen folgt

$$\gamma_l + \gamma_d = \frac{p}{R_l T}\left[1 - x\frac{p_s}{p}\left(1 - \frac{R_l}{R_d}\right)\right],$$

also

$$R = \frac{R_l}{1 - x\dfrac{p_s}{p}\left(1 - \dfrac{R_l}{R_d}\right)}\,.$$

Setzt man hierin

$$R_l = 29{,}27\,, \qquad R_a = \sim 47\,,$$

so erhält man die Gaskonstante der feuchten Luft

$$R = \frac{29{,}27}{1 - 0{,}377\,x\dfrac{p_s}{p}}\,. \tag{23}$$

Beispiel 7. Atmosphärische Luft bei 760 mm Q.-S.

$$t = 15^\circ\,, \qquad x = 0{,}60\,.$$

Es soll die Gaskonstante bestimmt werden

$$R = \frac{29{,}27}{1 - 0{,}377 \cdot 0{,}60\,\dfrac{12{,}79}{760}} = \frac{29{,}27}{1 - 0{,}003806712} = 29{,}384 \sim 29{,}4\,.$$

V. Wärme und Arbeit und die spezifische Wärme der Gase.

Erster Hauptsatz. Unter Kalorie oder Wärmeeinheit (WE) wird diejenige Wärmemenge verstanden, die notwendig ist, um 1 kg Wasser von 0° C auf 1° C zu erwärmen.

Als Arbeitseinheit dient das Meterkilogramm (mkg).

Der erste Hauptsatz der mechanischen Wärmetheorie sagt aus: In allen Fällen, in welchen durch Wärme Arbeit entsteht, wird eine der erzeugten Arbeit proportionelle Wärmemenge verbraucht und umgekehrt kann durch Verbrauch einer ebenso großen Arbeit dieselbe Wärmemenge erzeugt werden.

Das konstante Umsetzungsverhältnis (1 Wärmeeinheit = 427 mkg) wird der Arbeitswert der Wärmeeinheit genannt. Der reziproke Wert $\frac{1}{427}$ wird mit A bezeichnet, somit $427 = \frac{1}{A}$.

Wird die Temperatur von 1 kg Gas, das sein Volumen nicht ändern kann, um den Betrag von dT erhöht, so ist die Wärmezufuhr innerhalb mäßiger Grenzen der Temperaturerhöhung proportional.

$$c_v\,dT = dQ\,.$$

Der Faktor c_v bedeutet diejenige Wärmemenge, die die Temperaturerhöhung hervorbringt und wird spezifische Wärme bei konstantem Volumen genannt.

Die Definition der spezifischen Wärme ist folgende: Die spezifische Wärme c bedeutet die Wärmemenge, die es braucht, um die Temperatur der Gewichtseinheit (hier 1 kg) eines Körpers um 1° C zu erhöhen.

Wird die Möglichkeit geschaffen, daß sich das Gas bei der Erwärmung unter einem äußeren Druck p ausdehnen kann, so leistet es eine mechanische Arbeit

$$dL = p\,dv\,.$$

Zwischen zwei Zuständen 1 und 2 leistet die durch die Wärmezufuhr verursachte Ausdehnung des Gases eine Arbeit

$$L = \int_1^2 p\,dv\,,$$

deren Wärmewert

$$AL = A\int p\,dv$$

ist. Die gesamte Wärmezufuhr beträgt somit

$$dQ = c_v\,dT + A\,dL = c_v\,dT + A\,p\,dv\,. \qquad (24)$$

Zwischen den Grenzen 1 und 2 integriert ergibt sich

$$Q = c_v\,(T_2 - T_1) + A\,L\,. \qquad (25)$$

Für den Sonderfall einer Temperaturerhöhung bei konstantem Druck (p konstant) wird

$$L = \int_1^2 p\,dv = p\,(v_2 - v_1)\,,$$

oder mit Benutzung der Zustandsgleichung $pv = RT$

$$L = R(T_2 - T_1),$$

und für den Fall $T_2 - T_1 = 1^\circ$ C wird $L = R$, d. h.: Die Gaskonstante ist diejenige mechanische Arbeit, die 1 kg Gas nach außen abgibt, wenn es bei konstantem Druck in der Temperatur um 1° C erhöht wird.

Je nach der Art der Zustandsänderung kann also die spezifische Wärme verschiedene Werte annehmen. Darunter sind zwei Sonderfälle wichtig: c_v, die spezifische Wärme bei konstantem Volumen, und c_p, die spezifische Wärme bei konstantem Druck.

Nach der Definition der spezifischen Wärme, und da $T_2 - T_1 = 1^\circ$ C ist, wird

$$c_p - c_v = AR. \tag{26}$$

Das Verhältnis $c_p : c_v$ wird mit k bezeichnet, daher

$$k c_v - c_v = AR,$$

$$c_v = \frac{AR}{k-1}, \tag{27}$$

$$c_v = \frac{c_p}{k},$$

$$c_p = \frac{k}{k-1} AR. \tag{28}$$

Die Werte von c_v und c_p werden durch hohe Temperaturen verändert nach dem Gesetz

$$c_v = a + bT, \tag{29}$$

$$c_p = a' + bT, \tag{30}$$

wogegen hohe Pressungen keinen Einfluß auf die spezifische Wärme ausüben.

Für Temperaturen bis etwa 100° C können die spezifischen Wärmen als konstant betrachtet werden. Für eine Reihe von Gasen gelten innerhalb dieser Grenzen nachstehende Werte:

Zahlentafel 3.

Gasart	Zeichen	Mol-Gewicht m	c_v	c_p	
Luft	—	28,95	0,170	0,238	1,405
Sauerstoff	O_2	32	0,155	0,217	1,400
Wasserstoff	H_2	2,016	2,42	3,41	1,405
Stickstoff	N_2	28,08	0,176	0,247	1,408
Stickoxyd	NO	30,04	0,165	0,231	1,400
Kohlenoxyd	CO	28,00	0,172	0,242	1,410
Kohlensäure	CO_2	44,00	0,160	0,21	1,28
Schweflige Säure.	SO_2	64,06	0,120	0,15	1,25
Ammoniak	NH_3	17,06	0,41	0,53	1,28

In der Nähe von 0° C gilt für Luft $c_v = 0{,}168$; $c_p = 0{,}237$; $k = 1{,}41$. Für die Zwecke der Ventilation sind in der Regel nur diese Werte gebräuchlich.

Auf die Bestimmung der spezifischen Wärme von Gasgemischen wird hier nicht eingetreten.

Für mittelfeuchte Luft von 15° C gelten die Werte

$$c_v = 0{,}172\,, \quad c_p = 0{,}241\,, \quad k = 0{,}140\,.$$

VI. Die Entropie der Gase.

Die Entropie ist ein von Clausius eingeführter Begriff für die Abnahme der Wirkungsfähigkeit der Wärmeenergie und bedeutet das Verhältnis der von dem arbeitenden Stoff aufgenommenen Wärme zur Temperatur. Es genügt für unsere Zwecke für den Entropiebegriff eine geometrische Bedeutung zu benutzen, da damit die vorkommenden Zustandsänderungen in einfacher Weise erklärt und mit Benutzung der Entropietafel dargestellt werden können:

$$\Delta Q : T = \Delta S\,,$$

worin ΔS die Zunahme der Entropie bedeutet.

In ähnlicher Weise wie im $p\,v$-Diagramm die äußere Gasarbeit als Flächenstreifen dargestellt wird, so soll die während der Zustandsänderung zugeführte oder entzogene Wärme als Fläche dargestellt werden.

Denkt man sich die zu- oder abgeführte Wärme Q in so kleine Teile dQ zerlegt, daß während dieses Wärmeüberganges dQ die auftretende Temperatur als unveränderlich vorausgesetzt werden darf, so kann dQ als schmaler Flächenstreifen dargestellt werden, dessen Ordinate den Betrag T hat und dessen Abszisse die kleine Änderung der Entropie bedeutet und den Wert

$$dS = \frac{dQ}{T}$$

annimmt.

Die Entropie stellt sich stets als Differenz zweier Werte dar. Gehen wir von der Entropie des Zustandes 1 zur Entropie des Zustandes 2 über, so erhält die ganze Abszisse den Wert

$$S_2 - S_1 = \int_1^2 \frac{dQ}{T}\,.$$

Dieser Betrag heißt die Entropie des Zustandes 2 gegenüber dem Zustand 1.

Es werden nun zur Auflösung des Integrals die vorhin hergeleiteten Werte von Q eingeführt und dabei c_v und c_p als unveränderlich angenommen. Diese Annahme genügt auch für die vorliegenden Zwecke, wo keine hohen Temperaturen vorkommen. Auf die Einführung veränderlicher Werte von c_v und c_p, die im Prinzip nichts ändert, wird hier verzichtet.

Unter Benutzung der Zustandsgleichung (8) und der Wärmegleichung (24) wird

$$S_2 - S_1 = \int_1^2 \frac{dQ}{T} = c_v \int \frac{dT}{T} + A \int \frac{p\,dv}{T},$$

$$p \cdot v = R\,T, \quad p = \frac{R\,T}{v},$$

$$A \int p \frac{dv}{T} = A\,R \int \frac{dv}{v},$$

$$S_2 - S_1 = c_v \ln \frac{T_2}{T_1} + A\,R \ln \frac{v_2}{v_1}, \tag{31}$$

$$c_v = c_p - A\,R$$

daraus

$$S_2 - S_1 = c_p \ln \frac{T_2}{T_1} - A\,R \ln \frac{p_2}{p_1}, \tag{32}$$

und eine dritte Form erhält man durch Wegschaffung von T:

$$T = \frac{p\,v}{R}, \quad c_p = A\,R + c_v,$$

$$S_2 - S_1 = c_p \ln \frac{v_2}{v_1} + c_v \ln \frac{p_2}{p_1}. \tag{33}$$

Mit Hilfe dieser Gleichungen können für eine bestimmte Gasart mit konstantem Wert c_p, c_v und R die Entropiewerte ausgerechnet und in einer Tafel dargestellt werden.

Es ergibt sich die Möglichkeit, aus solchen graphischen Tafeln im Anschluß an die Entropie S die der Zustandsgleichung entsprechenden Werte von p, v und T bequem mit dem Zirkel zu entnehmen und zur Berechnung des Wärmeverbrauches und der Arbeitsleistung eines Vorganges, die nach der Gleichung $\sum \Delta Q = \Delta S \cdot T$ als Flächen erscheinen, zu benutzen und Entropiediagramme aus der Tafel auf einem Stück Pauspapier zu entnehmen.

In dieser graphischen Berechnungsweise liegt eine große Vereinfachung und Erleichterung gegenüber der analytischen Methode.

Zum besseren Verständnis der Einrichtung einer solchen Tafel wird auf deren Berechnung und Entwurf näher eingetreten.

Die Entropie erscheint als Abszisse, beispielsweise im Maßstab 1 mm = 0,0002 Entropieeinheiten, und die Temperatur t bzw. T als Ordinate im Maßstab 1 mm = 2° (Abb. 1).

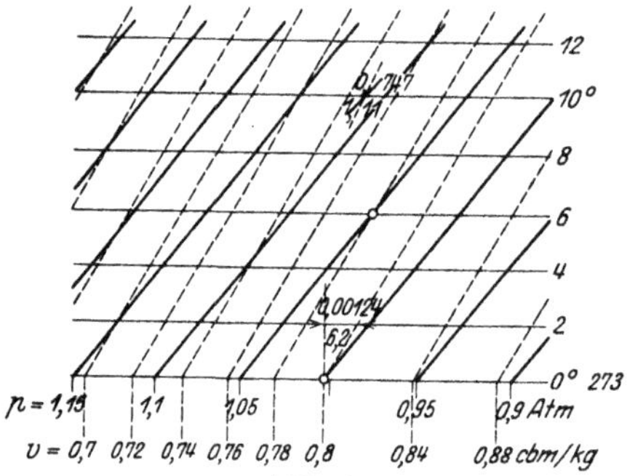

Abb. 1.

Man wählt einen beliebigen Anfangspunkt, z.B. $t = 0°$ C bzw. $T = 273°$, $v_1 = 0{,}8$ cbm/kg, $p_1 = 1$ Atm. = 10 000 kg/qm, und berechnet zu verschiedenen Ordinaten T_2 zuerst für den konstanten Wert $v_1 = 0{,}8$ die Abszissen $S_2 - S_1$ entsprechend den Temperaturen $T_2 = 275$, 277, 279, 281, 283°.

Nach Gleichung (31) wird

$$S_2 - S_1 = 0{,}170 \ln \frac{275}{273} = 0{,}170 [\ln 275 - \ln 273],$$

$$\begin{aligned} \ln 275 &= 5{,}6167711 \\ (-) \ln 273 &= \underline{5{,}6094718} \\ & \quad 0{,}0072993 \cdot 0{,}170 = 0{,}001240881 = S_2 - S_1, \end{aligned}$$

$$\begin{aligned} T_2 &= 275°, \quad \text{Abszisse } S_2 - S_1 = 6{,}2044 \text{ mm}, \\ T_2 &= 277°, \quad S_2 - S_1 = 0{,}002463 = 12{,}315 \text{ mm}, \\ T_2 &= 279°, \quad S_2 - S_1 = 0{,}003695 = 18{,}475 \text{ mm}, \\ T_2 &= 281°, \quad S_2 - S_1 = 0{,}004909 = 24{,}545 \text{ mm}, \\ T_2 &= 283°, \quad S_2 - S_1 = 0{,}006148 = 30{,}740 \text{ mm}. \end{aligned}$$

Man erhält dadurch eine Punktreihe, die verbunden eine sog. v-Linie darstellt.

Für ein anderes spezifisches Volumen unterscheiden sich die Abszissen $S_2 - S_1$ nur durch das zweite Glied der Gleichung (31). Für $v_2 = 0{,}84$ und $T_2 = T_1 = 273$ wird

$$S_2 - S_1 = \frac{29{,}27}{427} [\ln 0{,}84 - \ln 0{,}80] = 0{,}00344 = 16{,}72 \text{ mm},$$

Wird nun die Rechnung mit $v_2 =$ konst. für verschiedene Werte von T_2 durchgeführt, so entsteht durch den Punkt $273°/v = 0{,}84$ eine zweite Punktreihe, deren Abszissen um gleiche Beträge (hier 16,72 mm) von der ersten Linie abstehen.

Die Punkte je zweier „v-Linien" laufen also wagerecht gemessen in gleichen Abständen.

Mit der Benutzung der Gleichung (27) erhält man Linienscharen, „p-Linien" genannt, die weniger steil verlaufen als die v-Linien.

Zur Einprägung des Lernstoffes empfiehlt es sich, die Berechnung einiger Punkte p durchzuführen.

In jedem Schnittpunkt einer „p-Linie" mit einer „v-Linie" kann p, v und t unmittelbar abgelesen werden. Die drei zugehörigen Werte müssen der Zustandsgleichung genügen.

Für Punkte zwischen zwei Linien lassen sich ihre entsprechenden Werte p, v, t leicht abschätzen.

Die Punkte der durchgeführten Berechnung nebst anderen „p- und v-Linien" werden in einem Ausschnitt (Abb. 1) einer Entropietafel vereinigt.

Die „p-Linie" 1,15 und die v-Linie 0,74 schneiden sich in einem Punkt, dessen Abszisse 9,9° C bzw. $T = 282{,}9°$ anzeigt. Der berechnete Wert beträgt 282,88°. Zur interpolierten p-Linie für $p = 1{,}11$ und $T = 283°$ wird v abgeschätzt zu 0,747 (berechnet 0,74625).

VII. Zustandsänderungen.

Diesem Abschnitt kommt in bezug auf Ventilatoren nicht die gleiche Bedeutung zu wie in Beziehung zu den Kompressoren, weil beim Bewegen und Fördern der Luft keine großen Zustandsänderungen eintreten. Deshalb genügt für den beabsichtigten Zweck eine kurze Übersicht. Im übrigen wird auf einschlägige Veröffentlichungen verwiesen[1]).

Der Zustand eines Gases wird durch die drei Größen v, p und T gekennzeichnet. Je nach der Art der äußeren Einwirkung auf das Gas und der Unveränderlichkeit einer der drei Größen oder der Veränderlichkeit aller zugleich werden, anschließend an das genannte Werk von W. Schüle, 5 Arten von Zustandsänderungen unterschieden.

1. Zustandsänderung bei unveränderlichem Volumen.

Das Gefäß, in welchem das zu betrachtende Gas eingeschlossen ist, ist von unveränderlichem Rauminhalt. Nur Temperatur und Druck können sich durch Zufuhr oder Entziehung von Wärme ändern. $v =$ konstant.

2. Zustandsänderung bei gleichbleibendem Druck (Isobare).

Das Gefäß ist mit einem Kolben verschlossen, auf dem ein unveränderlicher Druck liegt, so daß auch der Gasdruck sich nicht ändern kann. Dann nimmt bei der Erwärmung mit der Erwärmung der Raum zu, bei der Abkühlung ab. $p =$ konstant. Die Erwärmung in einem offenen Gefäß gehört hierher.

3. Zustandsänderung bei gleichbleibender Temperatur (Isotherme).

Während der Veränderung des Rauminhaltes wird bei der Expansion durch Wärmezufuhr und bei der Kompression durch Wärmeentziehung der Wärmeausgleich so angepaßt, daß weder eine Temperatursteigerung und eine Temperatursenkung eintreten kann. Gemäß der Zustandsgleichung bleibt dann das Produkt pv unverändert. $T =$ konstant.

---

[1]) Zum Beispiel Schüle, W.: Technische Thermodynamik; Ostertag, P.: Kolben- und Turbokompressoren. Julius Springer, Berlin.

4. Adiabatische Zustandsänderung (unveränderliche Entropie).

Druck, Volumen und Temperatur werden ohne gleichzeitige Wärmezufuhr oder -entziehung, also auf rein mechanischem Wege, durch Zusammendrücken (Kompression) oder Ausdehnen (Expansion) geändert. $\Delta S = 0$.

Diese Zustandsänderung ist streng genommen nur in einem für die Wärme gänzlich undurchlässigen Gefäß möglich. Daher trägt sie den Namen adiabatische Zustandsänderung. Praktisch wird die adiabatische Kompression oder Expansion annähernd dadurch erreicht, daß wegen der Raschheit des Vorganges kein nennenswerter Wärmeausgleich stattfinden kann.

5. Polytropische Zustandsänderung.

Druck und Volumen und mit ihnen die Temperatur ändern sich unter Zufuhr oder Entziehung von Wärme nach einem beliebigen Gesetz (allgemeiner Fall der Zustandsänderung).

Von dieser Zustandsänderung sind die Fälle 3 und 4 von besonderem Interesse, weshalb sie einer Besprechung unterzogen werden. Zu gleicher Zeit bietet sich Gelegenheit einer Anwendung der vorhin besprochenen Entropietafel.

Zustandsänderung bei gleichbleibender Temperatur (Isotherme).

Der Definition entsprechend ist bei einem isothermischen Vorgang

$$p_1 v_1 = p_2 v_2 = \text{konst.},$$

d. h. Druck und Volumen sind umgekehrt proportional (Mariottsches Gesetz).

Die Wärmegleichung [Gleichung (25)] vereinfacht sich auf

$$Q = A L . \qquad (34)$$

Bei einer Volumenvergrößerung muß die nach außen abgegebene Arbeit in Form von Wärme zugeführt werden und bei einer isothermen Kompression ist die der Verdichtungsarbeit gleichwertige Wärme durch Kühlwasser abzuleiten.

Vollzieht sich eine Druckänderung langsam, so findet an den Gefäßwandungen (z. B. einer Rohrleitung) ein Wärmeausgleich statt, so daß sich mindestens annäherungsweise eine isothermische Zustandsänderung vollzieht, auf die das einfache Gesetz Anwendung findet.

Die Größe Q oder L ergibt sich aus der Wärmegleichung

$$dQ = A\,dL = A\,p\,dv = A\,R\,T\frac{dv}{v}$$

woraus

$$Q = A\,R\,T \ln\frac{v_1}{v_2} = A\,p_1 v_1 \ln\frac{p_2}{p_1}$$

$$L = p_1 v_1 \ln\frac{p_2}{p_1}. \qquad (34\,\text{a})$$

Setzt man in dieser Gleichung statt des spez. Volumen v_1 das Volumen 1 cbm, so erhält man

$$L' = p_1 \ln \frac{p_2}{p_1}.$$

Den Entropiezuwachs erhält man aus Gleichung (31) und, da $T_2 = T_1$ und $\frac{v_2}{v_1} = \frac{p_1}{p_2}$ ist, so wird

$$S_2 - S_1 = A R \ln \frac{v_2}{v_1} = A R \ln \frac{p_1}{p_2}, \tag{35}$$

$$Q = A L = (S_2 - S_1) T. \tag{36}$$

Man erhält demnach Q und L als Produkt zweier Faktoren.

Im Entropiediagramm zeichnet sich die Zustandsänderung als Parallele zur Abszissenachse (Abb. 2), und der Wärmeübergang ist dargestellt durch den Inhalt eines Rechteckes und die Zustandslinie $A_1 A_2$.

Man kann die Entropie aus Gleichung (35) berechnen oder $S_2 - S_1$ aus dem Diagramm bzw. der Entropietafel abstechen.

Beispiel 8. Die Temperatur t sei 27° C, also $T = 300°$, der Anfangsdruck $p_1 = 10000$ kg/qm (1 Atm.), der Enddruck $p_2 = 1{,}1$ Atm., $S_2 - S_1 = 32$ mm, so ergibt sich

$$Q = 32 \cdot 0{,}0002 \cdot 300 = 1{,}92 \text{ WE}.$$

$$L = \frac{Q}{A} = 1{,}92 \cdot 427 = 820 \text{ mkg}.$$

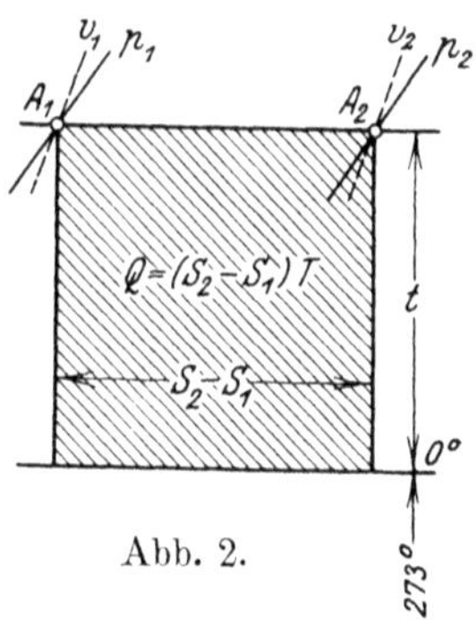

Abb. 2.

Wie die Wärmegleichung [Gleichung (34)] zeigt, wird die ganze zugeführte Wärme in Arbeit umgesetzt. Man erhält daher aus dieser Wärme die größte Arbeit zwischen den beiden Grenzen A_1 und A_2, und umgekehrt wird bei der isothermischen Kompression von A_2 nach A_1 der Arbeitsaufwand am kleinsten, um den Druck p_2 auf p_1 zu erhöhen.

Man kann deshalb alle übrigen Verdichtungsarten mit diesem Idealprozeß vergleichen.

Es ist indes schwierig, bei rasch verlaufenden Vorgängen, wie z. B. die Kompression, den isothermischen Verlauf durch genügende Wärmeentziehung zu verwirklichen.

Zustandsänderung bei unveränderlicher Entropie.

(Adiabatische Zustandsänderung.)

Da während des Vorganges weder Wärme zugeführt noch abgeführt wird, so ist

$$dQ = 0, \quad Q = 0.$$

Die Wärmegleichung [Gleichung (25)] $Q = c_v\,(T_2 - T_1) + AL$ ergibt also mit $Q = 0$

$$AL = -c_v\,(T_2 - T_1)\,. \tag{37}$$

Bei positiver Gasarbeit, Ausdehnungsarbeit, d. h. $+AL$, kann die Gleichung nur einen positiven Wert annehmen, wenn $T_2 < T_1$ ist. Bei der Ausdehnung sinkt die Temperatur.

Umgekehrt muß für von außen kommende Arbeit, Verdichtungsarbeit, also $-AL$,

$$T_2 > T_1$$

sein, damit die rechte Seite negativ wird. Die Temperatur steigt.

Bei der adiabatischen Zustandsänderung findet sich also die absolute Verdichtungsarbeit vollständig als Wärme im Gase wieder, während umgekehrt die bei der Ausdehnung verursachte absolute Gasarbeit vollständig und ausschließlich aus der Eigenwärme des Gases stammt.

Die Entropie bleibt unverändert

$$dQ = T\,dS = 0\,,$$

demnach

$$dS = 0\,.$$

Unter Zuhilfenahme der Gleichung (33)

$$S_2 - S_1 = c_v \ln \frac{p_2}{p_1} + c_p \ln \frac{v_2}{v_1} = 0$$

wird

$$\ln \frac{p_2}{p_1} = -\frac{c_p}{c_v} \ln \frac{v_2}{v_1}\,,$$

woraus

$$p_1 v_1^k = p_2 v_2^k = \text{konst.} \tag{38}$$

oder allgemein

$$p\,v^k = \text{konst.} \tag{39}$$

Diese Beziehung heißt das Poissonsche Gesetz.

Die Temperaturänderung ergibt sich wie folgt:

Zustandsänderung für Anfang und Ende

$$\frac{T_2}{T_1} = \frac{p_2 v_2}{p_1 v_1}\,,$$

wegen

$$p_1 v_1^k = p_2 v_2^k$$

$$\frac{p_2}{p_1} = \left(\frac{v_1}{v_2}\right)^k,$$

$$\frac{v_1^k v_2}{v_2^k v_1} = \left(\frac{v_1}{v_2}\right)^{k-1},$$

$$\frac{T_2}{T_1} = \left(\frac{v_1}{v_2}\right)^{k-1}. \tag{40}$$

Mit
$$\frac{v_2}{v_1} = \left(\frac{p_1}{p_2}\right)^{\frac{1}{k}},$$

wird
$$\frac{T_2}{T_1} = \left(\frac{p_2}{p_1}\right)^{\frac{k-1}{k}}. \tag{41}$$

Für den Endzustand der Expansion gilt die Zustandsgleichung
$$R(T_1 - T_2) = (p_1 v_1 - p_2 v_2),$$

wegen [Gleichung (37)] $A L_{ad} = c_v (T_1 - T_2)$

und [Gleichung (27)] $\frac{AR}{k-1} = c_v$

wird
$$L_{ad} = \frac{1}{k-1}(p_1 v_1 - p_2 v_2) \tag{42}$$

oder
$$L_{ad} = \frac{p_1 v_1}{k-1}\left(1 - \frac{p_2 v_2}{p_1 v_1}\right),$$

und wegen
$$p_1 v_1^k = p_2 v_2^k,$$

$$\frac{v_2}{v_1} = \left(\frac{p_2}{p_1}\right)^{\frac{-1}{k}}, \qquad \frac{p_2}{p_1} = \left(\frac{p_2}{p_1}\right)^{\frac{k}{k}}$$

wird
$$L_{ad} = \frac{p_1 v_1}{k-1}\left[1 - \left(\frac{p_2}{p_1}\right)^{\frac{k-1}{k}}\right]. \tag{43}$$

Der Wärmewert $A L_{ad}$ der eigentlichen Verdichtungsarbeit ist aber nicht die gesamte zugeführte Arbeit. Wird z. B. die Luft aus dem Kompressor in das Luftreservoir unter konstantem Druck p_2 eingeführt oder wenn beim Ausströmen gespannter Luft in den freien Raum diese noch den Atmosphärendruck als Gleichdruck p_2 zu überwinden hat, so hat die Gleichdruckarbeit den Wärmewert $(c_p - c_v)(T_2 - T_1)$, also wird der gesamte Wärmewert
$$[A L_{ad}] = c_p (T_1 - T_2). \tag{44}$$

Wird in die Umformung für $c_p = AR\frac{k}{k-1}$ eingesetzt, so wird
$$L_{ad} = \frac{k}{k-1} p_1 v_1 \left[1 - \left(\frac{p_2}{p_1}\right)^{\frac{k-1}{k}}\right]. \tag{45}$$

Auf diese Gleichung stützt sich die später zu behandelnde Bestimmung der Ausflußgeschwindigkeit der Luft in den freien Raum nach der Formel von Saint Venant und Grashof.

Im Entropiediagramm wird die Adiabate als Parallele zur Ordinatenachse dargestellt (Abb. 3). Soll das Gas bzw. die Luft vom Anfangsdruck p_1 und der Temperatur T_1 auf den kleineren Druck p_2

gebracht werden (A_1 ist der Schnittpunkt von T_1, p_1, v_1), so wird durch A_1 eine Senkrechte gezogen, die die p-Linie im Punkte A_2 schneidet. Durch diesen Schnittpunkt geht aus T_2 und v_2. Es kann also $T_1 - T_2$ bzw. $t_1 - t_2$ unmittelbar aus der Entropietafel entnommen und der Wärmewert nach Gleichung (37) und (44) $c_v\,(T_1 - T_2)$ und $c_p\,(T_1 - T_2)$ bestimmt werden. Die Berechnung von Potenzen mit gebrochenen Exponenten nach Gleichung (40) und (41), ebenso die Berechnung der komplizierten Formeln (43) und (45) wird dadurch vermieden.

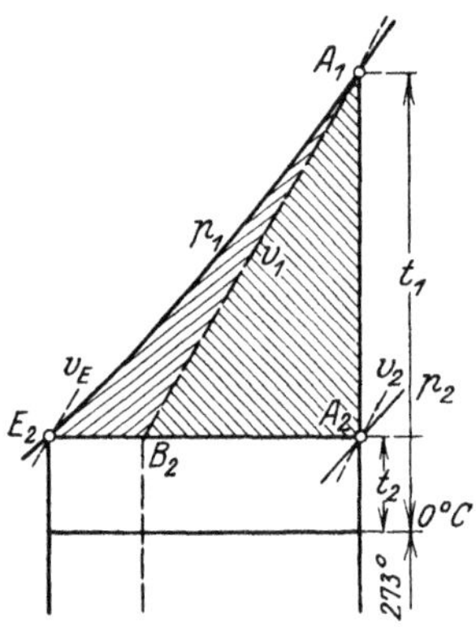

Abb. 3.

Obgleich die Änderung der Entropie gleich Null ist, so stellt sich die Wärme AL_{ad} als Flächenstreifen eines Entropiediagrammes unter der Linie $A_1 B_2$ und $[AL_{ad}]$ unter der Linie $A_1 E_2$ dar, weil diese Figur mit der Zustandsänderung Fall 1 $v =$ konst. bzw. Fall 2 $p =$ konst., also

$$Q = c_v\,(T_1 - T_2)$$

und

$$Q = c_p\,(T_1 - T_2)$$

identisch ist.

VIII. Abhängigkeit des spez. Gewichtes der Luft von meteorologischen und verwandten Einflüssen.

Mit Hilfe der besprochenen physikalischen Gesetze läßt sich in jedem Fall das spezifische Gewicht γ der Luft berechnen. Hier handelt es sich in der Regel jedoch nicht um die Veränderlichkeit von γ während eines bestimmten Prozesses, wie z. B. bei der Verdichtung der Luft im Kompressor, sondern um die Verschiedenheit des spezifischen Gewichtes der Luft, wie sich dieselbe unter den wechselnden Verhältnissen vorfindet, und um die Einsetzung eines passenden Wertes von γ für die Berechnung von Lüftungsanlagen. Zur Vereinfachung der Rechnung sollen abgekürzte Formeln und Tabellen herangezogen werden.

Von Einfluß ist in erster Linie die Höhenlage eines Ortes. Bei der Anlage von Tunnellüftungen fällt dieser Umstand besonders ins Gewicht. Das mittlere spezifische Gewicht γ_m der Luft zur Lüftung einiger bekannter Tunnel zeigte wegen der Verschiedenheit der Höhenlage erhebliche Unterschiede, z. B.

Cochemtunnel	80 m	ü. M.	$\gamma_m = 1{,}28$,
Hauenstein-Basistunnel	420—450 m	„ „	$\gamma_m = 1{,}22$,
Simplontunnel	700 m	„ „	$\gamma_m = 1{,}18$,
Gotthardtunnel	1150 m	„ „	$\gamma_m = 1{,}11$,
Andentunnel	3207 m	„ „	$\gamma_m = 0{,}87$.

Es werden nun nacheinander folgende Einflüsse besprochen:

a) der Einfluß des Barometerstandes,
b) des Feuchtigkeitsgehaltes der Luft,
c) der Temperatur.

Der Barometerstand ist fortwährenden Schwankungen unterworfen, die Luft ist selten ganz trocken, sondern enthält fast immer etwas Wasserdampf, dessen Menge z. T. von der Temperatur abhängt, und eine Lufttemperatur von 0° C ist ein Ausnahmefall, weshalb eine scharfe Trennung in der Behandlung genannter Einflüsse nicht durchführbar ist.

Der Luftdruck wird durch die Höhe der Quecksilbersäule (Q.-S.), welche ihm das Gleichgewicht hält, gemessen. Eine auf diesem Prinzip beruhende Einrichtung ist das Quecksilberbarometer. Häufig bedient man sich auch des Aneroidbarometers, das in der Regel die Pressungen ebenfalls in mm Q.-S. angibt. Ohne näher darauf einzutreten, wird auf die einschlägige Literatur, z. B. auf W. Jordan, Handbuch der Vermessungskunde; Bauernfeind, Elemente der Vermessungskunde, verwiesen.

Die Höhe über Meer eines Ortes ist von wesentlichem Einfluß auf den Barometerstand. Man benutzt dessen Umstand zu barometrischen Höhenmessungen.

Wenn man sich beispielsweise 10,5 m über die Meereshöhe erhebt, so fällt der Barometerstand um 1 mm. Diese Zahl nimmt mit der Höhenlage ü. M. zu, weil die Luft nach oben spezifisch leichter wird. In einer Höhe von 400 m ü. M. fällt das Barometer um 1 mm, wenn man um 11,1 m steigt.

Bei genauen Höhenmessungen bzw. der Feststellung der Beziehung zwischen Höhe und Barometerstand muß noch die Veränderlichkeit der Schwere mit der Höhe und der geographischen Breite, der Feuchtigkeitsgehalt und die Temperatur berücksichtigt werden. Zur Bestimmung des zugehörigen spezifischen Gewichtes γ der Luft genügt in der Regel die einfache Formel, welcher trockene Luft von 0° C und die Beschleunigung der Schwere $g = 9{,}81$ zugrunde liegt:

$$h = 18400\,(\log b_0 - \log b)\,^{1)}\,. \tag{46}$$

Darin bedeutet h die Höhe in m über dem Ausgangspunkt mit dem Barometerstand b_0 in mm Q.-S. Von der Meereshöhe ausgehend ist $b_0 = 760$, demnach

$$h = 18400\,(\log 760 - \log b)\,. \tag{47}$$

Für die vorliegenden Zwecke handelt es sich meistens nicht um barometrische Höhenmessungen, sondern um die Berechnung des mittleren Barometerstandes und das zugehörige spezifische Gewicht γ der Luft aus der bekannten Höhenkote eines Punktes der Erdoberfläche.

---

[1]) Briggscher Logarithmus.

Umgerechnet nach b wird Gleichung (47)

$$\log b = \log 760 - \frac{h}{18400}, \qquad (48)$$

$$\gamma = \frac{b \cdot 13{,}596}{29{,}27 \cdot 273} \quad \text{(für } 0^\circ \text{C)}.$$

Entsprechende Werte für

$h = 0$	100	200	262	300	400	500	m ü. M.,
$b = 760$	750,6	741,2	735,51	732	722,9	713,9	mm Q.-S.,
$\gamma = 1{,}293$	1,277	1,261	1,2515	1,246	1,230	1,213.	

Das spezifische Gewicht nimmt hier nur 1,5 bis 1,7% auf 100 m Erhöhung ab; eine große Genauigkeit in der Höhenangabe ist deshalb für diesen Zweck nicht erforderlich.

Die erste Ableitung nach b der Gleichung (46)

$$h = 18400 (\log b_0 - \log b)$$

wird

$$\frac{dh}{db} = \frac{-18400}{2{,}3026\, b} = -\frac{7991}{b}$$

und gibt an, um wieviele Meter man steigen muß, damit der Luftdruck um 1 mm Q.-S. fällt.

Beispiel 9. $h = 0$, $b = 760$,

$$\frac{dh}{db} = \frac{7991}{760} = 10{,}5 \text{ m}.$$

Zahlentafel 4.

Die Luftdrücke in verschiedenen Höhen ü. M.

(Aus der „Hütte" 1919 nach der Formel $h = 18\,400 + 70\, t_m \left(\log \frac{760}{b}\right)$.

Seehöhe m	Luftdruck mm Q.-S.	Seehöhe m	Luftdruck mm Q.-S.
0	760	5 000	417
100	751	6 000	370
200	742	7 000	328
300	733	8 000	291
400	724	9 000	258
500	716	10 000	229
1000	674	15 000	124
1500	635	20 000	68
2000	598	30 000	20
3000	530	40 000	6
4000	470	50 000	1

Im nachstehenden wird gezeigt, wie zur raschen Berechnung des spezifischen Gewichtes γ der Luft die Barometrischen Höhentafeln von W. Jordan, Stuttgart 1886, herangezogen werden können.

Die für Mitteleuropa gültige Barometerformel, auf welcher die Tafeln aufgebaut sind, lautet entsprechend den hier gebräuchlichen Bezeichnungen:

$$h = 18464 (\log b_0 - \log b) \cdot (1 + \alpha t) . \tag{46a}$$

Der mittlere auf den Meeresspiegel reduzierte Barometerstand b_0 ist für Mitteleuropa etwa 762 mm Q.-S., demnach

$$h = 18464 (\log 762 - \log b) \cdot (1 + 0{,}003\,665\, t) . \tag{47a}$$

Der Einheitlichkeit halber ist der Barometerstand b_0 und b auf 0° C reduziert (Temperatur der Quecksilbersäule). Die Tafeln berücksichtigen Temperaturen von $+5°$ bis $35°$ in Abstufungen von 1°, Barometerstände von 764 mm bis 630 mm Q.-S. und entsprechende Meereshöhen von -20 m bis 1700 m.

$$\log b = \log 762 - \frac{h}{18464 (1 + \alpha t)}$$

$$-\frac{dh}{db} = \frac{18464 (1 + \alpha t)}{2{,}3026\, b} = \frac{8020 (1 + \alpha t)}{b} = d . \tag{48a}$$

Der Wert d bedeutet die Höhendifferenz für 1 mm Q.-S.

Wenn die Seehöhe um d m zunimmt, so fällt das Barometer um 1 mm und umgekehrt. Daraus bestimmt sich das mittlere spezifische Gewicht der Luft.

Es ist nämlich der Druck von 1 mm Q.-S. (bei 0° C) auf eine Fläche von 1 qm = 13,596 kg. Dieser Druck hält dem Gewicht einer Luftsäule von 1 qm Grundfläche, der Höhe d und dem spezifischen Gewicht γ der Luft das Gleichgewicht, daher

$$\gamma = \frac{13{,}596}{d} . \tag{49}$$

Jordan nennt das berechnete h seiner Tabelle rohe Meereshöhe. Diese ist in Übereinstimmung mit dem mittleren Barometerstand, den die Tafel angibt, aber nicht mit einem beliebigen Barometerstand jener Höhe. Die Differenz d hingegen ist für alle abgelesenen, auf Null reduzierten Barometerstände der Tabelle und der entsprechenden Lufttemperatur richtig.

Beispiel 10. (Aus Jordans Höhentafeln, S. 33.) $b = 700$ mm Q.-S., Lufttemperatur 15°, rohe Meereshöhe 717,9 m, $d = 12{,}08$ m,

$$\gamma = \frac{13{,}596}{12{,}08} = 1{,}1255 .$$

1. Reduktion des Barometerstandes auf 0° C.

Das spezifische Gewicht des Quecksilbers ist bei der Temperatur über 0° kleiner als 13,596, daher steht das Barometer bei höheren Temperaturen höher, als es unter gleichem Druck bei 0° stehen würde.

Es sind für je 1000 mm Q.-S. vom abgelesenen Barometerstand abzuziehen:

bei	0°	5°	10°	20°	25°	30°
	0,00	0,87	1,73	3,45	4,31	5,17 mm [1]).

An den Barometern der Wettersäulen können an einem beigegebenen Thermometer neben der Temperaturskala die entsprechenden Abzüge für einen mittleren Barometerstand abgelesen werden.

Als zweite Korrektur kommt Kapillardepression in Betracht. Sie bewirkt, daß die Quecksilberkuppe (Meniskus) in engen Röhren tiefer steht als in weiten.

2. Feuchtigkeitsgehalt und Temperatur der Luft.

Auf Seite 10 ist dieser Gegenstand bereits theoretisch erörtert und sowohl der Begriff relative Feuchtigkeit als auch absolute Feuchtigkeit festgelegt worden.

Nach Gleichung (22) ist $x = \frac{p_d}{p_s} = \frac{\gamma_d}{\gamma_s}$.

Vom praktischen Standpunkt ist noch folgendes zu ergänzen:

Der Dampfgehalt der Luft wird durch das Hygrometer gemessen. In bezug auf das demselben zugrunde liegende Prinzip unterscheidet man:

a) **Absorptionshygrometer.** Es gibt die absolute Feuchtigkeit an.

b) **das Danielsche Hygrometer.** Gibt den Taupunkt an.

c) **das Psychrometer** (von August). Dieses bestimmt den Feuchtigkeitsgehalt der Luft aus der Verdunstungskälte am sog. feuchten Thermometer; dazu gibt es Psychrometertafeln, welche die relative Feuchtigkeit angeben[2]).

d) **das Haarhygrometer**[3]). Es mißt die relative Feuchtigkeit aus der wechselnden Länge eines entfetteten hygroskopischen Haares. Sehr gebräuchlich ist das auf diesem Prinzip beruhende Polymeter von Lambert (Hygrometer mit Thermometer). Man trifft es überall an den Wettersäulen.

Neben der Thermometerskala ist der den Thermometergraden zugehörige Dunstdruck in mm Q.-S. angegeben. Man erhält die Dampfspannung p_d, indem man den Dunstdruck p_s mit dem relativen Feuchtigkeitsgrad multipliziert:

$$p_d = \frac{x \cdot p_s}{100}. \tag{50}$$

e) **das Volumenhygrometer.** Es wird der Luft die Feuchtigkeit entzogen wie im Fall 1. Man bestimmt hierauf die Änderung des Volumens bei konstantem Druck und konstanter Temperatur oder die Druckabnahme unter gleichen Bedingungen.

---

1) Schüle, W.: Techn. Thermodynamik. Julius Springer, Berlin 1912.

2) Psychrometertafeln, herausgegeben vom Preußischen Meteorologischen Institut. Braunschweig 1908.

3) Troska, A.: Vorausbestimmungen des Wetters vermittels Hygrometer.

3. Bestimmung von Gewicht, Dichtigkeit, Dampfgehalt und anderen Eigenschaften der Luft.

Die Begriffe

γ_d Gewicht des Dampfgehaltes in 1 cbm Luft,
γ_s Gewicht des Dampfgehaltes in 1 cbm gesättigter Luft,
γ_l Gewicht der trockenen Luft in 1 cbm feuchter Luft,
γ Gewicht von 1 cbm Luft, allgemein, auch feuchter Luft,
p_d Dunstdruck, p_s desgl. in gesättigter Luft in Atm. oder mm Q.-S.,
p_l Anteil des Druckes der trockenen Luft allein,
p Luftdruck kg/qm,
t_s Taupunktstemperatur,
x relativer Feuchtigkeitsgrad

sind auf Seite 10 und 11 entwickelt.

Wir benutzen zur Bestimmung des spezifischen Gewichtes γ feuchter Luft mit dem relativen Feuchtigkeitsgrad x die umstehende, aus der Hütte von 1919, Seite 100 entnommene Tafel; sie enthält folgende Werte: Temperatur von -20 bis $50°$ C und die zugehörigen Werte $h' = p_s$ in mm Q.-S.; $\gamma' = \gamma_s$ g/cbm; γ'' von 1 Atm. in kg/cbm und $t°$; Δ Korrektur für feuchte Luft.

Die Tabellenwerte sind bis zu Temperaturen von $50°$ C genau; darüber hinausgehende Temperaturen kommen bei Ventilatoren selten in Betracht.

Das Gewicht von 1 cbm feuchter Luft mit der relativen Feuchtigkeit x ist

$$\gamma = \gamma'' p - 0{,}0067\, \gamma' x ,$$

und mit Benutzung der Tabellenwerte

$$\gamma = \gamma'' \frac{b}{735{,}6} - \Delta\, x .$$

(Für trockene Luft ist $\Delta = 0$.)

Beispiel 11. Es seien die meteorologischen Daten gegeben:

Auf $0°$ reduzierter Barometerstand $= 720$ mm Q.-S.
Lufttemperatur $t = 20°$ C,
Sättigungsgrad der Luft $x = 60\%$.

Es sind folgende Werte aus der Zahlentafel 5 zu bestimmen:

Vor allem γ, das spezifische Gewicht der feuchten Luft, ferner γ_s, γ_d, γ_l, p_d, p_s, t_s.

$$\gamma = \gamma'' \frac{b}{735{,}6} - \Delta\, x \qquad = 1{,}167 \frac{720}{735{,}6} - 0{,}011 \cdot 0{,}60 ,$$

$$\gamma = 1{,}1422 - 0{,}0066 = \mathbf{1{,}1356} ,$$

$$\gamma_s = \frac{\gamma'}{1000} \qquad = \mathbf{0{,}0173} ,$$

$\gamma_d = \gamma_s \cdot x = 0{,}0173 \cdot 0{,}60 \quad = \mathbf{0{,}01038},$

$\gamma_l = \gamma - \gamma_d = 1{,}1356 - 0{,}01038 = \mathbf{1{,}1252},$

$p_s = \mathbf{17{,}5}\,\text{mm}\ Q_s \quad = \mathbf{2379{,}3}\ \text{kg/qm},$

$p_d = 0{,}60 \cdot 17{,}5 \quad = \mathbf{10{,}5}\ \text{mm}\ Q.\text{-}S.$

Diesem Wert von $h' = 10{,}5$ mm Q.-S. entspricht die Temperatur 12°, mithin $t_s = \mathbf{12^0}\,\mathbf{C}$.

Zahlentafel 5.
Mischung von Luft und Wasserdampf.

t	Spannung des Wasserdampfes in mm Q.-S. von 0° $h' = p_s$	Gewicht v. 1 cbm Wasserdampf bei t und h' in g $\gamma' = \gamma_s$	Gewicht v. 1 cbm trockener Luft von 1 Atm. und t^0 in kg $\gamma'' = \gamma_l$	Korrektur für feuchte Luft Δ	t	Spannung des Wasserdampfes in mm Q.-S. von 0° $h' = p_s$	Gewicht v. 1 cbm Wasserdampf bei t und h' in g $\gamma' = \gamma_s$	Gewicht v. 1 cbm trockener Luft von 1 Atm. und t^0 in kg $\gamma'' = \gamma_l$	Korrektur für feuchte Luft Δ
—20	0,77	0,90	1,351	0,001	10	9,21	9,41	1,208	0,006
—19	0,85	0,99	1,346	0,001	11	9,8	10,0	1,204	0,006
—18	0,93	1,08	1,340	0,001	12	10,5	10,7	1,200	0,007
—17	1,03	1,18	1,335	0,001	13	11,2	11,4	1,196	0,007
—16	1,13	1,29	1,330	0,001	14	12,0	12,1	1,192	0,007
—15	1,24	1,41	1,325	0,001	15	12,8	12,8	1,188	0,008
—14	1,36	1,53	1,320	0,001	16	13,6	13,7	1,183	0,008
—13	1,49	1,67	1,315	0,001	17	14,5	14,5	1,179	0,009
—12	1,63	1,83	1,310	0,001	18	15,5	15,4	1,174	0,009
—11	1,78	1,99	1,305	0,001	19	16,5	16,3	1,170	0,010
—10	1,95	2,17	1,300	0,001	20	17,5	17,3	1,167	0,011
— 9	2,13	2,36	1,295	0,001	21	18,6	18,3	1,163	0,011
— 8	2,32	2,56	1,290	0,002	22	19,8	19,4	1,159	0,012
— 7	2,53	2,78	1,286	0,002	23	21,1	20,6	1,155	0,013
— 6	2,76	3,01	1,281	0,002	24	22,4	21,8	1,151	0,013
— 5	3,01	3,27	1,276	0,002	25	23,8	23,1	1,148	0,014
— 4	3,28	3,54	1,271	0,002	26	25,3	24,5	1,144	0,015
— 3	3,57	3,84	1,267	0,002	27	26,8	25,8	1,140	0,016
— 2	3,88	4,15	1,262	0,003	28	28,4	27,3	1,136	0,017
— 1	4,22	4,48	1,257	0,003	29	30,1	28,8	1,132	0,017
0	4,58	4,84	1,253	0,003	30	31,8	30,4	1,128	0,018
+ 1	4,93	5,20	1,248	0,003	32	35,3	33,5	1,121	0,020
2	5,29	5,57	1,244	0,003	34	39,5	37,2	1,114	0,023
3	5,69	5,96	1,239	0,004	36	44,2	41,3	1,107	0,025
4	6,10	6,37	1,235	0,004	38	49,3	45,8	1,100	0,028
5	6,54	6,81	1,230	0,004	40	54,9	50,7	1,093	0,031
6	7,01	7,26	1,226	0,004	42	61,0	56,0	1,086	0,034
7	7,51	7,76	1,221	0,005	44	67,8	61,8	1,079	0,037
8	8,05	8,28	1,217	0,005	46	75,1	68,1	1,072	0,041
9	8,61	8,83	1,212	0,005	48	83,2	74,9	1,065	0,045
10	9,21	9,41	1,208	0,006	50	92,0	82,3	1,058	0,050

Beispiel 12. Verlangt wird das spezifische Gewicht γ

a) von Luft mit $b = 735{,}6$ mm Q.-S., $t = -20°$, $x = 0{,}70$,

b) ,, ,, ,, $b = 705$,, ,, $t = +20°$, $x = 0{,}70$,

ferner der Unterschied des spezifischen Gewichtes a) und b) unter Berücksichtigung von Zahlentafel 5.

$$\text{a)}\ \gamma = \gamma'' - \Delta x \qquad = 1{,}351 - 0{,}70 \cdot 0{,}001 \qquad = 1{,}3503,$$

$$\text{b)}\ \gamma = \gamma'' \frac{6}{735{,}6} - \Delta x = 1{,}167 \cdot \frac{705}{7356} - 0{,}70 \cdot 0{,}011 = 1{,}1107,$$

$$\gamma_a - \gamma_b = 0{,}2396 = \mathbf{240\,g}.$$

Dem Beispiel 12 entsprechende Zustandsänderungen der Luft können am nämlichen Ort auftreten. Dies zeigt, daß im Winter, namentlich bei hohem Barometerstand und gleichzeitiger großer Kälte, ein Ventilator bei konstanter Umdrehungszahl bei gleichem Luftquantum ein größeres Luftgewicht fördert und eine größere Betriebskraft verlangt als manchmal im Sommer.

B. Bewegungsvorgänge der Luft.

I. Ausströmen der Luft in den freien Raum.

1. Hydraulische Ausflußformel.

Die Kenntnis dieses Vorganges ist in der Ventilationsfrage von großer praktischer Bedeutung für die Berechnung von Leitungswiderständen mit Benutzung des Begriffes der äquivalenten Weite, von Anzapfungen und dem Ausströmen der Luft aus Drosselscheiben und Düsen.

Es ist von wesentlichem Belang hervorzuheben, daß wir in den meisten Fällen die komplizierten Ausflußformeln aus der Aerodynamik entbehren können, weil die vorkommenden Überdrücke h in mm W.-S. relativ klein sind und weil in der Regel beide Räume die gleiche Temperatur besitzen. Der Überdruck beträgt in den meisten Fällen nur Bruchteile einer Atmosphäre. Die beim Austritt der Luft eintretende Expansion ist gering, so daß wir keinen nennenswerten Fehler begehen, wenn wir die bekannte Ausflußformel der Hydraulik, nämlich für Wasser

$$w = \varphi \sqrt{2gH}, \tag{51}$$

worin H die Höhe der Wassersäule in Meter bedeutet. Der Ausflußkoeffizient φ hat nach Versuchen von Weisbach und Grashof für gut abgerundete Mündungen den Wert 0,98 bis 0,99.

Für das Ausströmen der Luft in den freien Raum aus einer verhältnismäßig kleinen Öffnung eines relativ großen Behälters setzen wir an Stelle der Wassersäule (in Meter gemessen) die Höhe der dem Überdruck entsprechenden Luftsäule.

Ist der Überdruck h der Luft in mm W.-S. = kg/qm gegeben, so ist die entsprechende Höhe der Luftsäule

$$H = \frac{h}{\gamma}$$

und demnach

$$w = \varphi \sqrt{2g\frac{h}{\gamma}}, \tag{52}$$

$$\varphi^2 H = \frac{w^2}{2g}. \tag{53}$$

Dieser Ausdruck ist unter dem Namen Bernoullische Formel bekannt.

Beispiel 13. $h = 100$ mm W.-S., $\gamma = 1{,}25$,

$$H = \frac{100}{1{,}25} = 80 \text{ m L.-S.},$$

$$w = 0{,}98\sqrt{19{,}62 \cdot 80} = \mathbf{38{,}82}\ \text{m/sek}.$$

Beispiel 14. $h = 1000$ mm W.-S., $\gamma = 1{,}25$,

$$H = \frac{1000}{1{,}25} = 800 \text{ m L.-S.},$$

$$w = 0{,}98\sqrt{19{,}62 \cdot 800} = \mathbf{122{,}3}\ \text{m/sek}.$$

Luft vom spezifischen Gewicht $\gamma = 1{,}293$ ($t = 0°$ und 760 mm Q.-S.) fließt unter dem Überdruck

	$h = 1$	10	100	1000 mm W.-S.
mit	$w = 3{,}9$	12,3	39	123 m/sek.

Die Gleichung (52) gibt stets etwas zu große Werte. Der Unterschied beträgt bei einem Überdruck von $^1/_{10}$ Atm. rund 2%; von da ab nimmt der Fehler rasch zu. Für Überdrücke $> {}^1/_2$ Atm. sollte stets die noch zu besprechende genaue Berechnungsart gebraucht werden.

In der Theorie der gleichwertigen Öffnung wird der Einfachheit halber stets die Bernoullische Formel benutzt.

2. Die genaue Ausflußformel.

Diese wird für höhere Überdrücke verwendet. Da beträchtliche Luftspannungen in dem zu behandelnden Gebiet selten auftreten, so darf dieser Abschnitt kurz behandelt werden. Weitere Aufschlüsse finden sich in „Technische Thermodynamik" von W. Schüle, I. Bd., S. 284.

Die Luft im Behälter, deren Zustand durch Speisung konstant erhalten wird, habe die absolute Temperatur T_1, den konstanten

Druck p_1 und das spezifische Volumen v_1 und ströme durch eine verhältnismäßig kleine, gut abgerundete Öffnung in den äußeren Luftraum, dessen Zustand T_1, p_2, v_2 entspricht.

Beim Ausströmen dehnt sich die Luft aus, dabei sinkt die Temperatur adiabatisch von T_1 auf T_2. Die dabei geleistete Arbeit von 1 kg Luft ist nach Gleichung (45)

$$L = \frac{k}{k-1} p_1 v_1 \left[1 - \left(\frac{p_2}{p_1}\right)^{\frac{k-1}{k}}\right],$$

die als Strömungsenergie in Erscheinung tritt. Dieselbe ist von 1 kg Luft

$$L = \frac{w^2}{2g},$$

mithin

$$w^2 = 2g \frac{k}{k-1} p_1 v_1 \left[1 - \left(\frac{p_2}{p_1}\right)^{\frac{k-1}{k}}\right],$$

$$w = \varphi \sqrt{2g \frac{k}{k_1} p_1 v_1 \left[1 - \left(\frac{p_2}{p_1}\right)^{\frac{k-1}{k}}\right]} \qquad (54)$$

Werden die dem Beispiel 14 entsprechenden Werte eingesetzt:

$$t_1 = 0, \quad p_2 = 1\ \text{Atm.} = 10000\ \text{kg/qm},$$
$$p_1 = 11000\ \text{kg/qm},$$
$$v_1 = 0{,}727,$$
$$k = \frac{c_p}{c_v} = 1{,}41,$$

so erhält man $\boldsymbol{w = 120{,}45}$ **m/sek.**

Die Ausrechnung gestaltet sich sehr umständlich. Mit Benutzung der Entropietafel wird die Rechnung sehr einfach, wie im nachstehenden gezeigt wird.

Nach Gleichung (44)

$$A L = c_p [T_1 - T_2],$$

$$L = \frac{c_p}{A} [T_1 - T_2] = \frac{w^2}{2g},$$

$$w = \varphi \sqrt{2g \frac{c_p}{A} (T_1 - T_2)},$$

$$w = 0{,}98 \sqrt{19{,}62 \cdot 427 \cdot 0{,}239 (T_1 - T_2)},$$

$$w = 98 \sqrt{0{,}20 (T_1 - T_2)}. \qquad (55)$$

Anwendung auf Beispiel 14:

$$p_2 = 10\,000; \qquad p_2 = 11\,000; \qquad t_1 = 0.$$

Die Entropietafel zeigt $T_1 - T_2 = t_1 - t_2 = 7{,}6°$, demnach

$$w = 98\sqrt{1{,}52} = \mathbf{120{,}96}\ \text{m/sek}\,.$$

Die kleine Ungenauigkeit wegen der graphischen Lösung ist belanglos.

Selbst wenn man $T_2 - T_1$ aus der Gleichung (41) berechnen würde, so läge darin gegenüber Gleichung (51) eine bedeutende Vereinfachung.

Nämlich

$$\frac{T_2}{T_1} = \left(\frac{p_2}{p_1}\right)^{\frac{k-1}{k}},$$

$$T_2 = 273\left(\frac{1}{1{,}1}\right)^{0{,}2908},$$

$$T_2 = 265{,}53\,,$$

$$T_1 - T_2 = 273 - 265{,}53 = 7{,}47°\,,$$

daraus wird

$$w = 98\sqrt{1{,}51} = \mathbf{120{,}43}\ \text{m/sek}\,.$$

3. Die kritische Geschwindigkeit.

Wenn das Verhältnis zwischen dem Innendruck p_1 und dem Außendruck p_2, also $\frac{p_2}{p_1}$, einen gewissen Wert übersteigt, so wächst die Ausflußmenge nicht mehr, so groß auch der Überdruck gewählt werde, weil von da ab der Mündungsdruck nicht mehr dem Außendruck gleich ist; dies hat seinen Grund darin, weil der Strahl dann erst außerhalb der Mündung expandiert. Der Druck, bei dem dieses eintritt, wird kritischer Druck genannt und mit p_k bezeichnet.

Es ist das Verhältnis

$$\frac{p_k}{p_2} = \left(\frac{2}{k-1}\right)^{\frac{k}{k-1}}$$

für Luft

$$\frac{p_k}{p_2} = 0{,}528$$

oder

$$\frac{p_2}{p_k} = 1{,}894\,.$$

Wenn also bei atmosphärischem Außendruck der innere Überdruck 0,9 Atm. beträgt, so tritt die kritische Geschwindigkeit ein. Sie beträgt für Luft

$$w_k = 3{,}39\sqrt{R T_1}\,.$$

So große Überdrücke kommen bei der Ventilation selten in Frage.

Die kritische Geschwindigkeit ist gleich der Fortpflanzungsgeschwindigkeit des Schalles in der Luft. In gewöhnlichen Mündungen kann die Ausflußgeschwindigkeit keinen größeren Wert annehmen als die Schallgeschwindigkeit. Diese beträgt für Luft

$$c = 331{,}88\sqrt{1 + \alpha t}\ \text{m/sek}\,. \tag{56}$$

II. Bewegung der Luft in geschlossenen Kanälen und in Röhren.

Die Unterhaltung eines kontinuierlichen Luftstromes in einer Leitung wird beeinflußt durch das Spiel teils treibender, teils hemmender Kräfte. Es sind dies

a) Druckkräfte; meistens werden sie durch besondere Wettermaschinen, Ventilatoren und andere Gebläse, oder durch natürliche Energien, wie Wind, Temperaturunterschiede usw., erzeugt.

b) die Geschwindigkeitshöhe h_d der bewegten Luftsäule. Die mechanische Arbeit zur Hebung des Luftgewichtes kommt bei einer am Ende offenen Luftleitung nicht in Betracht, weil hier das Archimedische Prinzip gilt.

c) die Expansionsarbeit, die die Luft leistet, indem der Überdruck, der zu Anfang in der Leitung herrscht, mit dem Fortschreiten der Luftsäule abnimmt und am Ende der Leitung ganz verschwindet, so daß nur noch die Geschwindigkeitshöhe übrigbleibt.

d) der Einfluß der Wärme als treibende oder hemmende Kraft.

e) der Leitungswiderstand z, nämlich:

1. die Rohrreibung; 2. einmalige Widerstände, hervorgerufen durch Ein- und Ausmündung, Verengungen und Erweiterungen, Bögen, Winkel, Klappen usw.

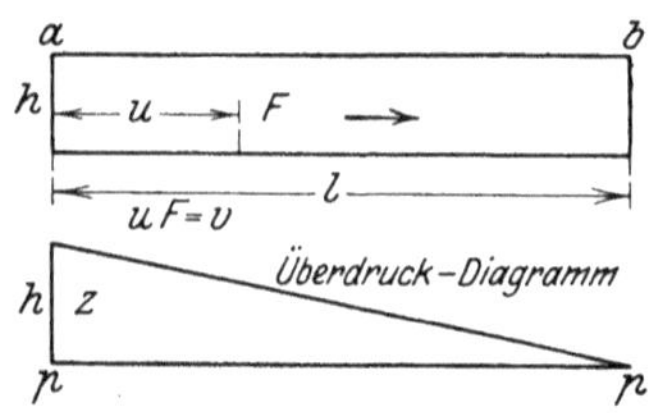

Abb. 4.

Der vorliegenden Untersuchung wird eine Druckleitung (im Gegensatz zu einer Saugleitung) von konstantem Querschnitt F und der Länge l zugrunde gelegt (Abb. 4).

Für gewöhnlich kann der äußere Luftdruck p am Anfang und am Ende als gleich angenommen werden. Am Ende der Leitung besteht nur der Atmosphärendruck p, während am Anfang außerdem der Überdruck h (in mm W.-S. gemessen) herrscht. Derselbe ist im Verhältnis zum Atmosphärendruck gering. Es wird deshalb mit der Annahme von Volumenbeständigkeit der Luft, also γ = konstant, kein nennenswerter Fehler gemacht. Dadurch wird der Vorgang vereinfacht und es werden diejenigen Erscheinungen, auf die es hauptsächlich ankommt, in den Vordergrund gerückt.

Unter dieser Annahme durchströmt die Luft die Leitung mit der konstanten Geschwindigkeit w. Die mechanische Leistung (ähnlich der Druckleistung durch einen Kolben), welche in der Zeiteinheit durch den Überdruck h beim Eintritt in die Leitung auf die Luftsäule übertragen wird, ist gleich

$$L_1 = h \cdot F \cdot w,$$

$$L_1 = h \cdot V. \qquad (57)$$

Die lebendige Kraft, die in jedem Kubikmeter der einströmenden Luft innewohnt, d. h. die Geschwindigkeitshöhe, ist gleich $\gamma \frac{w^2}{2g}$ [1]). Bezogen auf das Quantum V lautet die dadurch hervorgebrachte Leistung

$$L_2 = \gamma \frac{w^2}{2g} V. \tag{58}$$

Die gesamte Energiemenge, welche die einströmende Luft in der Zeiteinheit mit sich führt, ist $L_1 + L_2 = L$, somit

$$L = \left(\gamma \frac{w^2}{2g} + h\right) V. \tag{59}$$

Am Ende der Leitung ist der Überdruck verschwunden. Er wurde vom Reibungswiderstand z aufgezehrt, daher spricht man auch von Druckverlust. Aus der vorhergehenden Überlegung ergibt sich die Beziehung

$$h = z. \tag{60}$$

Der Leitungswiderstand ist von den nachstehenden Größen abhängig:

1. dem Rohrleitungskoeffizient ϱ,
2. dem spezifischen Gewicht γ der Luft,
3. der Geschwindigkeit w,
4. dem Verhältnis des Umfanges U zur Querschnittsfläche $F = \frac{U}{F}$,
5. von der Länge der Leitung.
6. Weil es sich um eine Massenwirkung handelt, kommt noch der Faktor $\frac{1}{2g}$ vor.

Es werden zwei Arten Rohrströmung mit charakteristisch verschiedenem Druckhöhenverlust unterschieden.

a) Druckhöhenverlust unterhalb der oberen Grenzgeschwindigkeit. Die Flüssigkeits- oder Gasteilchen strömen parallel zur Rohrachse (wirbelfreie Strömung). Der Reibungswiderstand ist der Geschwindigkeit direkt proportional. Die Geschwindigkeit ist an den Rohrwandungen gleich Null und nimmt nach der Funktion einer Parabel bis zur Rohrmitte zu.

b) Druckhöhenverlust oberhalb der sog. kritischen Geschwindigkeit. Die Flüssigkeitsteilchen zeigen neben der Vorwärtsbewegung eine starke Wirbelung (turbulente Strömung), wobei dieselben gegen die Rohrwandungen anprallen und einen Teil ihrer Strömungsenergie einbüßen, die durch den statischen Druck sofort wieder ersetzt wird. Durch diese Betrachtung gelangt man zu einer Vorstellung vom Wesen des Druckverlustes.

Der Übergang der Geschwindigkeit von der wirbelfreien zur turbulenten Strömung wird die **kritische** Geschwindigkeit genannt. Das

[1]) Auf die Gewichtseinheit bezogen ist die Geschwindigkeitshöhe $= \frac{w^2}{2g}$.

Gebiet der wirbelfreien Strömung sind enge Rohre. Aus diesem Grund wird die technische Rohrströmung ganz von der turbulenten Strömung beherrscht. Es wird deshalb nur diese näher untersucht. Der Druckverlust ist fast genau proportional der Geschwindigkeitshöhe $\frac{\gamma w^2}{2g}$. Aus dieser Überlegung heraus kann der Ausdruck für den Druckverlust z nicht anders lauten als

$$z = \varrho \frac{U}{F} l \cdot \frac{\gamma w^2}{2g} . \tag{61}$$

Für den kreisförmigen Querschnitt wird

$$\frac{U}{F} = \frac{\pi d}{\pi \frac{d^2}{4}} = \frac{4}{d} .$$

Setzt man für $4 \varrho = \lambda$ oder $\varrho = \frac{\lambda}{4}$, so erhält man

$$z = \frac{\frac{\lambda}{4} \frac{4}{d} l \gamma w^2}{2g} ,$$

$$z = \frac{\lambda \gamma w^2 l}{2 g d} . \tag{62}$$

An Stelle der Gleichung (59) tritt nun für Kreisrohrleitungen

$$L = \left(1 + \frac{\lambda l}{d}\right) \frac{\gamma w^2}{2g} \cdot V \text{ mkg/sek} . \tag{63}$$

Bezeichnet man mit η den mechanischen Wirkungsgrad des Gebläses, so lautet die Gleichung der Betriebsleistung zum Transport der Luft durch die Förderleitung von kreisförmigem Querschnitt mit dem Durchmesser d und der Länge l

$$L_l = \frac{\left(1 + \frac{\lambda l}{d}\right) \cdot \frac{\gamma w^2}{2g} \cdot V}{\eta \cdot 75} \text{ PS}_e . \tag{64}$$

Setzt sich eine Leitung aus Rohrstrecken mit verschiedenen Durchmessern zusammen, so wird der Leitungswiderstand jeder Rohrstrecke besonders berechnet.

An Stelle der Geschwindigkeit w wird die Fördermenge V gesetzt:

$$w = \frac{V}{F} = \frac{V}{\frac{\pi d^2}{4}} , \quad w^2 = \frac{16 V^2}{\pi^2 d^4} ,$$

somit

$$z = \frac{16 \lambda \gamma}{\pi^2 2g} \cdot \frac{V^2}{d^5} l .$$

Es sei
$$\frac{16\lambda\gamma}{\pi^2 2g} = k,$$

mithin
$$z = k\frac{V^2}{d^5} l \text{ mm W.-S.}, \tag{65}$$

aufgelöst nach V
$$V = \left(\frac{z}{k l}\right)^{\frac{1}{2}} d^{\frac{5}{2}} \tag{66}$$

und
$$L = k\frac{V^3}{d^5} l. \tag{67}$$

In Worten: Der Leitungswiderstand ist proportional dem Quadrat der Fördermenge und umgekehrt proportional der fünften Potenz des Rohrdurchmessers.

Die Widerstandsarbeit ist proportional der dritten Potenz der Fördermenge und umgekehrt proportional der fünften Potenz des Rohrdurchmessers.

Diese zwei Proportionalgesetze sind von größter Wichtigkeit. Sie beherrschen die Bewegung und den Transport von Flüssigkeiten und Gasen oder festen Körpern (jeder Art Fahrzeuge) in flüssigen oder luftförmigen Medien.

III. Rohrreibungskoeffizient λ.

Den stärksten Einfluß auf die Größe von λ übt der Rauhigkeitsgrad aus, außerdem ist der Rohrreibungskoeffizient vom Rohrdurchmesser d und der Durchflußgeschwindigkeit w abhängig. Einen allgemein gültigen Wert für λ gibt es nicht.

Die kleinen Unebenheiten der Rohrwandungen bilden eine ringförmige Zone, in der die anprallenden Flüssigkeitsteilchen einen Teil ihrer lebendigen Kraft einbüßen, welche durch Umwandlung des Druckes (statischer Energie) in kinetische Energie wieder ersetzt wird. Auf diese Weise läßt sich der Druckverlust am anschaulichsten erklären. Das Verhältnis der Fläche dieses Ringes zur Querschnittsfläche ist dem Durchmesser umgekehrt proportional. Daraus geht hervor, daß der Rauhigkeitsgrad um so mehr ins Gewicht fällt, je kleiner der Durchmesser ist. Bei engen Rohren sind die Rohrwandungen stärker gekrümmt als bei weiten Rohren, und es schließen sich die kleinen Erhöhungen, die die Rauhigkeit der Blechwand ausmachen, enger aneinander als bei Rohren mit einem größeren Durchmesser. Aus diesem Grunde wächst λ nach einem gewissen Verhältnisse mit der Abnahme des Durchmessers.

Nach V. Blaess ist $\lambda = 0{,}0125 + \frac{0{,}0011}{d}$.

(Für $d = 0{,}30$ m wird $\lambda = 0{,}0162$.)

Die Formel von Gustav Schmid (siehe Taschenbuch „Hütte") lautet

$$\lambda = 0{,}00154 \left(5 + \frac{1}{d}\right).$$

(Für $d = 0{,}30$ m wird $\lambda = 0{,}01283$.)

Unter Berücksichtigung der inneren Reibung der Luft ist der gesamte Druckverlust

$$z = \frac{\gamma (a w^2 + b w) l}{2 g d},$$

daraus wird

$$\lambda = a + \frac{b}{w}.$$

Ähnlich gebaut ist die Formel für λ von Weisbach:

$$\lambda = 0{,}01439 + \frac{0{,}009711}{\sqrt{w}}.$$

Es ist ohne Zweifel ein gewisser Einfluß der beiden Faktoren d und w vorhanden, und zwar ist derjenige des Rohrdurchmessers von größerer Bedeutung, dies um so mehr, als man bestrebt ist, die Geschwindigkeit innerhalb gewisser praktischer Grenzen zu halten.

Die Grashofsche Formel berücksichtigt sowohl den Durchmesser als auch die Durchflußgeschwindigkeit:

$$\lambda = a + \frac{b + c d}{d \sqrt{w}}.$$

Neuere Versuche von Rietschel ergaben:

$$\frac{\lambda}{4} = \varrho = 0{,}0039 + \frac{0{,}00209}{w} + \frac{0{,}00337}{\pi d} + \frac{0{,}00878}{w \pi d}.$$

Der Reibungskoeffizient λ entspricht sowohl in bezug auf den Rohrdurchmesser als auf die Durchflußgeschwindigkeit einer hyperbelartigen Funktion.

Bei der Wahl des Rohrreibungskoeffizienten hat man sich die Frage vorzulegen, ob der gute Zustand der Rohrwandungen erhalten bleibt oder ob dieser durch Verschmutzung, Verkrustung usw. beim Betrieb ungünstig verändert wird. Im ersten Fall hat es einen Sinn, den Rohrreibungskoeffizient möglichst genau zu berechnen, im zweiten Fall kommt man oft durch eine auf Erfahrung gegründete Abschätzung der Wirklichkeit näher.

Der Rohrreibungskoeffizient λ ist für zylindrische Röhren durch sorgfältige Versuche recht häufig ermittelt worden. Die Ergebnisse schwanken zwischen 0,010 und 0,030, und zwar liegt der Unterschied nicht so sehr in Meßmethode als in der Tatsache, daß in jedem Fall andere Verhältnisse in bezug auf Rauhigkeit, Rohrdurchmesser und Durchflußgeschwindigkeit vorlagen; so fanden z. B. für mittlere Verhältnisse

Riedel und Gutermuth	0,01066[1]),
Gustav Schmid	0,011 [2]),
Rietschel	0,016 [3]),
Brabbé	0,017 [4]),
Grashof	0,018 [5]),
Wabner	0,025 [6]),
Poncelet	0,0252 [7]),
Dupuit	0,030 [8]),

Im weiteren wird verwiesen auf: Mitteilungen über Forschungswesen usw. vom D. d. I., H. 44; Biel, R.: Über Druckhöheverlust bei der Fortleitung tropfbarer und gasförmiger Flüssigkeiten; Rühlmann, Dr. Moritz: Hydrodynamik. Hannover 1880; Schüle, W.: Techn. Thermodynamik.

IV. Der Begriff des äquivalenten Querschnittes.

Man versteht unter gleichweitiger oder äquivalenter Öffnung den Querschnitt F_{ae}, der so bemessen ist, daß die Druckhöhe h, die erforderlich ist, um die gegebene Fördermenge V hindurchzupressen, gleich der Gesamtwiderstandshöhe h der zu vergleichenden Leitung ist, wenn durch dieselbe das gleiche Quantum V gefördert wird.

Der ursprüngliche Begriff der äquivalenten Weite stammt von dem französischen Bergingenieur D. Murgue vom Jahre 1873. 1911 hat Dr.-Ing. V. Blaess die Theorie der äquivalenten Weite in einer umfangreichen Schrift[9]) weiter entwickelt und auf die Berechnung weitverzweigter Leitungen und Kanäle angewendet. Dadurch wurde die umständliche Lösung dieser Aufgabe auf eine sichere Grundlage gestellt und die Berechnung sehr vereinfacht.

Die folgende kurze Darstellung lehnt sich an die Blaess'sche Schrift an. Für umfangreiche Studien wird auf die genannte Schrift verwiesen.

Um eine Luftmenge V (cbm/sek) durch eine Rohrleitung hindurchzuleiten, ist zu Anfang der Leitung eine Wettermaschine, die eine

---

1) Versuche mit Druckluft zu Paris 1891. Hütte S. 292.

2) Nach den Versuchen von Stockalper am Gotthardtunnel. Hütte.

3) Z. ges. Kälteind. Jg. 12, H. 10 u. 11, und Jg. 13, H. 1.

4) Z. öst. Ing.-V. Jg. 1906.

5) Handbuch der Baukunde 1885, Abt. I, Bd. 1, S. 837.

6) Wabner: Bewetterung der Bergwerke.

7) Rühlmann: Hydrodynamik. Hannover 1880.

8) Für alte Wasserleitungen. Hütte.

9) Blaess, Dr.-Ing. V.: Die Strömung in Röhren und die Berechnung weitverzweigter Leitungen und Kanäle. München und Berlin 1911.

Druckhöhe h (mm W.-S.) erzeugt, nötig. Diese Druckhöhe setzt sich aus der Summe sämtlicher Widerstände, nämlich aus dem Reibungswiderstand h_r, dem Widerstand beim Eintritt h_e und beim Austritt h_a, zusammen. (Mitunter kommen noch andere Widerstände hinzu.) Also

$$h = h_r + h_e + h_a \,. \tag{68}$$

Sämtliche Widerstandshöhen sind der Geschwindigkeitshöhe $\gamma \frac{w^2}{2g}$ proportional, es ist nämlich

$$h_r = \frac{\lambda l}{d} \cdot \frac{\gamma w^2}{2g} \,,$$

$$h_e = \zeta_e \cdot \frac{\gamma w^2}{2g} \,,$$

$$h_a = \zeta_a \cdot \frac{\gamma w^2}{2g} \,.$$

Denkt man sich ein großes Gefäß, in welchem der gleiche Überdruck h herrscht, so wird es eine gewisse Öffnung F_{ae} geben, welche das gleich sekundliche Quantum V ausfließen läßt, das vorhin durch die Rohrleitung ging und wobei wegen $h = \frac{\gamma w_{ae}^2}{2g}$ das Gesetz herrscht, daß der Überdruck proportional dem Quadrat der Durchflußmenge ist.

Ist die Öffnung am Gefäß derart abgerundet, daß keine Verluste durch Kontraktion entstehen, so wird diese leicht bestimmt aus der Beziehung

$$V = F_{ae} w_{ae} \,, \tag{69}$$

wobei in Übereinstimmung mit Gleichung (52)

$$w_{ae} = \sqrt{2g \frac{h}{\gamma}} \,. \tag{70}$$

Für das spezifische Gewicht γ der Luft = 1,226 als Mittelwert wird

$$w_{ae} = \sqrt{\frac{2 \cdot 9{,}81}{1{,}226} h} = 4\sqrt{h} \tag{70 a}$$

und

$$F_{ae} = \frac{V}{4\sqrt{h}} = \frac{0{,}25\, V}{\sqrt{h}} \,. \tag{71}$$

Zu jedem Rohr kann also eine gleichwertige Öffnung in Quadratmeter angegeben werden, welche bei gleichem Überdruck h stets dieselbe Liefermenge austreten läßt, während aber dort der Druck zum großen Teil zur Überwindung der Reibung und zur Ausströmungsgeschwindigkeit verbraucht wird, wird er hier ausschließlich zur Erzeugung der Geschwindigkeit verwendet (Abb. 5).

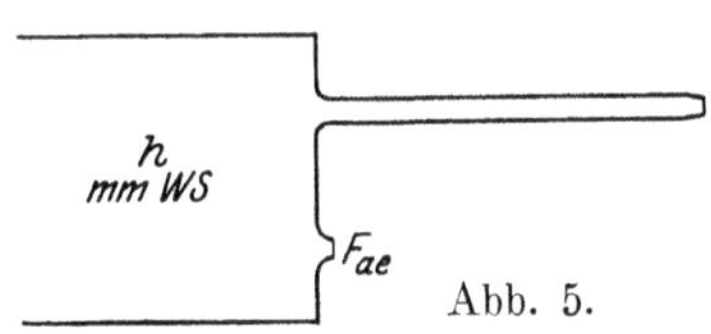

Abb. 5.

Murgue dachte sich keine kontraktionslose Düse, wie hier angenommen wird, sondern legte eine Öffnung in dünner Wand zugrunde, wodurch er gezwungen war, einen Ausflußkoeffizienten einzuführen, den er zu 0,66 annahm. Hierdurch lautet die Murguesche Weite

$$\underset{\text{Murgue}}{F_{ae}} = \frac{V}{0{,}66 \cdot 4\sqrt{h}} = \frac{0{,}38\, V}{\sqrt{h}}. \tag{72}$$

Geben wir der Einmündung der Rohrleitung eine passende konische Form, so verschwindet der Einlaufwiderstand und es bleibt

$$h = h_r + h_a. \tag{73}$$

Dividiert man Gleichung (73) mit $\left(\frac{V}{4}\right)^2$ und beachtet, daß

$$F_{ae} = \frac{V}{4\sqrt{h}} \quad \text{oder} \quad \frac{4^2 h}{V^2} = \frac{1}{F_{ae}^2},$$

$$F_r = \frac{V}{4 h_r} \quad \text{oder} \quad \frac{4^2 h_r}{V^2} = \frac{1}{F_r^2},$$

$$F_a = \frac{V}{4 h_a} \quad \text{oder} \quad \frac{4^2 h_a}{V^2} = \frac{1}{F_a^2},$$

so erhält man sofort

$$\frac{1}{F_{ae}^2} = \frac{1}{F_r^2} + \frac{1}{F_a^2}. \tag{74}$$

Wir schreiben die Gleichung in symbolischer Form

$$F_{ae} = F_r \backsim F_a.$$

Wenn noch mehr andere Widerstände zu berücksichtigen sind, so wird

$$F_{ae} = F_r \backsim F_a \backsim F_1 \backsim F_2 \ldots \tag{75}$$

Wir sind dadurch imstande, alle Widerstände durch ihre äquivalente Weite zu ersetzen und daraus die äquivalente Weite F_{ae} der ganzen Leitung zu berechnen.

Je mehr und je größer die Einzelwiderstände sind, um so kleiner wird F_{ae}. Aus derselben bestimmt man die Druckhöhe h für ein gegebenes Quantum V nach der Gleichung

$$h = \frac{V^2}{16 F_{ae}^2}. \tag{76}$$

Die zahlenmäßige Auflösung der Gleichung

$$\frac{1}{F_{ae}^2} = \frac{1}{F_1^2} + \frac{1}{F_2^2} + \frac{1}{F_3^2} \ldots$$

ist sehr zeitraubend. Es soll daher eine ganz einfache graphische Berechnung angegeben werden, wonach eine Gleichung mit 2 Summanden $F_{ae} = F_1 \backsim F_2$ und damit viele leicht aufzulösen sind. In Abb. 6 sind F_1 und F_2 als Katheten eines rechtwinkligen Dreiecks dargestellt, dann ist die Höhe des Dreiecks der gesuchte Wert F_{ae}. Der Beweis ergibt sich aus der Ähnlichkeit der Dreiecke

$$F_2 : F_{ae} = \sqrt{F_1^2 + F_2^2} : F_1 ,$$

quadriert und durch F_2^2 dividiert

$$\frac{1}{F_{ae}^2} = \frac{1}{F_1^2} + \frac{1}{F_2^2} .$$

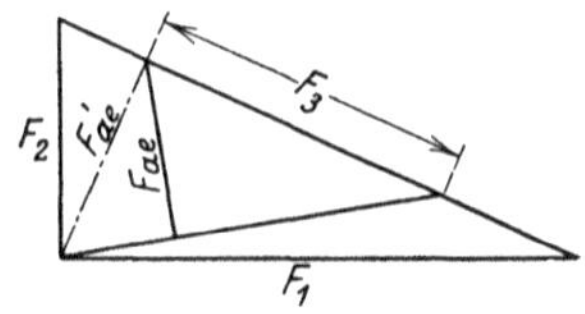

Abb. 6.

Enthält die Summe noch ein weiteres Glied F_3, so nennt man die eben gefundene äquivalente Öffnung F'_{ae} und wiederholt die vorige Operation (Abb. 6).

Sehr oft ist aber eine Windleitung so einfach aufgebaut, daß man auf dem gewöhnlichen Wege, namentlich unter Benutzung von praktischen Tabellen, ebenso rasch und sicher zum Ziele kommt.

V. Besprechung verschiedener Rohrreibungsformeln.

Die Vorstellung der Proportionalität der Rohrreibung (ebenso anderer Widerstände) beim Transport von Gasen und Flüssigkeiten mit der Geschwindigkeitshöhe hat sich so allgemein eingebürgert, daß jede davon abweichende Darstellung als etwas Fremdartiges empfunden wird. Gewisse Abweichungen von diesem gesetzmäßigen Verlauf werden am besten dadurch berücksichtigt, daß man dem Rohrreibungskoeffizienten λ einen veränderlichen Wert gibt nach den Ausführungen des Abschnittes III, S. 36.

Für Rohrleitungen und Kanäle mit kreisförmigem Querschnitt ist $z = \frac{\lambda l}{d} \cdot \frac{\gamma w^2}{2g}$. Ist der Querschnitt kein Kreis, so lautet die Widerstandsformel $z = \varrho \frac{U}{F} l \cdot \frac{\gamma w^2}{2g}$, woraus $\varrho = \frac{\lambda}{4}$.

Anders aufgebaute Rohrreibungsformeln müssen, wenn sie zum Vergleich herangezogen werden, auf die Normalform gebracht werden, z. B. die Reibungsformel aus Robert Wabners Bewetterung der Bergwerke:

$$z = k w^2 \frac{U}{F} \cdot l ;$$

für $\gamma = 1{,}25$ wird $\quad k = \frac{\varrho \gamma}{2g} = \varrho \frac{125}{19{,}62} = \frac{\varrho}{15{,}7} ,$

$$63 k = \lambda .$$

Nach Riedler und Gutermuth ist

$$z = \frac{533}{10^{10}} \gamma \frac{l}{d} w^2 \,\text{kg/qcm} .$$

Für z in kg/qm $\quad \lambda = \frac{533}{10^{10}} \cdot 19{,}62 \cdot 10^4 ,$

$$\lambda = 0{,}01046 .$$

VI. Berechnung der Widerstände und Leistungen beim Transport der Luft beim Tunnelbau.

Zur Vereinfachung der Berechnung der Rohrreibungswiderstände bedient man sich bequemer Zahlentabellen oder graphischer Tafeln. Eine solche Tabelle findet sich im Anhang. Diese ist nach folgenden Gesichtspunkten entworfen:

$\lambda = 0{,}01$, $\gamma = 1{,}25$, $l = 100$ m, d in Abstufungen zwischen 0,20 und 1,00 m, dazu die zugehörigen Querschnittsflächen F, die der angegebenen Fördermenge V in cbm/sek entsprechende Luftgeschwindigkeit w und deren Quadrat w^2. Nach der Fördermenge ist die Tabelle abgeteilt von 0,30 bis 10 cbm/sek. Der Druckverlust z ist in mm W.-S. angegeben und bezieht sich auf die Rohrlänge $l = 100$ m.

Wenn andere Werte für λ, γ und l vorkommen, so wird der entsprechende Proportionalitätsfaktor gebildet und damit der Tabellenwert z multipliziert, z. B. für $\lambda = 0{,}016$, $\gamma = 1{,}2$, $l = 3000$ wird $Z = 1{,}6 \cdot \frac{1{,}20}{1{,}25} \cdot 30 = 46\,z$. Fehlende Tabellenwerte werden durch Anwendung der Proportionalitätsgesetze ermittelt, z. B.: Es seien keine Angaben vorhanden zu z für 4 cbm/sek und $d = 0{,}50$, hingegen findet man bei $d = 1{,}00$ $z = 1{,}65$, also ist das gesuchte $z = \frac{1{,}65}{{}^1\!/_2{}^5} = 1{,}65 \cdot 32 = 52{,}8$, und welchen Tabellenwert erhält z für $d = 0{,}5$, $V = 2{,}1$ cbm/sek? Man findet mit $d = 0{,}5$ für $V = 1{,}00$ $z = 3{,}30$, also $z = 2{,}1^2 \cdot 3{,}30 = 14{,}55$.

Beispiel 15. Berechnung einer Lüftungsanlage für einen Tunnelbau (Abb. 7).

Grundlagen der Lüftung:

Sekundliches Luftquantum	V	$= 4$ cbm/sek,
davon gelangen nach Vorort	V_1	$= 1{,}5$,, ,
bis zum Vortriebstollen	V_2	$= 2{,}5$,, ,
bis Ende Mauerung	V	$= 4{,}0$,, .

Diese Abnahme der Fördermenge wird durch zwei Anzapfungen bewirkt. Längen und Rohrdurchmesser sind aus untenstehender Skizze (Abb. 7) zu entnehmen.

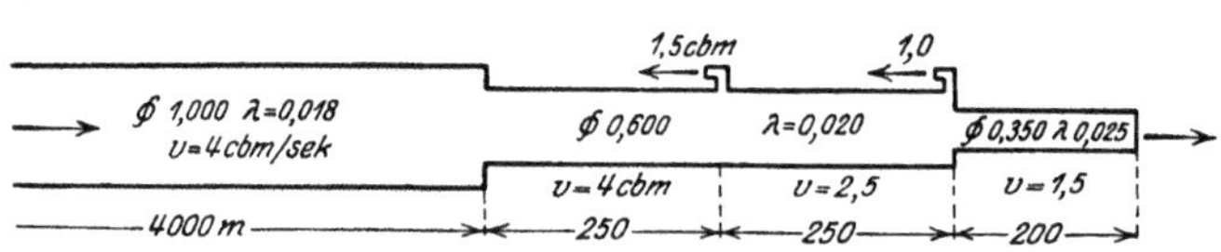

Abb. 7.

Es soll verhütet werden, daß mit dem Stollenfortschritt der zu überwindende Widerstand sehr hohe Werte annimmt. Der Hauptwiderstand wird in die Baustrecke von annähernd konstanter Länge verlegt, während im fertigausgemauerten Tunnel weite Rohre von geringem Widerstand verwendet werden.

Das spezifische Gewicht γ der Luft sei 1,25. Über die Wahl des Rohrreibungskoeffizient λ ist folgendes zu sagen.

Es empfiehlt sich höhere als die theoretisch abgeleiteten Werte einzusetzen, da mit einer Verkrustung und Verbeulung der Rohre gerechnet werden muß; nämlich $\lambda = 0{,}018$, 0,020, 0,025. Diesen Angaben gemäß gestaltet sich die Berechnung der nötigen Betriebskraft wie folgt:

1. Sohlstollen. 200 m lang, $d = 0{,}35$ m, $\lambda = 0{,}025$, $V = 1{,}5$ cbm/sek. Entsprechender Tabellenwert für $z = 44{,}3$

$z_1 = 44{,}3 \cdot 2{,}5 \cdot 2$ . . . . $= 221{,}5$ mm W.-S.

Geschwindigkeitshöhe $\dfrac{\gamma w^2}{2g}$ . . . . . . $= 15{,}0$ „ „

2. Abbaustrecke. 250 m lang, $d = 0{,}60$, $\lambda = 0{,}020$, $V = 2{,}5$. Tabellenwert 8,3

$z_2 = 8{,}3 \cdot 2 \cdot 2{,}5$ . . . . $= 41{,}5$ „ „

3. Ausweitung und Mauerung. 250 m lang, $d = 0{,}60$, $V = 4{,}0$. Tabellenwert 21,24

$z_3 = 21{,}34 \cdot 2{,}0 \cdot 2{,}5$ . . . . $= 106{,}2$ „ „

Anzapfung und Einzelwiderstände . . . $= 15{,}8$ „ „

Anteil des Druckes in der Baustrecke . $h = 400$ mm W.-S.

In der fertigen Tunnelstrecke wird der Widerstand für die Zunahme von je 1 km berechnet:

Länge 1000, 2000, 3000, 4000 m, $d = 1{,}0$, $\lambda = 0{,}018$, $V = 4{,}0$. Tabellenwert 1,65.

$l = 1000$ m	$z = 1{,}65 \cdot 1{,}8 \cdot 10$	$= 30$ mm W.-S.
$l = 2000$ „	z	$= 60$ „ „
$l = 3000$ „	z	$= 90$ „ „
$l = 4000$ „	z	$= 120$ „ „

Die weite Rohrstrecke vermehrt den Widerstand im Maximum um 30%, d. h. jedes Kilometer um 7,5%. Für die Berechnung der Betriebskraft wird der Höchstwert 120 mm W.-S. eingesetzt, also

$$h = 400 + 120 = 520 \text{ mm W.-S.},$$

$$L = 520 \cdot 4 = 2080 \text{ mkg/sek.}$$

Der Wirkungsgrad des Ventilators sei $\eta = 0{,}60$, daraus

$$L_N = \frac{2080}{0{,}60 \cdot 75} = 46 \sim 50 \text{ PS.}$$

Stärke des Motors 60 PS.

VII. Die äquivalente Weite von Leitungssystemen mit beliebigen rechteckigen Querschnitten[1]).

Bei der Herleitung des Ausdruckes für äquivalente Querschnitte wurde ein kreisförmiger Querschnitt zugrunde gelegt. Gleichung (71) gibt

$$F_{ae} = \frac{V}{4\sqrt{h}}.$$

Gemauerte Kanäle und Grubenstollen erhalten in der Regel eine rechteckige bzw. vom Kreise abweichende Querschnittsform. Es handelt sich darum, für eine Leitung mit beliebigem Querschnitt eine solche für mit kreisförmigem Querschnitt zu finden, welche bei gleicher Länge und gleicher Geschwindigkeit denselben Druckhöhenverlust aufweist. Der Durchmesser dieser zugeordneten Leitung, deren Wert den Index z erhalten möge, läßt sich aus den nachstehenden zwei Gleichungen ermitteln.

Es ist zunächst $D_z = \frac{4F}{U}$.

Nach Früherem ist der reine Leitungsverlust

$$h_r = \varrho \frac{U}{F} l \cdot \frac{\gamma w^2}{2g},$$

welcher in dem speziellen Fall, daß ein Kreisrohr vorliegt, übergeht in

$$h_r = \varrho \frac{4l}{D} \cdot \frac{\gamma w^2}{2g},$$

wobei früher an Stelle von 4ϱ der bekannte Koeffizient λ gesetzt wurde, denn bezüglich der Querschnittsform ist h_r nur abhängig von dem Quotienten $\frac{U}{F}$.

Die zugeordnete Leitung mit dem Kreisquerschnitt steht nun in einem interessanten Verhältnis zur gegebenen Leitung, und zwar mit Rücksicht auf deren äquivalente Weite.

Nach früherem ist

$$h_r = \varrho \frac{U}{F} l \frac{\gamma w^2}{2g} = \varrho \frac{U}{F} l \left(\frac{w}{4}\right)^2,$$

$$\left(\frac{1{,}226}{2 \cdot 9{,}81} w^2 = \frac{w^2}{16}\right).$$

Setzt man für w den Wert V aus der Beziehung $V = 60 F \cdot w$ (V die Liefermenge per Minuten) und substituiert

$$h_r = \varrho \frac{U}{F} l \frac{V^2}{240^2 F^2}$$

---

[1]) Nach V. Blaess.

und vergleicht diese Beziehung mit dem Ausdruck für die äquivalente Weite

$$h_r = \frac{V^2}{240^2 F_{ae}^2},$$

so findet man als gleichwertige Weite des vorgelegten Kanals

$$F_{ae} = F\sqrt{\frac{F}{\varrho U l}}. \tag{77}$$

Setzt man an Stelle von $\frac{F}{U}$ unter dem Wurzelzeichen den Wert D_z, ferner für 4ϱ das Zeichen λ, so wird zunächst

$$F_{ae} = F\sqrt{\frac{D_z}{\lambda l}}, \tag{78}$$

woraus durch Multiplikation und Division mit $F_z = D_z^2 \frac{\pi}{4}$

$$F_{ae} = \frac{F}{F_z} F_z \sqrt{\frac{D_z}{\lambda l}}.$$

Es ist aber

$$F_{aez} = F_z \sqrt{\frac{D_z}{\lambda l}}.$$

Hieraus folgt also

$$F_{ae} = \frac{F}{F_z} \cdot F_{aez}$$

oder

$$\frac{F_{ae}}{F_{aez}} = \frac{F}{F_z}, \tag{79}$$

was auch geschrieben werden kann

$$\frac{F_{ae}}{F_{aez}} = \frac{U}{D_z \pi}. \tag{80}$$

Daraus folgt: Die äquivalente Weite einer beliebigen Leitung verhält sich zu derjenigen ihrer zugeordneten Leitung mit kreisförmigem Querschnitt, wie sich der Querschnitt oder der Umfang zu dem Querschnitt oder dem Umfang der letzteren verhält.

Dies gestattet die Berechnung von Leitungen irgendwelcher Querschnittsform in einfacher Weise durchzuführen, und zwar mit Hilfe des von V. Blaess herausgegebenen Rohratlasses, der bei Kreisform und gegebener Länge die äquivalente Weite sofort abzulesen gestattet, woraus dann die gleichwertige Weite der vorliegenden Leitung mit dem Verhältnis der Querschnitte oder Umfänge sofort gefunden wird.

Beispiel 16. Es sei F_{ae} für einen rechteckigen Kanal von 20 m Länge, 0,3 m Höhe und 0,15 m Breite

$$D_z = \frac{4F}{U} = \frac{4 \cdot 0{,}3 \cdot 0{,}15}{0{,}9} = 0{,}200\,\text{m}.$$

Der Rohratlas gibt die entsprechende äquivalente Weite

$$F_{aez} = 0{,}02337 \text{ qm}.$$

Das Verhältnis der Umfänge $\frac{U}{D_z \pi}$ ist $= \frac{0{,}9}{0{,}63} = 1{,}43$,

ebenso $$\frac{F}{F_z} = \frac{0{,}045}{0{,}0314} \infty 1{,}43,$$

somit $$F_{ae} = 1{,}43 \cdot 0{,}02337 = 0{,}0335 \text{ qm}.$$

Die Berechnung einer verzweigten Leitung gestaltet sich einfach, wenn das Verhältnis der Höhen zu ihren Breiten konstant ist, z. B. 1 : 3.

Beispiel 17. Aus dem Rohratlas ist die äquivalente Weite und vorerst D_z zu finden.

$F =$	$0{,}5 \cdot 1{,}5$ m;	$0{,}4 \cdot 1{,}2$;	$0{,}3 \cdot 0{,}9$;	$0{,}25 \cdot 0{,}75$;	$0{,}2 \cdot 0{,}6$,
$D_r =$	0,75;	0,60;	0,45;	0,375;	0,30.

In diesem Falle sind die den Rohrdurchmessern D_z entsprechenden Tabellenwerte von F_{aez} mit $\frac{U}{D_z \pi} = 1{,}7$ zu multiplizieren.

Auf den Gebrauch der Kurvenblätter des Rohratlasses, auf den verwiesen wird, kann hier nicht weiter eingetreten werden. Die nötigen Erläuterungen sind darin angegeben.

VIII. Das Prinzip der Berechnung verzweigter Leitungen.

Ist die Aufgabe gestellt, einen gegebenen Hauptstrom über ein verzweigtes Leitungssystem zu verteilen, die Druck- und Mengenverhältnisse in den einzelnen Rohrsträngen und schließlich den Anfangsdruck der Hauptleitung zu bestimmen, so geschieht dies am sichersten unter Anwendung der äquivalenten Weiten.

Eine erschöpfende Behandlung dieses Gegenstandes würde zuviel Raum beanspruchen, weshalb das Prinzip nur kurz angedeutet wird. Ohne eingehendes Studium dieser Frage ist keine genügende Sicherheit in der Anwendung auf praktische Probleme. Dies geschieht am besten an Hand des mehrmals zitierten Werkes von V. Blaess.

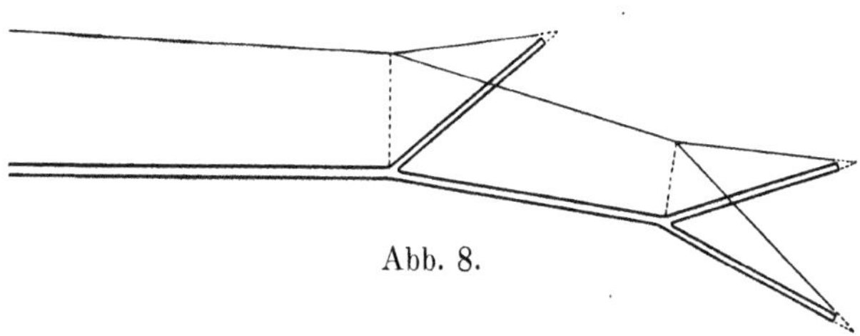

Abb. 8.

Man erhält ein Bild von der Druckverteilung, wenn an jeder Stelle der einzelnen Rohrstränge der Druck aufgetragen wird (Abb. 8).

Innerhalb eines Rohrstranges mit gleichbleibendem Durchmesser verläuft die Druckabnahme geradlinig. Es genügt deshalb die Drücke in den Anfangs- und Endpunkten zu bestimmen. Die Drucklinien an den Verzweigungsstellen müssen sich in einem Punkte schneiden, da hier nicht verschiedene Drücke zu gleicher Zeit auftreten können, immerhin unter der Voraussetzung, daß sich an den Abzweigungsstellen keine besonderen kraftverzehrenden Widerstände bilden, die sich zudem auf die Abzweigungen ungleich verteilen. Es ist eine besondere Aufgabe, derartige Widerstände auszuschalten. Die über die Ausmündungen hinaus verlaufenden Drucklinien stellen die Geschwindigkeitshöhen dar. Bei einer beliebig gegebenen Verzweigung treten solche Widerstände immer auf. Der mit der Geschwindigkeit w_1 (Abb. 9) ankommende Strom teilt sich plötzlich in zwei Ströme mit den Geschwindigkeiten w_2 und w_3. Der Druckabfall stellt sich gemäß dem Carnotschen Widerstand genau so ein wie bei unvermittelten Übergängen, nämlich

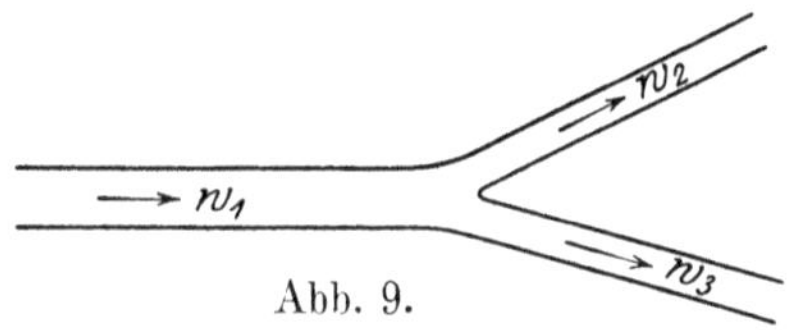

Abb. 9.

$$H_{\mathrm{I}} = \frac{\gamma}{2g}(w_1 - w_2)^2 \quad \text{und} \quad H_{\mathrm{II}} = \frac{\gamma}{2g}(w_1 - w_3)^2 .$$

Sie werden nur unter einer Bedingung beinahe gänzlich verschwinden, wenn die Geschwindigkeiten w_1, w_2 und w_3 einander gleich sind und wenn der Übergang der Richtungsänderung ganz allmählich stattfindet.

Es sei hier zum voraus bemerkt, daß im allgemeinen ein prinzipieller Unterschied zwischen Druck- und Saugleitung besteht und daß diese für gleiche Strömungsverhältnisse nicht ohne weiteres umkehrbar sind; weil nicht bei jeder Mündung die Einströmungs- und Ausströmungsverhältnisse gleich sind (Abb. 10), und weil beim Ausströmen zweier mit verschiedener Geschwindigkeit laufenden Luftsäulen eine Art „Injektionswirkung" entsteht, welche den rascheren Lauf verzögert und den langsameren beschleunigt, wodurch besondere Widerstände entstehen, die bei einer Druckleitung nicht auftreten.

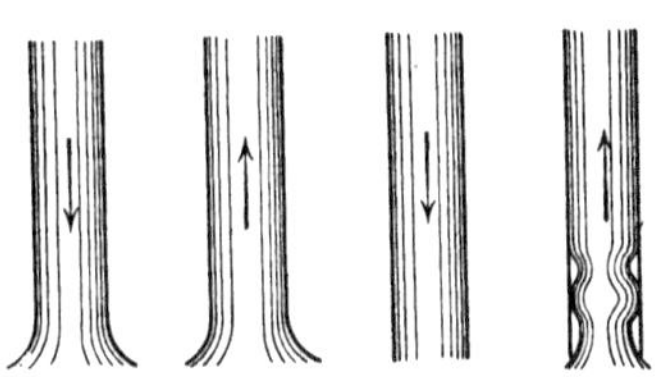
Abb. 10.

Es sei nun eine ganz einfache Zweigleitung aus einem Hauptstrang mit einer aus zwei Rohrenden bestehenden Abzweigung gegeben. Es wird bei der Untersuchung mit der äußersten Abzweigung begonnen, gemäß den Bezeichnungen 1, 2, 3 (Abb. 11 und 11a).

Die Verteilung der Drucke und Fördermengen, die dabei auftreten, beurteilt sich am einfachsten, wenn die äquivalenten Weiten der Rohrstücke bestimmt werden. Zuerst wird die gegebene Leitung mit einem großen zusammengesetzten Gefäß verglichen, dessen Widerstände allein durch die drei Mündungen F_1, F_2 und F_3 hervorgebracht werden (Abb. 11a).

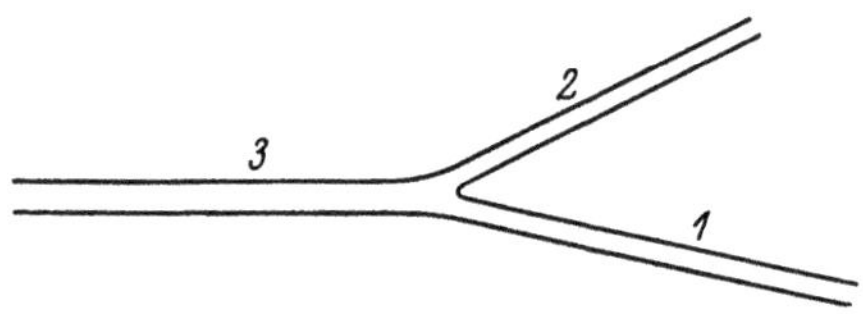

Abb. 11.

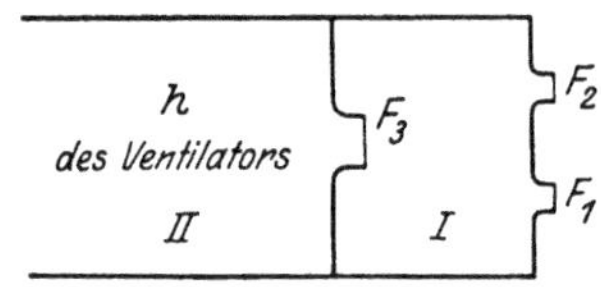

Abb. 11a.

Die Aufgabe besteht darin, die Strömungsverhältnisse der drei Mündungen zu untersuchen.

Der Raum I hat die Gesamtöffnung $F_1 + F_2$, und hinter diese Weite ist die Widerstandsöffnung F_3 nach dem Druckraum II geschaltet, so daß die gesamte Weite ist

$$F_{ae} = (F_1 + F_1) \backsim F_3$$

oder

$$\frac{1}{F_{ae}^2} = \frac{1}{(F_1 + F_2)^2} + \frac{1}{F_3^2}.$$

Ist der Druck des Ventilators h, so ist das geförderte Luftquantum

$$V = 240\, F_{ae} \sqrt{h},$$

und da sich dieses im Verhältnis auf die Zweigrohre 1 und 2 verteilt, so wird die durch die Rohre 1 bzw. 2 fließende Menge sein

$$V_1 = V \frac{F_1}{F_1 + F_2},$$

$$V_2 = V \frac{F_2}{F_1 + F_2},$$

wobei $V_1 + V_2 = V$ ist und in bezug auf die Pressung im Verzweigungspunkt [nach Gleichung (76)]

$$h_1 = \left[\frac{V}{240\,(F_1 + F_2)}\right]^2.$$

In dieser Weise wird im Prinzip jede weitere Abzweigung einer weitverzweigten Leitung behandelt.

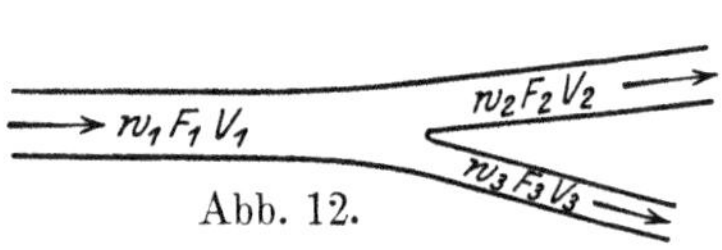

Abb. 12.

Unter F_1, F_2 und F_3 sind natürlich die äquivalenten Weiten der einzelnen Rohrstränge verstanden, die sich je bestimmen aus der Rohrreibungs- inkl. Einzelwiderstände und aus dem Eintrittsverlust bzw. Austrittsverlust (Abb. 12).

Die Bestimmung der äquivalenten Weite der Carnotschen Widerstände geschieht in folgender Weise: Carnotscher Verlust

$$h_1 = \frac{\gamma}{2g}(w_1 - w_2)^2,$$

wird die Gleichung mit $(w_2 F_2)^2$ multipliziert und zugleich dividiert, so kann man setzen:

$$h_1 = \frac{\gamma}{2g}(w_2 F_2)^2 \left(\frac{w_1 F_1}{F_1 w_2 F_2} - \frac{1}{F_2}\right)^2 = \frac{V_2^2}{240^2}\left(\frac{w_1 F_1}{F_1 w_2 F_2} - \frac{1}{F_2}\right)^2,$$

und bezeichnet man

$$\frac{V_1}{V_2} = \frac{w_1 F_1}{w_2 F_2} = \frac{F_{ae1}}{F_{ae2}} = \beta_{\mathrm{I}},$$

so erhält man durch Vergleich der Druckhöhen mit

$$H_{\mathrm{I}} = \frac{V_2}{240 F_{\mathrm{I}}},$$

wo F_{I} die Carnotsche Weite bedeutet,

$$\frac{1}{F_{\mathrm{I}}^2} = \left(\frac{\beta_{\mathrm{I}}}{F_1} - \frac{1}{F_2}\right)^2,$$

oder für $$\frac{F_1}{F_2} = \alpha_{\mathrm{I}}; \qquad F_{\mathrm{I}} = F_2 \frac{\alpha_{\mathrm{I}}}{\beta_{\mathrm{I}} - \alpha_{\mathrm{I}}}$$

und entsprechend $$F_{\mathrm{II}} = F_3 \frac{\alpha_{\mathrm{II}}}{\beta_{\mathrm{II}} - \alpha_{\mathrm{II}}}.$$

Sollen die Carnotschen Widerstände nicht auftreten, so müssen die Querschnitte an den Verzweigungsstellen in einem besonderen Verhältnis zueinander stehen, das sich leicht aus den Bedingungen für F_{I} und $F_{\mathrm{II}} = \infty$ finden läßt, nämlich $\alpha_{\mathrm{I}} = \beta_{\mathrm{I}}$ und $\alpha_{\mathrm{II}} = \beta_{\mathrm{II}}$, d. h.

$$\frac{F_1}{F_2} = \frac{F_{ae1}}{F_{ae2}},$$

$$\frac{F_1}{F_3} = \frac{F_{ae1}}{F_{ae2}}$$

oder es muß sein $F_1 : F_2 : F_3 = F_{ae1} : F_{ae2} : F_{ae3}$,

d. h. die Querschnitte einer Verzweigungsstelle müssen sich verhalten wie ihre zugehörigen Weiten.

Trifft dies zu, so sind die Geschwindigkeiten der zu- und abfließenden Ströme einander gleich, und es vollzieht sich die Trennung möglichst verlustfrei.

IX. Die Grubenwetterführung. Ihre Berechnung auf Grund der äquivalenten Weiten.

Die Bewetterung der Bergwerke geschieht in der Regel durch einen oder mehrere Saugventilatoren, die über dem sog. Wetterschacht angebracht sind, während die Frischluft durch den Einziehschacht, der zugleich als Förderschacht dient, einströmt. Die treibende Kraft, abgesehen von dem Einfluß des natürlichen Wetterzuges, der selbst weder regelmäßig noch bedeutend ist, ist die vom Saugventilator erzeugte Depression, die trotz der großen Luftmenge und des oft viele Kilometer messenden Luftweges selten mehr als 100 bis 150 mm W.-S. beträgt.

Man unterscheidet enge und weite Gruben, je nach dem Widerstand, den sie der Lüftung entgegensetzt. R. Wabner spricht vom spezifischen Widerstand $R = \frac{h}{V^2}$ einer Grube. Ein direktes Maß der Grubenweite ist die in Abschnitt IV behandelte äquivalente Weite F_{ae}. Wenn die Fördermenge und der zugehörige Druck bekannt sind, so läßt die Grubenweite, immerhin unter Berücksichtigung des Anteiles durch den natürlichen Wetterzug, berechnen:

$$F_{ae} = \frac{V}{240\sqrt{h}},$$

wobei V das Luftquantum in Kubikmeter pro Minute und h den Druck in mm W.-S. bedeutet.

Zum Beispiel

$$V = 9600 \text{ cbm/min}; \qquad h = 150 \text{ mm W.-S.},$$

$$F_{ae} = \frac{9600}{240\sqrt{150}} = 3{,}26 \text{ qm}.$$

Die Luft wird durch den Einziehschacht, womöglich direkt, nach dem tiefsten Punkt der Grube geführt und verbreitet sich von hier nach den einzelnen Bauabteilungen, wobei Querschläge, Sohlenstrecken, Abbaubetriebe durch Abzweigungen des Wetterstromes oder Absperrungen vermittels Wettertüren die Luftwege bilden. Die verbrauchten, matten Wetter werden dann auf der höchsten Sohle durch Wetterstrecken gesammelt, dem Hauptquerschlag zugeführt und von diesem auf kürzestem Wege nach dem Wetterschacht geführt.

Einen klaren Einblick in die Wetterverteilung gewinnt man durch die Anwendung des Begriffes der äquivalenten Weiten, die für alle Teilstrecken bestimmt werden, viel übersichtlicher und genauer als auf empirischem Wege.

Man kann sich natürlich ein Bild von der Wetterverteilung machen, indem man in den einzelnen Wetterstrecken Geschwindigkeitsmessungen vornimmt und diese in den Grubenplan einträgt. Zur Verbesserung der Luftverteilung bei der Einmündung in zu stark begünstigte Strecken werden künstliche Widerstände angebracht.

Die Untersuchung der äquivalenten Weiten wird nach V. Blaess im Prinzip folgendermaßen durchgeführt:

Bekannt ist der Druckunterschied zwischen den Punkten A und B, d. h. zwischen der Mündung des Einziehschachtes und der Ausmündung des Wetterschachtes. An Hand des Hauptwetterrisses der Grube ist es ein Leichtes, das ganze Netz (Abb. 13) aus einfachen Verteilungen bestehend (Abb. 14) zu betrachten und zu berechnen. Man kann dieses Netz durch die punktierte Linie $x-x$ in zwei Teile zerlegt denken. Die linke Seite ist so beschaffen, daß der Druck von A nach den Verzweigungen hin abnimmt. Dieser Teil kann also als Druckleitung aufgefaßt und demnach berechnet werden, während die rechte Seite, vom Punkte B ausgehend, die Eigenschaften einer Saugleitung aufweist. Es werden nacheinander sämtliche Verteilungen durch Addition bzw. Hintereinanderschaltung zusammengesetzt. Hat man die Gesamtweite F_{ae} hiernach gefunden, so ist das Luftquantum leicht zu berechnen, das sich auf die einzelnen parallelen Stränge im Verhältnis der äquivalenten Weite verteilt, z. B. nach Abb. 14 da die

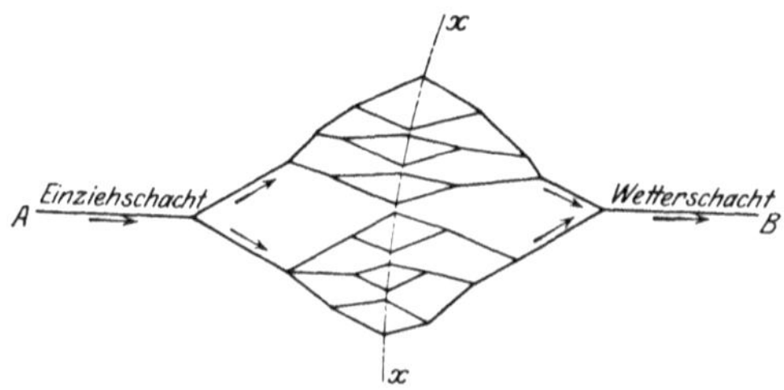

Abb. 13.

$$\frac{V_a}{V_b} = \frac{F_a}{F_b},$$

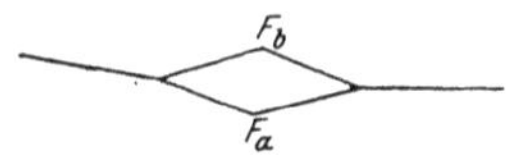

Abb. 14.

Anfangs- bzw. Enddrücke als Knotendrücke einander gleich sind.

Mit Hilfe der Theorie der äquivalenten Weiten, ihrer Anwendung auf verzweigte Leitungen und die Substitution rechtwinkliger Querschnitte durch Kreisquerschnitte läßt sich unter Benutzung des Rohratlasses die Rechnung leicht durchführen und ein anschauliches Bild von der Luftverteilung gewinnen. Der Einfluß von Betriebsänderungen, Einschaltung von Wetterscheidern und sonstigen Widerständen läßt sich nur auf diesem Wege überschauen. Dazu gehört jedoch eine gewisse Übung.

In neuerer Zeit ist man dazu übergegangen, den Verlauf der Depression in der Grube direkt zu messen mit Hilfe eines sehr empfindlichen Aneroidbarometers mit sehr starker Vergrößerung des Ausschlages, so daß Druckunterschiede von $^1/_{10}$ mm W.-S. abgelesen werden konnten. Auf diese Weise ist es möglich, an jedem Punkt des Grubengebäudes die Depression zu ermitteln, so daß man nicht nur die Drosselstellen in den Wetterwegen zu finden, sondern auch genau festzustellen vermag, welche Zunahmen der Depression an den einzelnen Stellen auftreten.

Solche Messungen sind bereits im Jahre 1914 nach dem Vorschlage von Bergrat Windmöller ausgeführt worden. Da die direkte Messung mit dem Aneroidbarometer, dessen feiner Mechanismus infolge der in der Grube auftretenden starken Luftstöße leicht versagt, verwandte Bergassessor O. Dobbelstein, Essen, zu bestimmten Messungen in der Grube Zollverein (siehe „Glückauf“ 1920, S. 553) ein sog. Kontrabarometer, dessen Beschreibung auf S. 55 zu finden ist. Es lag dort folgender Fall vor:

Ursprünglich waren zwei Schächte, und zwar Schacht 3 mit 5,4 m Durchmesser als Einziehschacht und Schacht 7 mit 3 m Durchmesser als Ausziehschacht, vorhanden. Die geförderte Luftmenge betrug rund 6000 cbm/min und ergab im ganzen eine Depression von rund 290 mm W.-S. Der Hauptanteil der Depression, der direkt gemessen werden konnte, entfiel auf den engen Ausziehschacht.

Es sollte nun ein neuer Einziehschacht eingeschaltet und zugleich die Luftmenge auf ungefähr 9500 cbm/min erhöht werden, während die beiden Schächte 3 und 7 künftig ausziehen sollten.

In bezug auf Messungsergebnisse wird auf den genannten Aufsatz verwiesen.

Es sollte also für die neuen Verhältnisse die zu erwartende Depression vorausbestimmt werden, damit danach der Ventilator bemessen werden konnte.

Mit Hilfe eines Kontrabarometers wurden die Widerstände des Ein- und Auszichschachtes sowie des eigentlichen Grubengebäudes getrennt ermittelt und dann durch Rechnung mit bekannten Formeln der Widerstand des neuen dritten Schachtes bestimmt. Das Ergebnis der Messungen und Berechnungen stimmte mit der später praktisch erzielten Depression, 158 mm bei einer Luftmenge von 9450 cbm/min, fast genau überein.

X. Über angemessene Geschwindigkeiten der Luft in Rohrleitungen und Kanälen.

Es muß leider festgestellt werden, daß in vielen Fällen, namentlich bei provisorischen Lüftungsanlagen, wie z. B. für die Lüftung von Stollenbauten, zu große Geschwindigkeiten bzw. zu enge Leitungen zur Anwendung kommen.

Nach einer alten Regel soll im allgemeinen für gewöhnliche Lüftungszwecke die Durchflußgeschwindigkeit der Luft 10 m/sek nicht überschreiten. Da der Rohrreibungswiderstand mit dem Quadrat und die Reibungsarbeit mit der dritten Potenz der Geschwindigkeit zunimmt, so tritt sehr oft eine Verschwendung der Betriebskraft ein, oder diese erweist sich als ungenügend und das geförderte Luftquantum entspricht den Erwartungen nicht. Auch ist es nicht nötig und oft sogar unerwünscht, daß die Luft mit größerer Geschwindigkeit austritt. Auf diese Weise geht überdies eine nicht unbedeutende Menge an Strömungsenergie verloren.

Es muß immer wieder darauf hingewiesen werden, daß im Stollen- und Tunnelbau dieser Umstand zu wenig beachtet wird. Aus Bequemlichkeit werden oft viel zu enge Röhren verwendet, und nach kurzer Zeit erweist sich die Lüftung als vollständig ungenügend.

Ist die Betriebskraft billig und die Leitung kurz, so kommen engere Rohre eher zur Anwendung als bei teuerer Betriebskraft und langer Rohrleitung.

Es gibt in jedem Falle eine wirtschaftlich günstigste Rohrweite, bei der die Jahreskosten des Lüftungsbetriebes ein Minimum werden.

Nach Dr.-Ing. V. Blaess wird die wirtschaftliche Rohrweite auf die wirtschaftliche Geschwindigkeit w_w zurückgeführt nach der Gleichung

$$w_w = 0{,}75 \sqrt[3]{\frac{r \cdot l \cdot z}{b \cdot s}}, \tag{81}$$

darin bedeuten

$r =$ Kosten von 1 m Leitung von 1 m Durchmesser,
$l =$ die Länge der Rohrleitung,
$z =$ der Zinsfuß für Amortisation und Verzinsung der Anlagekosten,
$b =$ die Betriebskosten per PS/st,
$s =$ Stundenzahl des täglichen Betriebes.

Im übrigen wird auf die betreffende Schrift verwiesen[1]).

Anders liegen die Verhältnisse bei Staubsaugleitungen. Hier braucht es stets große Geschwindigkeiten, damit der Staub oder die fortzuschaffenden Abfallstoffe in die haubenförmige Rohrmündung mitgerissen werden und in der Förderleitung nicht liegen bleiben. Zur Fortschaffung von Rauchgasen wird mit einer Geschwindigkeit von 10 m/sek gerechnet; für Lumpensortierungsanlagen, Gußputzereien, Schleifereien, Spinnereien, Holzbearbeitungsmaschinen werden 15 bis 18 m/sek und für Vollgatter sogar 25 m/sek Geschwindigkeit verlangt.

Bei 170 mm Durchmesser und 18 m/sek Geschwindigkeit beträgt die pro Minute geförderte Luftmenge schon 24,52 cbm, so daß die Beschwerung der Luft durch die zu fördernden Abfallstoffe nicht berücksichtigt zu werden braucht. Es wird deshalb stets das normale spezifische Gewicht γ der Luft, hingegen ein ziemlich kräftiger Rohrreibungskoeffizient $\lambda = \sim 0{,}02$ bis $0{,}03$ in Rechnung gesetzt.

XI. Druck- und Geschwindigkeitsmessungen der Luft und Bestimmung der Fördermenge. Registrierapparate.

1. Apparate zum Messen des Überdruckes.

Der vermittels Ventilatoren oder anderer Wettermaschinen erzeugte Über- oder Unterdruck wird an einer beliebigen Stelle, am häufigsten am Anfang der Leitung, vermittels Wassermanometers in Millimeter Wassersäule (mm W.-S.) gleichbedeutend mit kg/qm gemessen. Das-

[1]) Blaess, Dr.-Ing. V.: Die Strömung in Röhren und die Berechnung weitverzweigter Leitungen und Kanäle. München 1911.

selbe besteht aus parallelen kommunizierenden Glasröhren, von denen der eine Schenkel durch einen Schlauch mit dem Druckraum verbunden ist. Wenn es auf eine sehr genaue Messung ankommt, bei der Bruchteile eines Millimeters gemessen werden, bedient man sich des Präzisionsmanometers von Cramer, dessen Schenkel 1 : 10 geneigt sind und zu beiden Seiten der Teilung verlaufen. Die Genauigkeit der Flüssigkeitsmanometer wird durch die Verwendung einer Flüssigkeit leichter als Wasser, z. B. Schwefeläther, erhöht.

Bei Druckmessungen in Leitungen ist sehr darauf zu achten, daß an der Entnahmestelle der statische Druck nicht durch die Injektorwirkung der Geschwindigkeit des Luftstromes gestört wird. (Vgl. Krell jr.: Über Messungen von dynamischem und statischem Druck bewegter Luft.)

Im Maschinenhaus für die Bewetterung eines Bergwerkes oder sonst einer größeren Lüftungsanlage ist in der Regel ein selbstregistrierender Luftdruckmesser angebracht, der den Gesamtüberdruck oder die Depression der Anlage anzeigt. Jede größere Druckänderung deutet auf eine Störung des Luftstromes hin, darum führt er in belgischen Gruben den bezeichnenden Namen mouchard (Angeber, Wetterspitzel). Einen direkten Schluß auf die geförderte Luftmenge läßt er indes nicht zu.

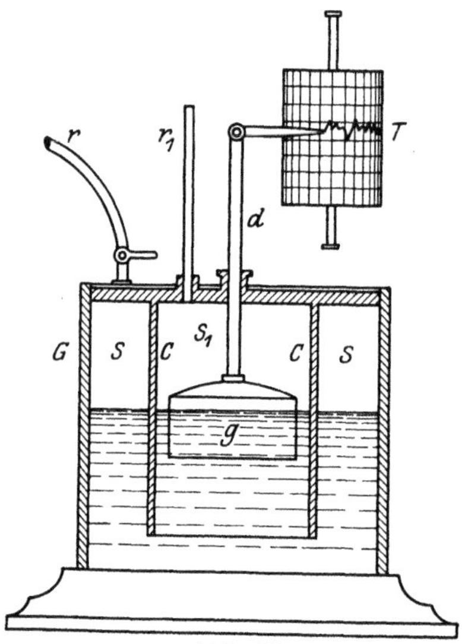

Abb. 15.

Abb. 15 zeigt die schematische Anordnung eines solchen mit Selbstschreiber versehenen Druckmessungsapparates.

Die Abbildung ist ohne weiteres verständlich. Der Schlauch r ist mit dem Wetterkanal der Grube in Verbindung, das Rohr r_1 bewirkt den Druckausgleich mit der Außenluft. Die Trommel T, die mit einem Uhrwerk versehen ist und sich in 24 Stunden einmal dreht, registriert die Druckschwankungen. Zeigt das Druckdiagramm einen ungewöhnlichen Verlauf, so deutet dies auf unregelmäßige Vorkommnisse in der Grube, die den Wetterstrom beeinflussen, hin.

Das Kontrabarometer.

Hier ist auch die direkte Messung der Depression und ihrer Veränderung in den Wetterkanälen einer Grube zu erwähnen. Solche Messungen können vermittels eines sehr empfindlichen Aneroidbarometers ausgeführt werden. Doch erweist sich der zarte Mechanismus gegenüber den harten Luftstößen in der Grube als zu unsicher (siehe auch S. 51).

An seiner Stelle wird das sog. Kontrabarometer verwendet (Abb. 16). Bei diesem Gerät ist der offene Schenkel des normalen Quecksilberbarometers so lang wie der mit Quecksilber gefüllte Schenkel, und sein Querschnitt um ein Vielfaches kleiner als der Querschnitt des Quecksilberspiegels im offenen Schenkel. Darüber befindet sich eine leicht gefärbte Flüssigkeit, Alkohol oder Äther. Schwankungen des Luftdruckes werden entsprechend dem Übersetzungsverhältnis vom Quecksilberspiegel und offenem Schenkel vergrößert, und zwar im umgekehrten Sinne angezeigt, so daß man auf $^1/_{10}$ mm W.-S. genau ablesen kann. Das Kontrabarometer ist allerdings wegen seiner Länge von etwa $1^1/_4$ m unhandlicher als das Aneroidbarometer, hat aber den Vorzug, daß es den Schwankungen des Luftdruckes unmittelbar folgt und mindestens ebenso genaue Ablesungen erlaubt.

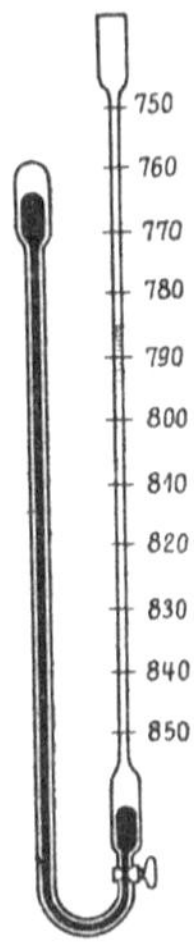

Abb. 16.

Beim Gebrauch sind die bekannten Korrekturen des Barometerstandes vorzunehmen. Der Gegendruck der leichten Flüssigkeitssäule ist schon in der Teilung berücksichtigt. Für den Vergleich zweier Punkte in verschiedener Höhenlage muß die damit verbundene Änderung des Barometerstandes (z. B. auf Meereshöhe 1 mm Q.-S. für 10,5 m Höhenunterschied) in Rechnung gesetzt werden oder, anders gesagt: der Barometerstand ist auf das gleiche Niveau zu reduzieren.

2. Vorrichtungen zum Messen der Luftgeschwindigkeit.

Diese werden in mechanische Apparate (Anemometer) und solche eingeteilt, die auf der mehr oder weniger genauen Messung der dynamischen Pressungsverhältnisse beruhen. Letztere kommen hauptsächlich für genauere Geschwindigkeitsmessungen in Betracht, während erstere ihrer Handlichkeit halber für Kontrollmessungen im Betrieb angewendet werden.

a) Anemometer.

Man unterscheidet statische und drehende Anemometer. Die erste Art zeigt die Momentangeschwindigkeit an und besteht aus einer Scheibe, die den Winddruck aufnimmt, auf eine Spiralfeder und von da auf einen Zeiger überträgt, dessen Spitze auf einem geteilten Kreisbogen direkt die Geschwindigkeit des Luftstromes angibt (Anemometer Eaton A. Edwards), oder der Winddruck bewegt eine pendelnde Scheibe oder Kugel, deren Ausschlag gemessen wird. Entweder entspricht die Ablesung direkt der Windgeschwindigkeit oder diese wird nach den Angaben der Teilung aus einer Tabelle abgelesen.

Gebräuchlicher sind die drehenden Anemometer. Sie zeigen den in einer gewissen Zeit durchlaufenden Weg des Windes an. Es werden nach der Lage der Drehachse zwei Arten unterschieden: solche mit zur Windrichtung senkrechter und solche mit zu ihr parallel liegender Drehachse.

Der Hauptrepräsentant der ersten Gruppe ist das Robinsonsche Schalen- oder Kugelanemometer. Drehende Anemometer sind mit einem Zählwerk versehen, das die vom Luftstrom durchlaufenen Meter angibt. Die Beobachtungen werden immer mit der Uhr in der Hand gemessen. Nach Verlauf einer angenommenen Zeit, z. B. einer oder zwei Minuten, kann das Zählwerk aufgehalten werden. Das Schalenkreuzanemometer ist sehr widerstandsfähig, aber nicht sehr empfindlich.

Zur Messung verhältnismäßig schwacher Luftströme bedient man sich des Flügelradanemometers mit zur Windrichtung paralleler Achse. Dieser Gruppe gehört das sehr verbreitete Anemometer von Casella an. Zur Korrektion für den Reibungswiderstand ist eine Korrektur anzubringen, z. B. 10 m für jede Minute zur Ablesung hinzuzuzählen. Diese Korrekturzahl ist durch öftere Eichung aufs neue festzustellen.

Wie bereits erwähnt wurde, ist zur Ausführung von Präzisionsmessungen das Anemometer nicht das geeignete Instrument, wohl aber zur Kontrolle provisorischer baulicher Anlagen, wie sic z. B. im Stollen- und Tunnelbau vorkommen. Für Geschwindigkeitsmessungen im Tunnel am Austritt der Luft aus Rohrleitungen oder Anstichen besitzen wir im Rotationsanemometer ein bequemes Instrument, dessen Genauigkeit den praktischen Anforderungen vollkommen genügt.

b) Staukasten mit Drosselscheibe oder mit Mundstück ohne Einschnürung.

Heute verfügt man über eine Anzahl sicherer und bequemer Meßapparate, daß eine früher oft gebrauchte Einrichtung, nämlich der Staukasten (die Stautrommel) nur noch selten angenommen wird.

Zur Bestimmung von Druck und Volumen finden wir indessen den Staukasten in großen Abmessungen und mit veränderlicher, selbst gänzlich verschließbaren Ausflußöffnung auf dem Prüfstand jeder Maschinenfabrik, die Ventilatoren herstellt. Der zu prüfende Ventilator wird an den Staukasten angeschlossen, der von demselben erzeugte Druck gemessen und daraus die Ausströmungsgeschwindigkeit und die Liefermenge V des Ventilators berechnet, und es werden hierauf Druck und Volumen zu einander in Beziehung gebracht. (Vgl. die im zweiten Teil behandelte Kennlinie des Ventilators S. 96.)

Am Staukasten (Abb. 16 a) wird der Überdruck durch Anbringung eines Schlauches mit dem Wassermanometer gemessen. Die geringe Luftgeschwindigkeit in der Trommel darf unberücksichtigt bleiben. Der Luftstrom erleidet eine Einschnürung oder Kontraktion mit dem Querschnitt F_1.

Die maximale Ausflußgeschwindigkeit $w_1 = \varphi \cdot w$ tritt in der Einschnürung auf. Der Wert des Geschwindigkeitskoeffizienten ist $\varphi = 0{,}97$ bis $0{,}98$.

Nach der Bernoullischen Formel wird

$$w_1 = \varphi\, w = \varphi \sqrt{2g\frac{h}{\gamma}}\ \text{m/sek}$$

(h in mm W.-S.).

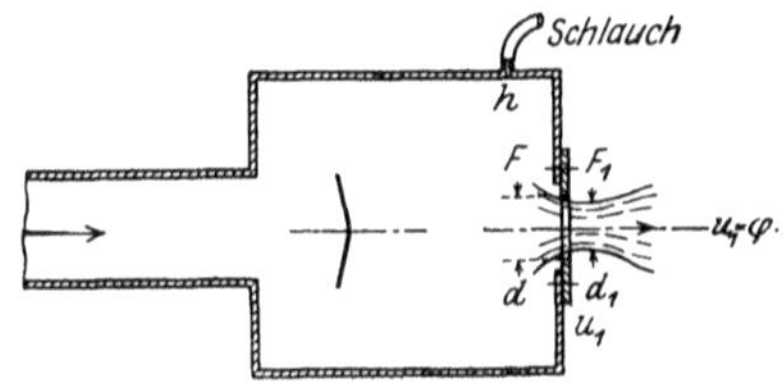

Abb. 16a.

In bezug auf die Einschnürung wird die Liefermenge

$$V = \varphi\, w\, F_1 .$$

Praktischerweise wird mit der Fläche F der Kontraktionsscheibe gerechnet. Das Verhältnis $\alpha = \frac{F_1}{F}$ hat einen bestimmten Wert. Nach den Versuchen von Weisbach beträgt derselbe 0,64[1]) und heißt Kontraktionskoeffizient. Der Wert $\varphi\,\alpha = \mu$ wird als Ausflußkoeffizient bezeichnet.

Sein Wert ist 0,97 bis $0{,}98 \cdot 0{,}64 = 0{,}621$ bis 0,627

$$V = \mu\, w\, F, \tag{82}$$

in Zahlen

$$V = 0{,}62\, w F. \tag{83}$$

Trägt hingegen der Staukasten statt einer Drosselscheibe eine kontraktionslose Mündung, so wird

$$V = \varphi\, w\, F. \tag{84}$$

Wird die Fläche F so gewählt, daß sie bei dem vorgeschriebenen Luftquantum V im Staukasten einen Überdruck h gleich dem Gesamtwiderstand einer in Frage stehenden Luftleitung ist, so wird die Fläche die äquivalente Weite der betreffenden Luftleitung oder überhaupt Lüftungsanlage genannt, und es gelten die diesbezüglichen Gleichungen (69), (71) und (72), auf die verwiesen wird.

c) Die Pitotröhre und die Recknagelsche Stauscheibe.

Die Pitotröhre, die als bekannt vorausgesetzt werden darf, verwandelt, wie Versuche mit Wasser und Luft ergeben haben, die Geschwindigkeitshöhe auffallend genau in statischen Druck, wenn die zugespitzte Röhre genau in die Mitte des Strahles gehalten wird. Der aus der Umwandlung von Geschwindigkeit entstandene Druck wird dynamischer Druck genannt, und es ist

$$h_d = \gamma\,\frac{w^2}{2g}. \tag{85}$$

[1]) Der Wert von α ist nicht genau konstant; er ändert sich mit der Geschwindigkeit w.

Auf Grund von Versuchen haben Dr. Brabbée und Dr. Prandtl gezeigt, daß in der von ihnen entworfenen Form der Pitotröhre (Normalstaugerät) der Konstanten tatsächlich der Wert 1,00 zukommt.

Soll die Luftgeschwindigkeit in einem Punkt der Leitung selbst gemessen werden, so muß die Wirkung des darin herrschenden statischen Druckes aufgehoben werden. Daher hat die Röhre zwei Kanäle, von denen der zweite den statischen Druck allein auf den anderen Schenkel des Wassermanometers überträgt. Es wird somit

$$h_d = h_s + h_d - h_s\,.$$

Ähnlich genaue Messungen ergibt die Recknagelsche Stauscheibe, die durch Prandtl und Krell sen. in ihrer Ausgestaltung wesentliche Verbesserungen erfahren hat.

Die Scheibe hat einen Durchmesser von 22 mm. Der dynamische Druck h_d, der auf der Vorderseite der Scheibe entsteht, ist $\gamma \frac{u^2}{2g}$, während sich auf der Rückseite ein Unterdruck $= -0{,}37 \frac{u^2}{2g}$ bildet.

Die unter dem Pneumometer von Krell sen. (Abb. 17) ist eine zweiteilige, hohle Scheibe mit einer Scheidewand versehen. Beide Flächen sind in der Mitte durchbohrt. Es entstehen dadurch zwei getrennte Druckkammern, deren Kanäle mit je einem Schlauch mit den beiden Schenkeln des Mikromanometers verbunden werden, so daß die Druckdifferenz $p = h_d - (-0{,}37\,h_d) = 1{,}37\,h_d$ direkt gemessen werden kann.

Bei größeren feststehenden Lüftungsanlagen, wie z. B. zur Bewetterung von Bergwerken, werden die genannten Meßapparate in den Wetterkanal eingebaut und mit einem Geschwindigkeitsschreiber versehen, dessen Schaulinie die Luftgeschwindigkeit aufzeichnet. Meistens werden an Stelle der Geschwindigkeiten die Fördermengen angegeben.

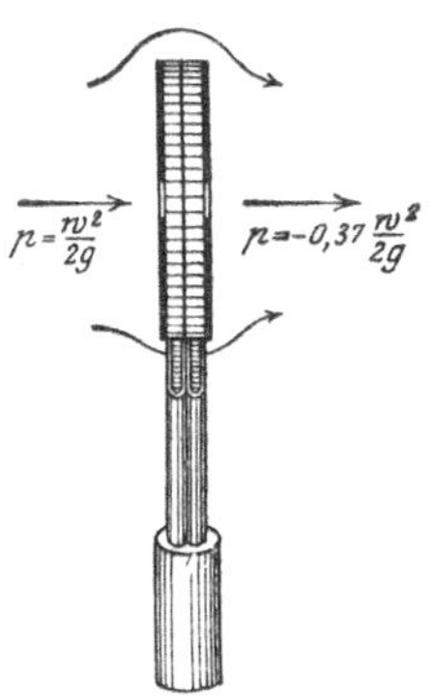

Abb. 17.

Der Einbau eines rotierenden Anemometers ist heute nicht mehr sehr gebräuchlich. Eine Ausnahme ist der auf dem gleichen Prinzip aufgebaute Woltmann-Preßluft- und Gasmesser. Wo keine Unreinigkeiten im Gas- oder Luftstrom zu befürchten sind, hat sich der von Fueß entworfene Geschwindigkeitsmesser gut eingeführt.

Geschwindigkeitsmesser von Fueß (Abb. 18).

In der Achse der Rohrleitung oder des Wetterkanals ist parallel zu derselben und gegen den Luftstrom gerichtet eine Pitotröhre mit dem bereits beschriebenen zweiten Luftkanal zur Kompensierung des statischen Druckes eingebaut und durch zwei Schläuche mit dem Geschwindigkeitsschreiber verbunden.

„Glückauf“ Nr. 31 vom Jahre 1914 gibt darüber folgende Beschreibung:

„Für Geschwindigkeitsschreiber stellt die in Abb. 18 wiedergegebene Vorrichtung von Fueß eine bemerkenswerte Vervollkommnung dar, weil es zum erstenmal gelungen ist, auch bei geringen Geschwindigkeiten bis 5 m/sek eine gleiche Teilung für die Aufschreibung bei großer Empfindlichkeit zu erzielen. In dem Metallgefäß *a* befindet sich in der Flüssigkeit schwimmend der eigenartig geformte Körper *b* mit der Tauchglocke *c*, die den Luftstrom über der Sperrflüssigkeit teilt. Die so entstandenen Räume sind durch Rohre oder Schläuche und zwischengeschaltete Luftkessel d und d_1 mit dem Staurohr verbunden. Die große Oberfläche der Tauchglocke bedingt die hohe Empfindlichkeit, während die kegelförmige Ausbildung des Schwimmkopfes eine gleichförmige Austauchtiefe hervorruft.“

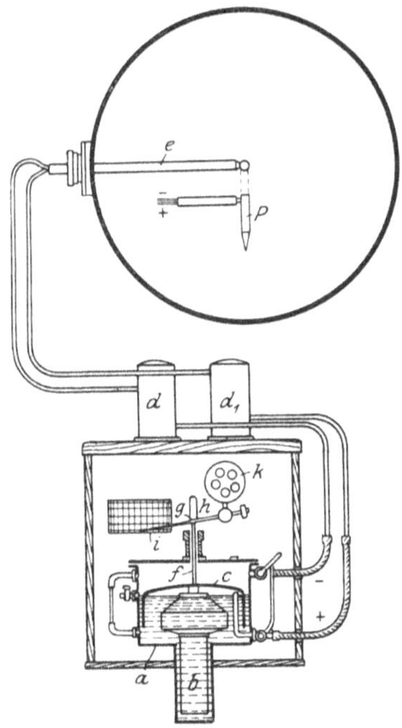

Abb. 18.

Das Diagramm des Geschwindigkeitsschreibers kann ebenso gut auf das Luftquantum *V* geeicht werden. Die Pitotröhre mißt die Luftgeschwindigkeit in der Rohrachse, wo sie bekanntlich am größten ist und von da nach dem Rande des Rohrquerschnittes abnimmt. Wiederholte Versuche haben ergeben, daß die mittlere Geschwindigkeit des kreisförmigen Querschnittes die mittlere Geschwindigkeit 84% der maximalen Geschwindigkeit beträgt.

Wird der Schlauch des Druckmessers (Abb. 15) mit dem Luftkessel d_1 verbunden, so findet eine fortwährende Kontrolle von Druck und Fördermenge statt.

Durch in der Luft enthaltene Unreinigkeiten ist die Pitotröhre der Verstopfung ausgesetzt. Verstopfungen dieser Art werden bei dem noch zu besprechenden Venturimesser vermieden.

d) Der Venturimesser.

Der durch den amerikanischen Ingenieur Clemens Herschel eingeführte Venturimesser wurde zuerst in Amerika und England mit Erfolg angewendet. Als eine der ersten Firmen, die in Deutschland den Bau der Venturimesser zum Messen von Wasser, Dampf und Luft aufgenommen hat, ist die Firma Bopp & Reuther in Mannheim-Waldorf zu nennen.

Der Venturimesser beruht auf dem **Bernoullischen** Prinzip der Konstanz der Summe aus dem statischen und dem dynamischen Druck in einem Flüssigkeitsstrom bei dem (verlustlosen) Durchfluß einer Rohrstrecke mit veränderlichem Querschnitt. Durch die Einschnürung (Abb. 19) wird ein **Druckunterschied**, der dem **Quadrat** der **Durchflußmenge proportional** ist, erzeugt und somit ein einwandfreies Maß für die augenblickliche Durchflußmenge gebildet.

Unter der Annahme eines konstanten spezifischen Gewichtes γ und verlustloser Strömung gestaltet sich der Nachweis mit den allgemein üblichen Bezeichnungen wie folgt:

Die allgemeine Formel der Geschwindigkeitshöhe sei $\gamma \frac{w^2}{2g} = k\,w^2$.

Die Fördermenge $V = w_1 f_1 = w_2 f_2$ (Abb. 19),

$$w_2 = \frac{f_1}{f_2} w_1 = \varepsilon\, w_1\,,$$

$$k\,(w_2^2 - w_1^2) = \Delta p\,,$$

$$k\,(\varepsilon^2 w_1^2 - w_1^2) = \Delta p\,,$$

$$k\,(\varepsilon^2 - 1)\, w_1^2 = \Delta p\,,$$

$$w_1 = \sqrt{\frac{\Delta p}{k\,(\varepsilon^2 - 1)}} = c\sqrt{\Delta p}\,,$$

$$V_0 = w_1 f_1 = c\, f_1 \sqrt{\Delta p}\,,$$

$$\mathbf{V_0^2 = C\,\Delta p}\,. \qquad (86)$$

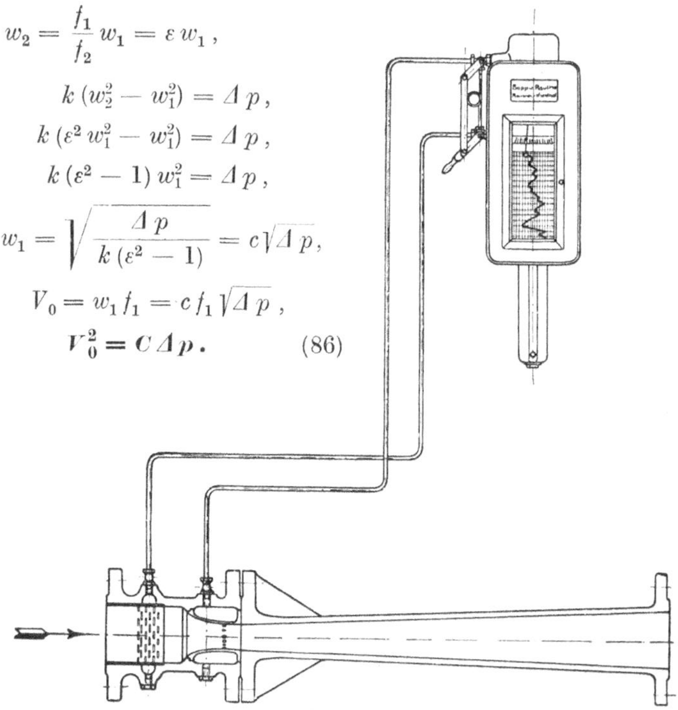

Abb. 19.

Unter Einbeziehung der Reibungswiderstände wird die wirkliche Durchflußmenge V etwas geringer als V_0 ausfallen. Der Einfluß der Reibung wird am leichtesten berücksichtigt durch die Einführung eines Ausflußkoeffizienten $\mu < 1$, dessen Wert bei guten Ausführungen zwischen 0,96 und 1,0 liegt. Demnach

$$V = \mu\, V_0\,.$$

An dem Venturi-Registrierapparat ist der durch Eichung bestimmte Wert von μ des zugehörigen Meßapparates bereits in Rechnung gestellt, so daß die wirkliche Fördermenge ohne weiteres abgelesen werden kann.

Über diese Dinge finden wir genaue Auskunft z. B. in den beiden von Bopp & Reuther, Mannheim-Waldhof, herausgegebenen Schriften: „Venturi-Messer und Registrierinstrumente usw.“ und „Die Venturimessung für Flüssigkeiten und Gase“, von Oberingenieur W. E. Germer, 1923.

An die Meßdüse schließt sich ein langes konisches Rohr an, das ermöglicht, daß der größte Teil des Druckunterschiedes wieder gewonnen wird. Bei der Umwandlung der dynamischen Druckhöhe in statische Druckhöhe gehen ungefähr 10% verloren. Der Gesamtdruckverlust

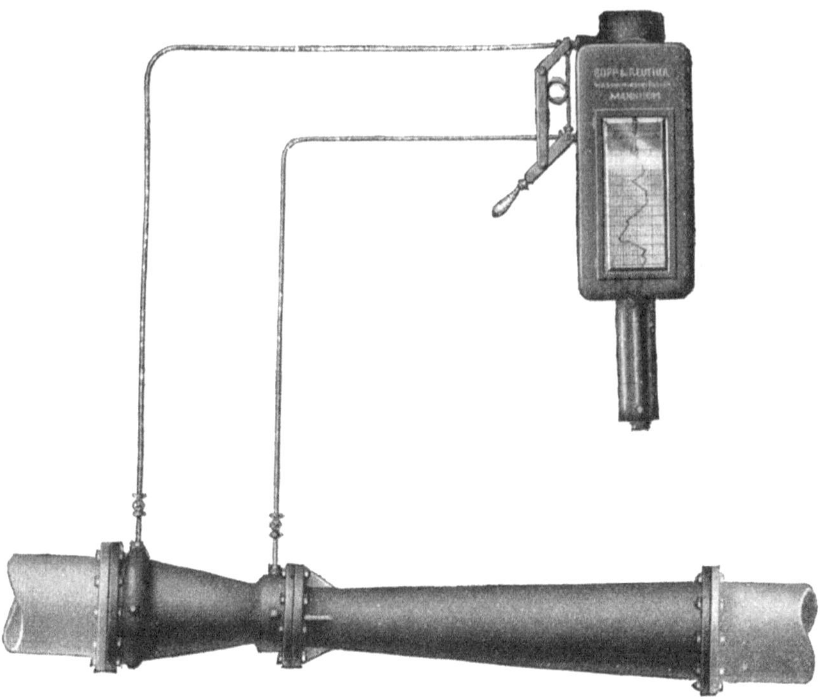

Abb. 20.

hält sich stets in mäßigen Grenzen, und zwar eignet sich dieser Apparat um so besser zur Messung der Fördermenge, je höher der Leitungsdruck ist.

Der Venturimesser liefert eine Messung der momentanen Durchflußmenge. Dieselbe wird sichtbar gemacht vermittels der Venturi-Anzeige- und Registrierapparate (Abb. 20 und 21), die durch dünne

Röhre an den Einlauf und an die Einschnürung angeschlossen werden. Es gibt auch Apparate mit Leistungszeiger, die ein großes Zifferblatt besitzen, das eine bequeme Ablesung auf weite Entfernung gestattet (Abb. 21).

Abb. 21.

Die Messung großer Mengen Verbrennungsgase, sowie von großen Luftmengen mit niedrigem statischen Druck läßt sich mit dem Venturimesser leicht und genau durchführen.

e) Methode der Rohrreibungsmessung.

Seit einigen Jahren ist die Methode der Rohrreibungsmessung zur Bestimmung der Durchflußmenge in einer Rohrleitung mehr und mehr benützt worden.

Die Arbeiten von Biel, Blasius, Ombeck (Forschungsarbeiten, Heft 158, 159), namentlich aber von Jakob in der Physikalischen Reichsanstalt Berlin (siehe Z. V. d. I. 1922, S. 178 usw.) haben gezeigt, daß dieser Messung eine große Genauigkeit zukommt. Dabei ist sie von einer unübertreffbaren Einfachheit und braucht keine besonderen Apparate. Verlangt ist nur ein geradliniges

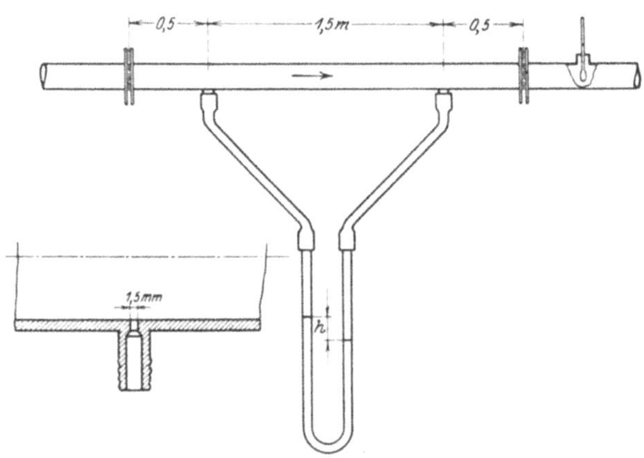

Abb. 22.

Leitungsstück von 2 bis 3 m Länge. Für die eigentliche Meßlänge genügt 1,5 m. In diesem Abstand werden die beiden Löcher gebohrt, die zur Druckmessung dienen (Abb. 22). Außerhalb dieser Löcher soll mindestens 0,5 m gerades Rohr laufen, durch das das Gas ohne Wirbel fließt. Es sind Siebe (Drahtgaze) einzuschalten, um Drehbewegungen und Wirbel unschädlich zu machen. Das Rohr muß wagerecht liegen. Die Anbohrungen sind am besten unten anzubringen und die Schläuche mit beständigem Gefälle nach dem Manometer zu legen. Die Löcher dürfen nur mit 1,5 mm Durchmesser in das Rohr einmünden, damit die Strömung keinen Einfluß auf die Druckmessung ausübt und wirklich nur der statische Druck gemessen wird. Das Manometer ist ein V-förmiges Glasrohr mit Alkoholfüllung ($1\frac{1}{2}$ m lang). Vor jedem Versuch ist das spezifische Gewicht des Alkohols zu messen, da es möglich ist, daß dieser mit der Zeit aus der Luft Wasser aufnimmt.

Die Messung kann dann ohne Störung während des Betriebes erfolgen.

Aus der bekannten Gleichung für die Rohrreibung ist

$$\frac{\Delta p}{\gamma} = \lambda \frac{l}{d} \frac{w^2}{2g} = \frac{\lambda}{4} \frac{U}{F} l \frac{w^2}{2g} .$$

Für kreisrunden Querschnitt ist $\frac{U}{F} = \frac{4}{d}$;

aus $$\Delta p = \frac{\lambda l}{d} \gamma \frac{w^2}{g 2}$$

wird $$w = \sqrt{\frac{2 g d \Delta p}{\lambda l \gamma}} , \tag{87}$$

$$G = F w \gamma = \frac{\pi}{4} d^2 \cdot \sqrt{\frac{2 g d \Delta p}{\lambda l \gamma}} . \tag{88}$$

Das Neue an der Methode besteht darin, daß wir einen sicheren Aufschluß über den Rohrreibungskoeffizienten λ haben. Nach Jakob und Ombeck ist λ abhängig von der Geschwindigkeit w (cm/sek), dem Durchmesser d (cm) und dem Zähigkeitsmodul ν des Stoffes, dann noch etwas von der Temperatur und stark abhängig von dem absoluten Druck in der Leitung. In der Physikalischen Reichsanstalt wurde die Formel aufgestellt

$$\lambda = 0{,}3272 \left(\frac{\nu}{w d}\right)^{0{,}253} . \tag{89}$$

Für angenäherte Rechnung darf man setzen

$$\lambda = 0{,}3272 \sqrt[4]{\frac{\nu}{w d}} . \tag{90}$$

Diese Formel ist allerdings nur an einem glatten Messingrohr aufgestellt worden, entspricht also einem bestimmten Rauhigkeitsgrad. Da nun aber bei den meisten Ventilatoren Rohre aus glattem Eisen- oder Stahlblech ausgeführt werden, deren Längsnähte heute überall autogen geschweißt werden, so darf obige Formel auch hier gelten. (Für rauhe Rohre hat Ombeck die Formel auch aufgestellt.)

Unter der absoluten Zähigkeit η versteht man die Kraft (in Dyn), die nötig ist, um zwei Flüssigkeitsschichten von 1 qcm Fläche im Abstand 1 cm voneinander mit der Geschwindigkeit $w = 1$ cm/sek zu verschieben (Abb. 23).

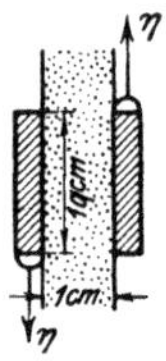

Abb. 23.

Für Luft ist

$$\eta = 0{,}000\,171 + 0{,}000\,000\,493\,t\,, \tag{91}$$

worin t die Temperatur der Schicht bedeutet. Man nennt den Quotient $\nu = \frac{\eta}{\gamma}$ den Zähigkeitsmodul. Hier ist γ in g/ccm einzusetzen.

Für Luft ist nach der Gleichung von Gay-Lussac für $p' = 1$ Atm.

$$\gamma' = \frac{735{,}5}{760}\,\frac{0{,}001\,293}{1 + 0{,}003\,67\,t}\ \text{g/cbm}$$

eingesetzt gibt $p' = 1$ Atm.

$$\nu' = \frac{\eta}{\gamma'} = \frac{760 \cdot 0{,}000\,171}{735{,}5 \cdot 0{,}001\,293} + \frac{760}{735{,}5}\,\frac{0{,}000\,000\,493}{0{,}001\,293}\,t$$

$$+ \frac{760}{735{,}5}\,\frac{0{,}003\,67 \cdot 0{,}000\,171\,t}{0{,}001\,293} + \frac{760}{735{,}5} \cdot \frac{0{,}003\,67}{0{,}001\,293} \cdot 0{,}000\,000\,493\,t^2.$$

Unter Vernachlässigung des letzten Gliedes wird

$$\nu' = 0{,}137 + 0{,}0009\,t\,. \tag{92}$$

Für einen beliebigen anderen Druck p ist

$$\nu = \frac{\nu'\gamma'}{\gamma} = \nu'\frac{p'}{p} = \frac{p'}{p}(0{,}137 + 0{,}0009\,t)\,. \tag{93}$$

Diese Zahl muß in Gleichung (89) eingestellt werden, um λ zu erhalten. Nun ist aber in dieser Gleichung die Geschwindigkeit w unbekannt. Man kann w zunächst probeweise annehmen und λ bestimmen und damit w aus Gleichung (87) ausrechnen und durch Wiederholung einen angenähert richtigen für λ bestimmen.

Beispiel 18. Versuch I, Ombeck. $l = 100$ cm; $d = 2{,}004$ cm; gemessen:

$$\varDelta p = 54{,}42 \text{ mm W.-S.},\ p = 14\,345 \text{ kg/qm} = 1{,}4345 \text{ kg/qcm},$$

$$t = 22{,}4^\circ,\ T = 295{,}4^\circ,\ G = 0{,}012\,64 \text{ kg/sek},\ \gamma' = 1{,}16,\ \gamma = 1{,}652,$$

$$\nu = (0{,}1367 + 0{,}0009 \cdot 22{,}4)\,\frac{1{,}16}{1{,}652} = 0{,}103\,.$$

Mit dem gemessenen Gewicht ist $\gamma = 1{,}652$,

$$w = \frac{G}{\gamma \cdot f} = \frac{0{,}012\,64}{1{,}652 \cdot 0{,}000\,314} = \mathbf{24{,}3} \text{ m/sek}\,.$$

Damit wird aus der Messung des Druckabfalles der Rohrreibung

$$w = \sqrt{\frac{2 \cdot 9{,}81 \cdot 0{,}02 \cdot 54{,}42}{0{,}0221 \cdot 1{,}0 \cdot 1{,}652}} = \mathbf{24{,}2}\ \text{m/sek},$$

$$G = 24{,}2 \cdot 1{,}652 \cdot 0{,}00314 = \mathbf{0{,}01260}\ \text{kg/sek}$$

(stimmt mit der Messung).

Wichtig ist, daß diese Messung auch für beliebige Gase möglich ist bei hohen und tiefen Temperaturen. Für die Zähigkeit einer großen Anzahl von Gasen darf man wohl diejenige für Luft einsetzen, die Verschiedenheit kann nicht groß sein, außerdem ist zu beachten, daß $\nu = \frac{\eta}{\gamma}$, der Zähigkeitsmodul unter der vierten Wurzel steht; somit sind kleine Abweichungen nicht von großem Einfluß.

Man fährt bei dergleichen Messungen am besten, wenn man zuerst λ einfach wählt, um w angenähert aus Gleichung (87) zu berechnen, und alsdann λ aus Gleichung (89) unter Einsetzung des Wertes von ν aus Gleichung (93) berechnet.

[Im Laboratorium des Technikums Winterthur wurde Gleichung (89) nachgeprüft und absolut genau befunden.] Bei rauhen Rohrwandungen (Gußeisen, Zement, rauhe Bretter) rechnet Ombeck aus eigenen und Versuchen früherer Verfasser

$$\lambda = 0{,}129 \left(\frac{\nu}{w\,d}\right)^{\frac{1}{\varkappa}}, \tag{94}$$

hierin ist der Exponent

$$\varkappa = a + \frac{B\,\varepsilon}{d} \tag{95}$$

a und B sind Konstanten, $\frac{\varepsilon}{d}$ die relative Rauhigkeit, d der Durchmesser in cm. Aus Versuchen wurde $a = 4{,}2$ bestimmt und

für schmiedeeiserne Gasrohre . . $B\varepsilon = 8{,}6$ und $d = 2{,}9$ cm : $\varkappa = \mathbf{7{,}2}$,
„ verzinktes Eisenblech, genietet $B\varepsilon = 102$ „ $d = 26$ „ : $\varkappa = \mathbf{8{,}1}$,
„ Eisenblech, genietet . . . . $B\varepsilon = 114$ „ $d = 60$ „ : $\varkappa = \mathbf{6{,}1}$.

Trotzdem $B\varepsilon$ stark veränderlich ist, ändert sich $\varkappa$ nur wenig mit dem Durchmesser. Als Mittelwert kann $\varkappa = 7{,}5$, $\frac{1}{\varkappa} = 0{,}133$ angenommen werden.

Beispiel 19. Berechnung des Druckes eines Ventilators. Am Ende einer Leitung $l = 300$ m, $d = 0{,}5$ m soll noch ein Druck von 300 mm W.-S. vorhanden sein.

Wie groß ist der zu Anfang der Leitung zu erzeugende Druck bei einer Fördermenge von 6 cbm/sek?

Ende: $p_0 = 1{,}0300$ Atm., $t_0 = 20°$, $\gamma_0 = 1{,}2$, $V = 6$ cbm/sek, $w = 30{,}5$. Zur Berechnung des Druckverlaufes wird die Leitung in sechs Strecken von je 50 m eingeteilt.

1. Teilstrecke: $l = 50$m, $p_1 = \sim 1{,}05$ Atm. geschätzt, $\gamma_1 = 1{,}225$,

$$V_1 = \frac{6 \cdot 1{,}2}{1{,}225} = 5{,}88, \quad w_1 = \frac{5{,}88}{0{,}196} = 30 \text{ m/sek } (3000 \text{ cm/sek}),$$

$$\nu = \frac{1{,}03}{1{,}05}(0{,}137 + 0{,}0009 \cdot 20) = \frac{103}{1{,}05} \cdot 0{,}155 = 0{,}1505.$$

Es sei $\quad B\varepsilon = 102, \quad \varkappa = 4{,}2 + \frac{102}{50} = \mathbf{6{,}24},$

$$\left(\frac{wd}{\nu}\right)^{\frac{1}{\varkappa}} = \left(\frac{3000 \cdot 50}{0{,}1505}\right)^{\frac{1}{\varkappa}} = 1\,000\,000^{\frac{1}{6,24}} = 9{,}16,$$

$$\lambda = \frac{0{,}129}{9{,}16} = 0{,}0141,$$

$$\Delta p = \lambda \frac{l}{d} \gamma \frac{w^2}{2g} = 0{,}0141 \cdot \frac{50}{0{,}5} \cdot 1{,}225 \cdot \frac{30^2}{196^2} = 79 \text{ mm W.-S.},$$

$$p_1 = 1{,}0379 \text{ Atm.} \quad (1{,}05 \text{ war etwas hoch geschätzt}).$$

2. Teilstrecke ergibt sich von selbst wie folgt:

$$l = 50, \quad w_2 = 30 \text{ m/sek}, \quad \nu = 0{,}1505 \left(\frac{wd}{\nu}\right)^{\frac{1}{\varkappa}} = 9{,}16, \quad \lambda = 0{,}0141,$$

$$\Delta p = 79 \text{ mm W.-S.}, \quad p_2 = \mathbf{1{,}0458} \text{ Atm.}$$

Man nimmt wegen der geringen Zunahme von γ eine Strecke von 100 m.

3. und 4. Teilstrecke:

$$l = 100, \quad p_4 = 1{,}062, \quad \gamma_4 = 1{,}2 \cdot \frac{1062}{1030} = 1{,}237, \quad \varkappa = 6{,}24,$$

$$\nu = \frac{1{,}030}{1{,}062}(0{,}137 + 0{,}0009 \cdot 20) = \frac{1{,}030}{1{,}0620} \cdot 0{,}155 = 0{,}1504,$$

$$V_4 = \frac{6 \cdot 1{,}2}{1{,}237} = 5{,}82, \quad w_4 = \frac{5{,}82}{0{,}196} = 29{,}6 \text{ m/sek},$$

$$\left(\frac{wd}{\nu}\right)^{\frac{1}{\varkappa}} = \left(\frac{2960 \cdot 50}{0{,}1504}\right)^{\frac{1}{\varkappa}} = 985\,000^{\frac{1}{6,24}} = 9{,}163, \quad \lambda = \frac{0{,}129}{9{,}163} = 0{,}01408,$$

$$\Delta p = \lambda \frac{l}{d} \gamma \frac{w^2}{2g} = 0{,}01408 \cdot \frac{100}{0{,}5} \cdot 1{,}237 \cdot \frac{296^2}{196^2} = 155{,}5 \text{ mm W.-S.},$$

$$p_4 = 1{,}0458 + 0{,}01555 = 1{,}06135 \text{ Atm.}$$

Die Rechnung ergibt, in gleicher Weise durchgeführt, für die letzten 100 m

$$\Delta p = 154{,}5 \text{ mm W.-S.},$$

$$p_6 = \mathbf{1{,}0768}.$$

Der gesamte Reibungsdruck der 300 m langen Strecke beträgt somit 468 mm W.-S.

Wenn in Luftförderleitungen sehr große Geschwindigkeiten, z. B. 30 m und darüber, vorkommen, was aus wirtschaftlichen Gründen namentlich bei langen Leitungen durch entsprechende Rohrweiten im allgemeinen vermieden werden sollte, und man zur Verwendung eines Hochdruckventilators genötigt ist, wo man sonst mit einem Mitteldruckventilator auskommen könnte, ändert sich auf dem Wege das spezifische Gewicht der Luft und die Geschwindigkeit merklich — jenes nimmt ab, während die Geschwindigkeit zunimmt. In diesem Fall ist die Berechnung des Druckverlustes nach der vorhin entwickelten Methode zu empfehlen.

Diese umständliche Rechnung lohnt sich nur, wenn man genaue Beobachtungsresultate im Auge hat oder streng wissenschaftliche Zwecke verfolgt. In der praktischen Anwendung kommt man mit einfacheren Mitteln zum Ziele. Im vorstehenden Beispiel $V = 6$ cbm/sek, $l = 300$ m, $d = 0{,}50$ m und Mittelwerte: $w = 30$ m/sek, $\gamma = 1{,}22$, $\lambda = 0{,}014$ wird

$$\Delta p = 0{,}014 \cdot \frac{300}{0{,}5} \cdot 1{,}22 \cdot \frac{900}{19{,}62} = \mathbf{470} \text{ mm W.-S.}$$

Es ist für viele praktische Betriebe aus verschiedenen Gründen nicht ratsam, den Reibungskoeffizienten zu knapp zu bemessen. Immerhin gibt die Durchführung der genauen Rechnung eine klare Einsicht in das Wesen des Reibungskoeffizienten.

Zweiter Teil.

C. Die Ventilatoren.

I. Entwicklung der Ventilatoren.

Der Ursprung der Ventilatoren geht aller Wahrscheinlichkeit nach auf die Getreideschleuder oder Putzmühle zurück. Der damit erzeugte Luftstrom dient zur Trennung der schweren Körner von Staub und kleinere Verunreinigungen durch spezifisch leichtere Körper. Diese einfache Maschine zum „Windmachen" fand in veränderter Form Eingang im Bergbau zur Lüftung von Stollen und Schächten. Eine derartige Einrichtung recht primitiver Art wird in Abb. 24 dargestellt[1]). Sie bestand aus vier geraden, um eine horizontale Achse drehbaren Flügeln. Der Antrieb erfolgte durch eine von Hand gedrehte Kurbel, später durch Maschinenkraft. Die Luft trat aus zwei Saugöffnungen um die Welle herum ein und wurde durch die Fliehkraft am Umfang fortgeschleudert. Dieser Ventilator wirkte als Sauger oder Exhaustor. Würde die Luft aus dem Freien angesaugt, das Ausflußrohr verlängert und der Luftstrom von da aus in die Grube geleitet, so käme ein auf Druck arbeitender Bläser zustande. Die Leistungen dieses Ventilators waren noch recht bescheiden.

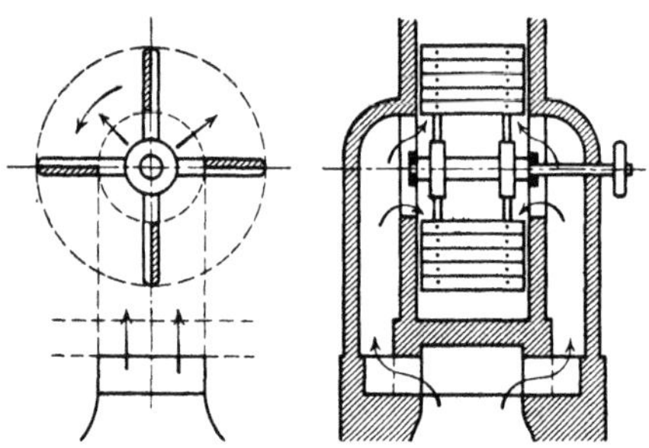

Abb. 24.

Mit der Zeit wurden an diese Art Wettermaschinen größere Anforderungen in bezug auf Fördermenge und Druck bzw. Depression gestellt. Dies führte zu einer Reihe von Verbesserungen, die ihre Entstehung zumeist der Beobachtung und praktischen Überlegung verdanken. Erst später setzte die theoretische Untersuchung und wissenschaftliche Durchdringung der Aufgabe ein, die zu einer rationellen Ausgestaltung der Konstruktionsformen und zur Erhöhung des Wirkungsgrades führte. Diese Verbesserungen werden im nachstehenden ohne langes Verweilen bei der Begründung kurz erwähnt.

---

[1]) Aus Wabners Bewetterung der Bergwerke.

Ein größeres Flügelrad verlangte zur Führung der Luft auch eine größere Anzahl Flügel oder Schaufeln. Um den Eintritt der Luft möglichst stoßfrei zu gestalten, wurden die Schaufeln wie eine Pflugschar dem Luftstrom schräg entgegengestellt, auch gab man den Schaufeln am Auslauf mehr auf Grund theoretischer Überlegung eine von der Geraden abweichende Form. Neben den geraden Schaufeln entstanden gekrümmte, und es wurde die Beobachtung gemacht, daß rückwärts gekrümmte Schaufeln besser auf Druck, vorwärts gekrümmte besser auf Quantum arbeiteten. Zur Unschädlichmachung von Wirbelströmungen zwischen den Schaufeln wurden mit mehr oder weniger Erfolg kurze Zwischenschaufeln eingefügt. Später konstruierte man auch Windräder, die ein großes Quantum unter verhältnismäßig geringem Druck

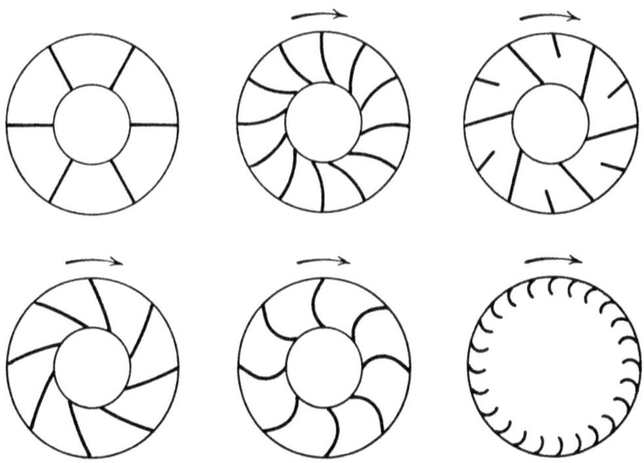

Abb. 25.

zu liefern hatten, mit vielen kurzen Schaufeln (Schirokkogebläse). Auf diese Weise bildeten sich einige Haupttypen der Schaufelung aus, dargestellt in Abb. 25, die je nach der Art der Beanspruchung gewisse Vorteile und Nachteile ergeben.

Einen großen Fortschritt bedeutete die von Guibal eingeführte Ummantelung, der jedoch der Fehler anhaftete, daß die Luft stoßweise austrat. Dieser Übelstand wurde später durch die spiralige Erweiterung der Ummantelung behoben. Heute werden Ventilatoren selten ohne eine solche entworfen. Die Einteilung der Ventilatoren ohne und mit spiraliger Erweiterung ist ziemlich veraltet.

Die als Sauger aufgestellten Grubenventilatoren entführten beim Austritt der Luft ins Freie eine beträchtliche Energiemenge in Form von lebendiger Kraft. Der Ausblasehals wurde nach außen erweitert und auf diese Weise ein Teil der Geschwindigkeit in Druck umgesetzt.

Der Ausblaseschornstein erhielt den Namen Diffusor oder Zerstreuer. Unter Diffusor versteht man auch den ringförmigen, zwischen Austritt und Spirale eingefügten Raum, wo sich die Luft vor dem Eintritt in die spiralige Erweiterung ausbreitet oder auch die spiralige Erweiterung selbst. Man beobachtete bei Rädern mit parallelen Seitenwänden eine Einströmung der Luft von außen her, weil der Luftstrom den Schaufelkanal nicht ausfüllte; dieses führte namentlich für geringe Fördermengen zur Konvergenz der Seitenwände.

Mit der Einführung schnellaufender Motoren gab man auch den Ventilatoren eine raschere Umdrehung und erzielte damit bei gleicher Leistung kleinere und leichtere Räder. Endlich führte man für besondere Zwecke nach dem Vorbild der Turbinen Leitschaufeln beim Eintritt oder Austritt oder bei beiden ein.

Zusammenfassend werden die Verbesserungen, die eine Steigerung der Leistungsfähigkeit und des Wirkungsgrades zur Folge hatten, nochmals aufgezählt:

Vermehrung der Schaufelzahl, verbesserter Ein- und Auslauf, Zwischenschaufeln, bessere Formgebung der Schaufeln, Ummantelung, spiralige Erweiterung derselben, Diffusor, erweiterter Ausblasehals, Einlaufkranz, Leitschaufeln am Auslauf, größere Drehzahl, infolgedessen Verringerung des Raddurchmessers und der Schaufellänge.

II. Theorie der Ventilatoren.

Einleitung.

Kreiselventilatoren und Kreiselpumpen bauen sich auf der nämlichen Theorie auf und unterscheiden sich vor allem durch das verschiedene spezifische Gewicht des Fördergutes. Ein gewisser Unterschied besteht außerdem in der Unelastizität des Wassers gegenüber die Elastizität der Luft, der Gase überhaupt, so daß gut konstruierte Ventilatoren im allgemeinen einen etwas höheren Wirkungsgrad erreichen als Kreiselpumpen. Nach Rateau sind Ventilatoren Turbogeneratoren zum Unterschied von Turbinen, die als Turbomotoren bezeichnet werden.

Bei der ersten Art geht die an der Triebwelle wirkende Energie auf den Flüssigkeitsstrom über, teils zur Hebung des Gewichtes der Flüssigkeit oder Druckerzeugung, teils zur Überwindung des Leitungswiderstandes, während die Turbinen die im Flüssigkeitsstrom enthaltene kinetische oder potentielle Energie vermittels der Schaufeln auf die Welle übertragen.

Bei dem Ventilator entsteht durch die Drehung des Schaufelrades in dem Raum zwischen den Schaufeln, die als Kanäle aufzufassen sind, eine

Strömung und infolge der Fliehkraft ein statischer Druck p_2, der dem Quadrat der äußeren Umfangsgeschwindigkeit proportional ist (Abb. 26).

Die entsprechende statische Druckhöhe ist

$$\frac{p_2}{\gamma} = H_s = \varphi_1 \frac{u_2^2}{2g} \text{ m L.-S. (Meter Luftsäule).}$$

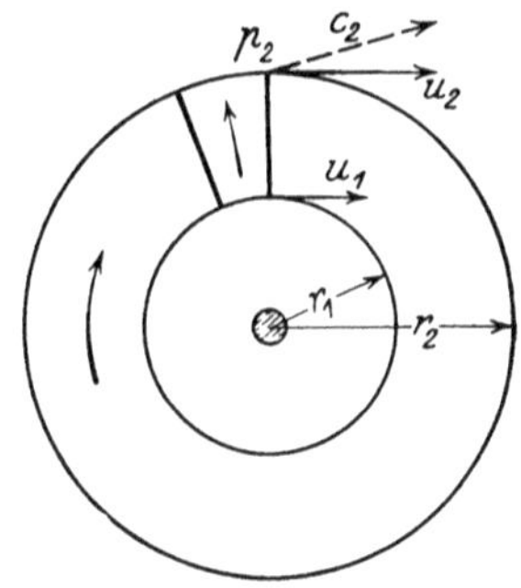

Abb. 26.

Die Flüssigkeit bzw. die Luft verläßt das Rad beinahe tangential mit einer Geschwindigkeit, die von u_2 wenig verschieden ist. Sie besitzt demnach eine dynamische Druckhöhe

$$H_d = \varphi_2 \frac{u_2}{2g}.$$

Beide zusammen ergeben

$$H = H_s + H_d = \varphi \frac{u_2^2}{g}.$$

Dieser rein theoretische Wert der Druckhöhe $\frac{u_2^2}{g}$ wird infolge verschiedener Verlustquellen niemals erreicht, auch ist er zum Teil eine Funktion der Fördermenge. (Bei vorwärtsgekrümmten Schaufeln kann indes φ einen rein theoretischen Wert > 1 erreichen.) Der Beiwert φ bedeutet eben die Summierung sämtlicher nachstehend aufgezählter Verluste:

a) Übertrittsverluste.

Beim Eintritt und Austritt der Luft.

1. Eintrittsverluste: Die Luft strömt mehr oder weniger radial dem Schaufelrad zu und soll nun plötzlich die Umfangsgeschwindigkeit u_1 des Rades mitmachen, was nicht ohne Stoß gegen die vordere Wand der Schaufel abläuft, wenn nicht für stoßfreien Eintritt besondere Vorkehrungen getroffen werden.

2. Austrittsverluste. Es sind ähnliche Stoßverluste wie beim Eintritt, weil meistens die Abflußrichtung nicht mit der Austrittsrichtung zusammenfällt.

b) Strömungsverluste.

1. Reibungsverluste. Sie äußern sich an den Schaufelwandungen und sind gleicher Natur wie die Rohrreibungsverluste.

2. Übergangsverluste. Sie sind die Folge von Richtungsänderungen und Wirbelungen des Luftstromes.

3. Umsetzungsverluste infolge von Geschwindigkeitsänderungen.

c) Spaltverluste.

Durch den Spalt zwischen dem Schaufelrad und dem Gehäuse entweicht ein Teil der Förderluft. Der Spaltverlust ist ein großer Feind des Konstrukteurs; er ist die Ursache, daß die größte statische Druck höhe meistens nicht bei geschlossenem Auslauf des Ventilators entsteht.

d) Mechanische Verluste der Triebkraft.

Lagerreibung und Radscheibenreibung.

Die Erkennung und entsprechende Milderung der Verluste, die nie gänzlich zu unterdrücken sind, ist eine sehr wichtige Seite des Ventilatorenbaues. Wenn die Verluste überhand nehmen, so entartet der Kreiselventilator und seine Leistungen bleiben weit unter dem theoretischen Wert.

1. Der Spaltüberdruck.

Wenn von der Welle aus dem Ventilator Energie zugeführt wird, so erzeugt die in der Einleitung erwähnte Fliehkraft einen statischen Druck, dessen Entstehung auf folgende Art erklärt werden kann (Abb. 27).

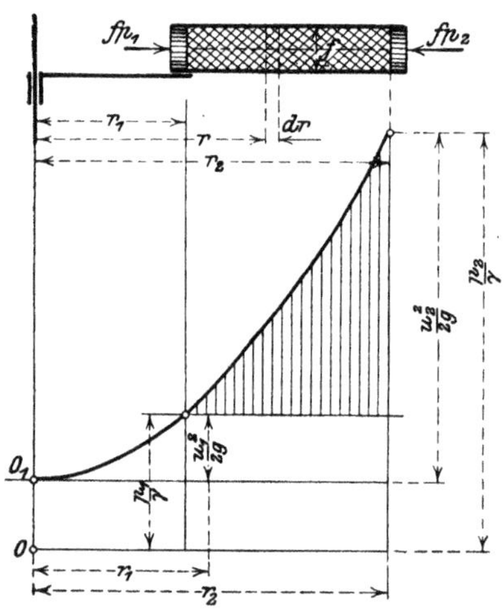

Abb. 27.

Man denke sich ein horizontales, radial gerichtetes Rohrstück, das an beiden Enden mit reibungslosen Kolben vom Querschnitt f geschlossen ist. Wird das Rohrstück um die vertikale Achse in gleichförmige Drehung versetzt, so entsteht infolge der Fliehkraft auf beiden Seiten ein bestimmter Druck. Der Druck $f\,p_1$ wirkt auf den inneren Kolben radial nach außen, während der Druck $f\,p_2$ des äußeren Kolbens dem Flüssigkeitsdruck das Gleichgewicht hält. Kommt als Flüssigkeit Luft oder irgendein Gas in Frage, so wird in Anbetracht der geringen Druckunterschiede das spezifische Gewicht γ als konstant angenommen.

Es sei
$$m = f\frac{\gamma}{g}\,d\,r$$
ein Massenelement im Abstand r vom Drehpunkt. Dieses Element entwickelt die Fliehkraft
$$d\,C = m\,\omega^2\,r = f\frac{\gamma\,w^2}{g}\,r\,d\,r\,.$$
Daher lautet die Gleichgewichtsbedingung
$$(p_2 - p_1)\,f = \int_{r_1}^{r_2} d\,C = f\,\frac{\gamma}{g}\,\omega^2\,\frac{r_2 - r_1}{2}\,,$$
$$\omega\,r = u\,,$$
woraus
$$\frac{p_2 - p_1}{\gamma} = \frac{u_2^2 - u_1^2}{2g}\,. \tag{96}$$

Der Flüssigkeitsdruck wächst nach außen zu im geraden Verhältnis mit dem Quadrat der Umfangsgeschwindigkeit und die Druckzunahme wird als Parabel dargestellt.

Der senkrecht dem inneren Kolben nach abwärts eingetragene Anfangsdruck $\frac{p_1}{\gamma}$ gibt die Nullinie durch O, von der aus die absoluten Pressungen zu zählen sind.

Die durch Gleichung (96) ausgedrückte Druckhöhe ändert sich nicht, wenn das Rohrstück verschiedene Querschnitte aufweist und nicht geradlinig verläuft, wie dies bei den von zwei Radschaufeln gebildeten Kanälen der Fall ist, unter der Voraussetzung, daß die Kanäle geschlossen sind oder, auf das Schaufelrad angewendet, falls das Druckrohr abgesperrt ist.

Die Gleichung (96) bleibt auch bestehen, wenn die Flüssigkeit bzw. die Luft relativ zum Rohr in Bewegung ist, solange der Rohrquerschnitt unverändert bleibt. Den Kolben denkt man sich ersetzt durch die Druckkräfte p_1 und p_2. Die Durchflußgeschwindigkeit, d. h. die relative Geschwindigkeit in bezug auf die Schaufelkanäle werde mit w bezeichnet, und zwar am Eintritt mit w_1 und am Austritt mit w_2. Wenn sich der Raum der Kanäle erweitert, was bei Radschaufeln meistens der Fall ist, so nimmt die Geschwindigkeit ab und ein Teil dieser Geschwindigkeit wird in Druck umgesetzt. Bei reibungslosem Umsatz beträgt schließlich die Zunahme der Druckhöhe $\frac{w_1^2 - w_2^2}{2g}$, somit nimmt Gleichung (96) die Form an

$$H' = \frac{p_2 - p_1}{\gamma} = \frac{u_2^2 - u_1^2}{2g} + \frac{w_1^2 - w_2^2}{2g}. \tag{97}$$

Man nennt H' den Spaltüberdruck oder die statische Druckhöhe, die im Laufrad erzeugt wird.

Der statische Überdruck drängt einen Teil des Fördergutes durch die Spaltöffnung zwischen Laufrad und Gehäuse. Die durchgedrängte Luft führt auf der Außenseite des Rades zwischen der Spalte am Auslauf und am Einlauf, durch die sie wieder in das Laufrad eintritt, eine kreisende Bewegung aus, wodurch ein Energieverlust entsteht, der zur Folge hat, daß selbst bei geschlossenem Druckrohr die theoretische Druckhöhe nicht erreicht wird.

Setzt man die relativen Geschwindigkeiten mit den Umdrehungsgeschwindigkeiten zusammen, so erhält man die absoluten Geschwindigkeiten beim Eintritt und Austritt (Abb. 28).

Der Winkel zwischen der relativen Geschwindigkeit w und der Umfangsgeschwindigkeit u werde mit β bezeichnet und diejenige zwischen der absoluten Geschwindigkeit mit ϑ

Die Bezeichnungen dieser Winkel sind bei den verschiedenen Autoren nicht übereinstimmend. Es sind indes überall die gleichen grundlegenden Formeln, die sich bei der theoretischen Herleitung dieser oder jener Art von selbst ergeben. Ein wesentlicher Unterschied besteht jedoch in ihrem Zweck, dem sie in ihrem Aufbau angepaßt werden. Entweder dienen die Formeln dem Konstrukteur bei der Aufstellung seines Projektes oder sie erfassen die fertige Konstruktion zur Kontrolle ihrer Leistungen.

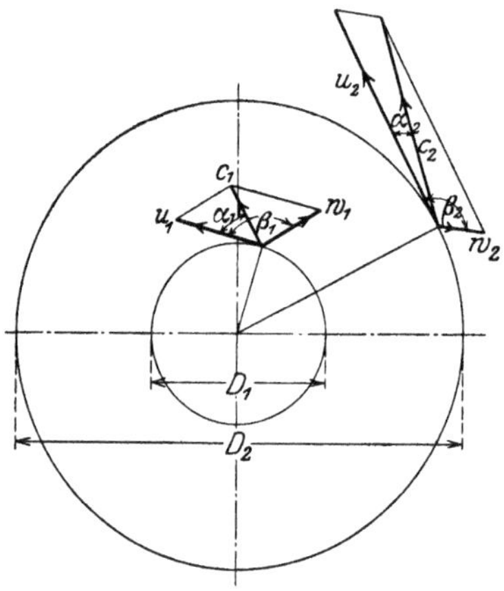

Abb. 28.

Wichtig ist die Zerlegung der absoluten Geschwindigkeit c in eine tangentiale Komponente c' und eine radiale Komponente c''.

Erstere kann, wie weiter unten gezeigt wird, als eine am Radius des Laufrades angreifende Kraft aufgefaßt werden, die ein Drehmoment hervorruft, letzter hingegen bestimmt die Durchflußmenge durch die offene Mantelfläche des Laufrades.

Aus Abb. 29 leiten sich die Beziehungen ab:

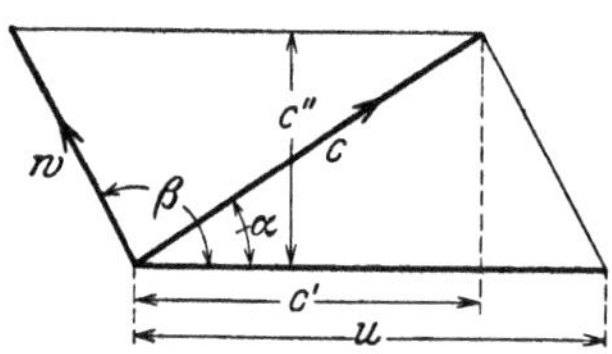

Abb. 29.

$$w^2 = u^2 + c^2 - u\,c\cos\alpha\,, \tag{98}$$

$$c^2 = u^2 + w^2 + 2\,u\,w\cos\beta\,, \tag{99}$$

$$c' = c\cos\alpha\,,$$

$$\left.\begin{aligned} c' &= u - c''\operatorname{cotg}(180 - \beta) \\ &= u + c''\operatorname{cotg}\beta\,, \end{aligned}\right\} \tag{100}$$

$$\left.\begin{aligned} c' &= u - w\cos(180 - \beta) \\ &= u + w\cos\beta\,. \end{aligned}\right\} \tag{101}$$

2. Theoretische Druckhöhe.

Zur statischen Druckhöhe tritt noch die im Luftstrom enthaltene Geschwindigkeitshöhe oder die dynamische Druckhöhe. Beim Eintritt in das Rad ist die absolute Geschwindigkeit gleich c_1 und sie wächst an bis zum Werte c_2. Der dynamische Anteil der Zunahme der Druckhöhe im Laufrad beträgt demnach

$$H'' = \frac{c_2^2 - c_1^2}{2g}\,, \tag{102}$$

wenn die Luft nach dem Verlassen des Rades von c_2 allmählich auf c_1 zurückkehrt, d. h. auf die Geschwindigkeit vor dem Eintritt in das Rad, und die dynamische Druckhöhe in statische Druckhöhe umsetzt, dazu der statische Anteil

$$H' = \frac{p_2 - p_1}{\gamma},$$

summiert

$$H = H' + H'' = \frac{p_2 - p_1}{\gamma} + \frac{c_2^2 - c_1^2}{2g}, \tag{103}$$

und mit Bezug auf Gleichung (97)

$$H = \frac{u_2^2 - u_1^2}{2g} + \frac{w_1^2 - w_2^2}{2g} + \frac{c_2^2 - c_1^2}{2g}. \tag{104}$$

Dieser Ausdruck wird die theoretische Druckhöhe genannt. Sie setzt stoß- und reibungsfreien Durchfluß und verlustfreie Umsetzung der dynamischen in statische Druckhöhe voraus, eine Annahme, die in Wirklichkeit nicht zutrifft, deshalb ist die praktisch erreichbare Druckhöhe stets kleiner.

Wird unter Benützung der Gleichung (98) w eliminiert, so wird

$$H = \frac{1}{g}\,(u_2 c_2' - u_1 c_1'). \tag{105}$$

Es bedeute ω die Winkelgeschwindigkeit, also $u = \omega r$. Durch Einsetzung des Wertes für u wird

$$H = \frac{1}{g}\,\omega\,(r_2 c_2' - r_1 c_1'). \tag{106}$$

Diese Gleichung heißt *Momentensatz* (*Leonhard Euler* 1754), der folgendes ausdrückt:

Die gesamte theoretische Druckhöhe ist gleich der Masse der Gewichtseinheit und dem Produkt aus der Winkelgeschwindigkeit und der Differenz der Drehmomente am Auslauf und am Einlauf des Schaufelrades.

Auf dem Versuchsstand können alle die Geschwindigkeiten, die in Gleichung (104) vorkommen, gemessen werden; u_2 und u_1 aus der Drehzahl n und dem inneren und äußeren Radius oder Druckmesser des Laufrades; w_1, w_2, c_1, c_2 aus der Luftmenge und den abmeßbaren Querschnitten mit Hilfe der Kontinuitätsgleichung.

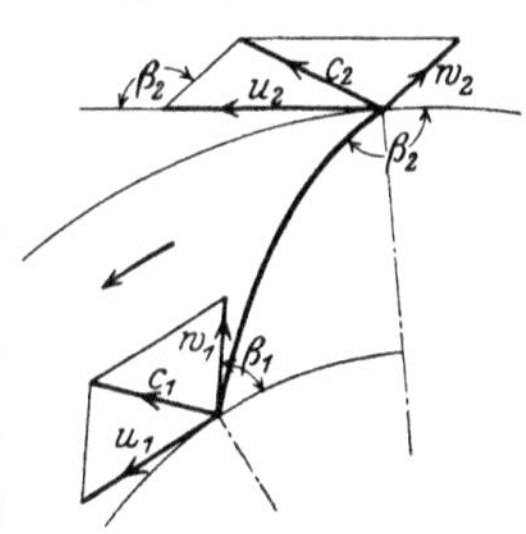

Abb. 30.

Zur Diskussion des Einflusses der einzelnen Glieder und für Entwurfsrechnungen ist es zweckmäßig, die Geschwindigkeiten c_1 und c_2 zu eliminieren, und zwar mit Hilfe des Schaufelwinkels β_1 und β_2 am Eintritt und am Austritt des Laufrades, unter Anwendung der Gleichung (99), wozu wir zum besseren Verständnis eine neue Figur (Abb. 30) entwerfen.

$$c_2 = u_2^2 + w_2^2 + 2\,u_2\,w_2 \cos\beta_2\,,$$
$$c_1 = u_1 + w_2 - 2\,u_1\,w_1 \cos\beta_1\,,$$

eingesetzt
$$H = \frac{u_2^2 - u_1^2}{g} + \frac{u_2\,w_2 \cos\beta_2 + u_1\,w_1 \cos\beta_1}{g}\,. \tag{107}$$

Da w_1, w_2 proportional der Liefermenge V sind, so hat für eine bestimmte Drehzahl n die Gleichung die Form

$$H = K_1 + K_2\,V. \tag{108}$$

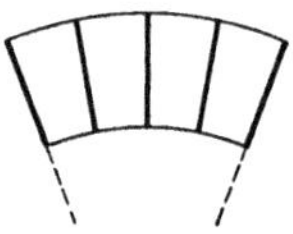
Abb. 31.

Diskussion der Winkel.

a) $\beta_1 = \beta_2 = 90°$ . . . radiale Schaufeln (Abb. 31).

$$H = K_1 = \frac{u_2^2 - u_1^2}{g}\,. \tag{109}$$

Diese Schaufelform wird nur für ganz kleine Druckhöhen, d. h. nur zur Fortbewegung der Luft (z. B. Kühlung der Dynamos durch die Speichen des Rotors) verwendet. Ohne besondere Leitschaufeln ist diese Form nicht empfehlenswert, da der Eintritt nur mit starkem Stoß erfolgen kann.

b) $\beta_1 < 90°$, $\beta_2 = 90°$, $H > K_1$, $H = K_1 + \frac{u_1\,w_1 \cos\beta_1}{g}$. (110)

Die Schaufeln münden radial aus (Abb. 32).

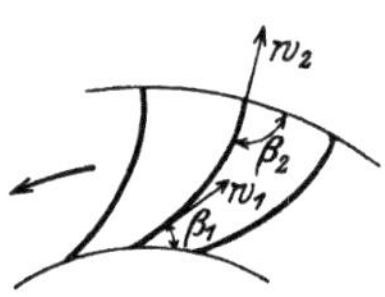

Abb. 32.

Nur für Niederdruck zweckmäßig. Die Luftführung ist nur gut bei kleiner Teilung, wenn also viele Schaufeln vorhanden sind mit kleiner radialer Höhe.

Für senkrechten Eintritt ist $u_1 = w_1 \cos\beta_1$ und es wird dann

$$H = \frac{u_2^2}{g}\,. \tag{111}$$

c) $\beta_1 < 90^0$, $\beta_2 < 90^0$ vorwärtsgekrümmte Schaufeln (Abb. 33).

Diese Schaufelform eignet sich wie b) nur für Niederdruckventilatoren und verlangt eine enge Teilung, weil sonst die Luftführung unzulänglich ist. Der Vorteil besteht in der größten erreichbaren theoretischen Druckhöhe, da

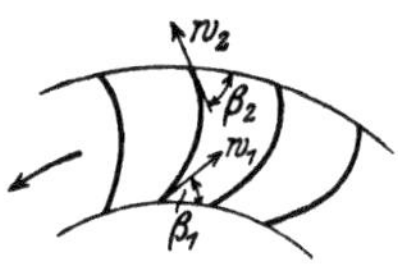

Abb. 33.

$$H = \frac{u_2^2 - u_1^2}{g} + \frac{u_2\,w_2 \cos\beta_2 + u_1\,w_1 \cos\beta_1}{g} \tag{112}$$

lauter positive Werte enthält.

d) $\beta_1 < 90^0$, $\beta_2 > 90^0$ rückwärtsgekrümmte Schaufeln (Abb. 34).

$$H \gtreqless K_1\,, \quad \text{je nachdem} \quad u_1\,w_1 \cos\beta \lesseqgtr u_2\,w_2 \cos\beta_2\,. \tag{113}$$

Der Nachteil dieser Schaufelstellung besteht darin, daß die theoretische Druckhöhe kleiner ausfällt als bei den anderen für gleiche sonstige Verhältnisse, unter Umständen sogar kleiner als sub a). Der große Vorteil ist aber die gute Führung und kleine Umlenkung im Laufrad, wodurch Wirbelbildung weniger möglich ist. Außerdem tritt beim Austritt keine so große Geschwindigkeitshöhe auf, deren Erzeugung einen Teil der Betriebskraft in Anspruch nimmt, deren Ausnützung bzw. Umsetzung in statische Druckhöhe unsicher ist. Deshalb wird heute diese Schaufelung für Mitteldruck- und Hochdruckventilatoren einzig verwendet.

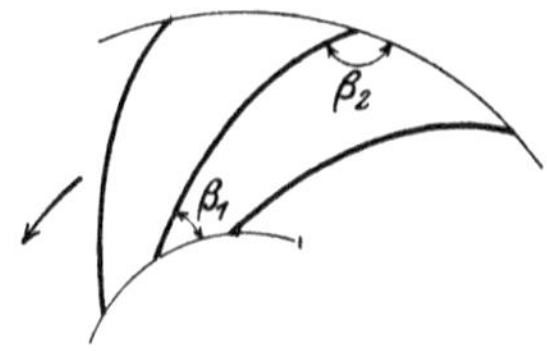

Abb. 34.

Andere Kombinationen außer diesen vier sind möglich durch Änderung von β_1, was aber nicht empfehlenswert ist, denn β_1 ist durch die Bedingung des stoßfreien Eintritts an enge Grenzen gebunden.

Es folgt die rechnerische Anwendung der vier vorgenannten Fälle (bei konstanter Drehzahl n (Abb. 35).

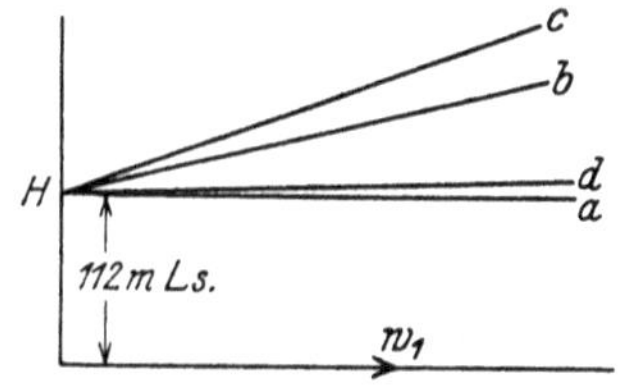

Abb. 35.

Beispiel 20. $u_2 = 60$ m/sek, $u_1 = 50$ m/sek, $w_1 = w_2$.

a) $\beta_1 = 90°$, $\beta_2 = 90°$, $H = 112$ m L.-S.,
b) $= 30°$, $= 90°$, $= 112 + 4{,}41\,w_1$ m L.-S.,
c) $= 30°$, $= 45°$, $= 112 + 8{,}73\,w_1$ „ „ ,
d) $= 30°$, $= 135°$, $= 112 + 0{,}09\,w_1$ „ „ .

$w_1 = w_2$ kann durch passende Konvergenz der Ummantelung erzielt werden.

3. Wirkliche Druckhöhe.

Der tatsächliche Druckverlauf in Funktion der Liefermenge zeigt bedeutende Abweichungen und es sind folgende Umstände, die auf eine Druckverkleinerung wirken.

a) Zufolge der endlichen Schaufelzahl ist es unmöglich jedem Flüssigkeitsfaden den vorgeschriebenen Richtungswinkel zu geben. Die Geschwindigkeitsdreiecke bilden sich also nicht an allen Orten des Kanales derart, wie wir voraussetzen und fordern. Die eigentliche Strömung im Kanal füllt ihn selbst bei der normalen Liefermenge nicht in allen Teilen ganz aus, wenigstens gegen den Austritt nicht [Abb. 36 (*1*)], sondern löst sich von der konkaven Schaufelwand etwas ab. Dadurch bildet sich eine mit Arbeitsverlusten verbundene Wirbelzone, wie die Versuche der Brown, Boveri & Co. an rückwärtsgekrümmten Schaufeln gezeigt haben. Diese Erscheinung tritt um so deutlicher hervor, je kleiner

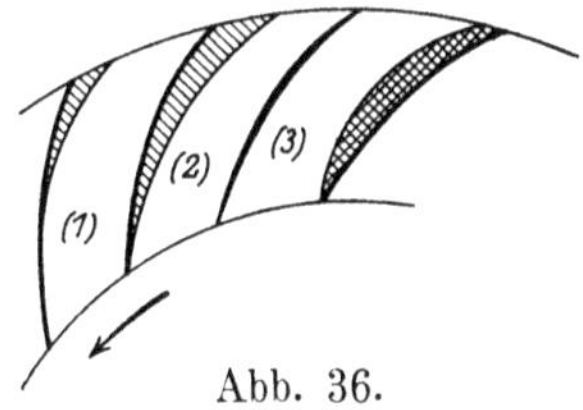

Abb. 36.

die Liefermenge wird, wie in (*2*). Dann erfolgt die Ablösung der Strömung schon vom Eintritt an.

Überschreitet hingegen die Liefermenge den normalen Betrag, so erfolgt die Strahlablösung auf der anderen Seite (*3*). In allen Fällen entsteht eine mehr oder weniger starke Verminderung der theoretischen Druckhöhe.

b) Ein stoßfreier Eintritt ist nur bei einer einzigen Liefermenge möglich, die als die normale bezeichnet wird. Sie ist erkenntlich durch Messung des Energiewirkungsgrades, der dort sein Maximum erreicht (Kennlinie).

c) Jede Umsetzung von Geschwindigkeit in Druck ist mit beträchtlichen Verlusten verbunden, da hier Stoßwirkungen auftreten. Sie machen sich besonders fühlbar nach dem Austritt der Luft aus dem Rade; dort wird nur ein Teil der absoluten Geschwindigkeit c_2 im Spiralgehäuse des Ventilators als Druck gewonnen.

d) Von geringerer Bedeutung ist die Reibung an den Schaufeln und Wänden in den Kanälen des Ventilators, doch spricht dieser Verlust gegen eine übermäßig große Schaufelzahl.

e) Einen Druckabfall verursacht der Spaltverlust, indem ein Teil der bereits geförderten Luft durch den seitlichen Raum zwischen Radscheibe und Gehäuse auf die Saugseite zurückfließt.

Diese Einflüsse bilden die Ursache für die starken Abweichungen, die jede durch Versuch bestimmte Druckvolumenkurve (H-V-Kurve, Kennlinie) gegenüber der theoretischen Linie (Gerade) zeigt. Nur in der Nähe des günstigsten Wirkungsgrades, d. h. bei normaler Liefermenge, nähert sich die wirkliche Druckhöhe der theoretischen so weit, daß ein Vergleich möglich ist. Man nennt deshalb das Verhältnis

$$\eta_p = \frac{h}{H} \tag{114}$$

den hydraulischen oder einfacher den Druckwirkungsgrad. Wie schon betont, hat dieser Begriff nur für Entwurfsrechnungen Berechtigung; er vergleicht die erreichte Höhe mit der theoretischen unter Voraussetzung normaler Liefermenge, die für den Entwurf stets bekannt ist. Es ist ausdrücklich darauf hinzuweisen, daß der Druckwirkungsgrad nicht identisch sein kann mit dem Energiewirkungsgrad η_e, d. h. mit dem Verhältnis der in die Luft abgegebene Energie zu der zugeführten.

4. Erforderlicher Druck einer Ventilationsanlage.

Bevor die Berechnung eines Ventilators gezeigt werden kann, muß man sich klarmachen, was für einen Druckunterschied die Maschine zu überwinden hat; besonders da die Begriffe „statischer“ und „dynamischer“ Druck zu falschen Anschauungen führen.

Der Hauptsache nach lassen sich vier Fälle unterscheiden:

a) Ventilator ohne Saug- und Druckrohr.

Soll aus einem Raum ruhende Luft weggeschafft werden in einen anderen Raum bzw. ins Freie, wo der Druck gleichgroß ist wie innen (Abb. 37), so hat der Ventilator nur die Bewegung der Luft einzuleiten. Die Geschwindigkeit vor dem Eintritt in den Ventilator w_s muß aus dem vorhandenen Druck $p_0 = 1$ Atm. erzeugt werden, d. h. es bildet sich am Eintritt eine Luftverdünnung.

Ist p_s der absolute Druck an jener Stelle, so ist $p_s + \frac{w_s^2}{2g}$ die Gesamtenergie, hinter dem Rade ist diese $p_0 + \frac{w_d^2}{2g}\gamma_d$. Der Ventilator hat also an Druck aufzubringen die Differenz

$$\Delta p = \left(p_0 + \frac{w_d^2}{2g}\gamma_d\right) - \left(p_s + \frac{w_s^2}{2g}\gamma_s\right).$$

In diesem Fall ist nun $p_s = p_0 - \frac{w_s^2}{2g}\gamma_s$ und man erhält

$$\Delta p = \frac{w_d^2}{2g}\gamma_d. \tag{115}$$

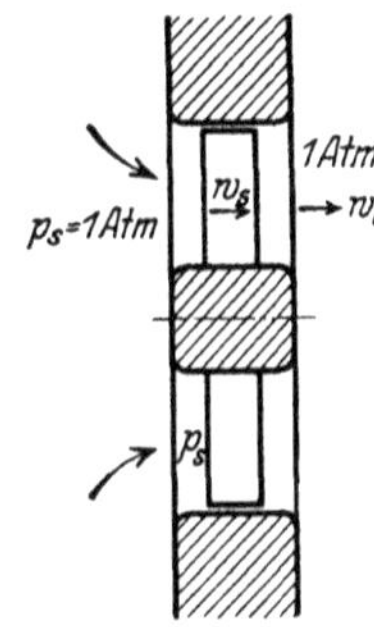

Abb. 37.

Für diesen Fall ist $w_s = w_d$, also $\Delta p = \frac{w_s^2}{2g}\gamma_s$, wenn auch $\gamma_s = \gamma_d$. Der Ventilator hat also nur den Transport der Luft zu besorgen, d. h. die Beschleunigung der Luft von 0 auf w_d. Dem vorliegenden Zweck entspricht der Schraubenventilator am besten.

b) Saugventilator (Abb. 38).

Der Ventilator entnimmt Luft aus der langen Saugleitung und stößt sie in das Freie mit der Geschwindigkeit w_d. Die Energie hinter dem

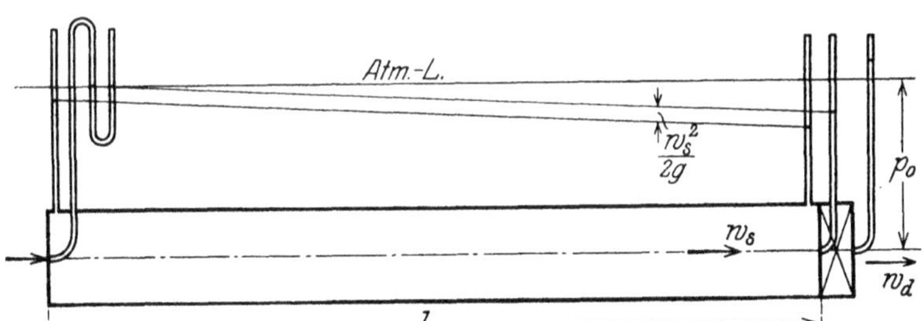

Abb. 38.

Rad beträgt somit $p_0 + \frac{w_d^2}{2g}\gamma_d$. Ist p_s der statische Druck (absolut) vor dem Rad, wie er angezeigt wird durch ein platt an die Wandung eingesetztes Piezometerrohr, so beträgt die Energie vor dem Rad $p_s + \frac{w_s^2}{2g}\gamma_s$. Eigentlich wird der Überdruck vermittels Wassermanometers gemessen; der Piezometerstand ist daher als symbolische Darstellung aufzufassen. Ebenso wird durch das Pitotrohr im Zentrum des Rohrquerschnittes die maximale Geschwindigkeit $w_{\max}$ angezeigt, statt der mittleren Geschwindigkeit w, die hier in Frage kommt.

Die Differenz ergibt

$$\Delta_p = \left(p_0 + \frac{w_d^2}{2g}\gamma_d\right) - \left(p_s + \frac{w_s^2}{2g}\gamma_s\right),$$

$$\Delta_p = (p_0 - p_s) + \left(\frac{w_d^2}{2g}\gamma_d - \frac{w_s^2}{2g}\gamma_s\right).$$

Bei Beginn der Leitung ist der statische Unterdruck $\frac{w_s^2}{2g}\gamma_s$. Zufolge der Reibung wächst er gegen den Ventilator zu um $\lambda' \frac{U}{F} l_s \frac{w_s^2}{2g}\gamma_s$; dort ist der absolute Druck

$$\Delta_p = \lambda' \frac{U}{F} l_s \frac{w_s^2}{2g}\gamma_s + \frac{w_d^2}{2g}\gamma_d. \tag{116}$$

Auch hier ist meistens $w_d = w_s$; dann erscheint Δp als **statischer** Unterdruck $p_0 - p_s$, wie dies die Abb. 38 zeigt, und zwar vor dem Ventilator.

c) Drückender Ventilator (Abb. 39).

Saugt der Ventilator aus dem Freien und stößt die Luft durch ein langes Druckrohr, so entsteht vor dem Ventilator wiederum ein Vakuum

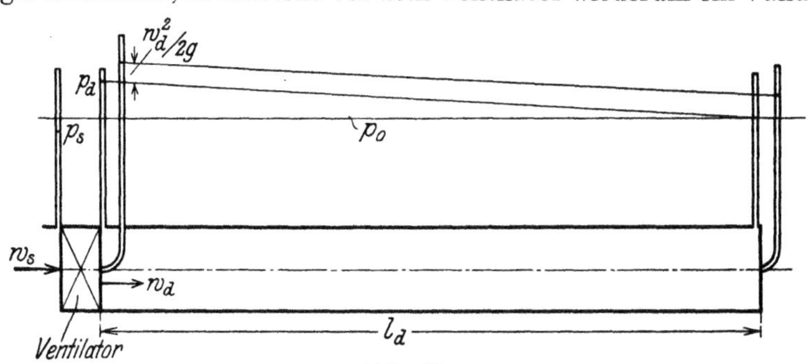

Abb. 39.

wie Fall a) als statischer Unterdruck. Hinter dem Ventilator erzeugt die Reibung den statischen Überdruck, angezeigt durch ein glatt angesetztes Piezometerrohr, während ein Pitotrohr den Gesamtdruck anzeigt. Am Ende der Leitung ist der statische Druck p_0. Daher ist

$$\Delta p = \left(p_d + \frac{w_d^2}{2g}\gamma_d\right) - \left(p_s + \frac{w_s^2}{2g}\gamma_0\right),$$

nun ist
$$p_s = p_0 - \frac{w_s^2}{2g}\gamma_s,$$

daher
$$\Delta p = (p_d - p_0) + \frac{w_d^2}{2g}\gamma_d \tag{117}$$

oder
$$\Delta p = \lambda' l_d \frac{U_d}{F_d}\frac{w_d^2}{2g}\gamma_d + \frac{w_d^2}{2g}\gamma_d .$$

Das erste Glied ist der statische Druck am Eintritt in die Druckleitung, das zweite der dynamische Anteil an jener Stelle, oder mit $w_d = w_s$ bedeutet auch das zweite Glied den statischen Unterdruck vor dem Rad.

d) Ventilator mit Widerständen im Saug- und Druckrohr. Abb. 40.

Der allgemeine Fall besteht darin, daß vor und nach dem Ventilator Widerstände auftreten, durch die der Unterdruck vor und der Überdruck nach dem Ventilator sich vergrößern. Man erhält wieder

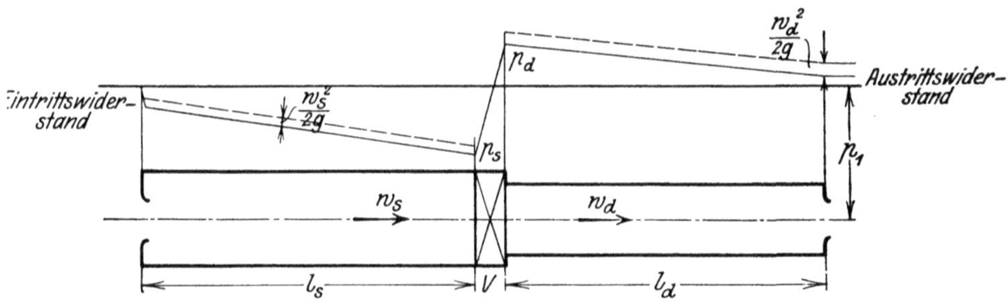

Abb. 40.

$$\Delta p = \left(p_d + \frac{w_d^2}{2g}\gamma_d\right) - \left(p_s + \frac{w_s^2}{2g}\gamma_s\right),$$

$$\Delta p = (p_d - p_s) + \frac{w_d^2\gamma_d}{2g} - \frac{w_s^2\gamma_s}{2g}. \tag{118}$$

Ist im speziellen $w_d = w_s$, $\gamma_d = \sim\gamma_s$,

$$\Delta p = p_d - p_s,$$

d. h. gleich der Summe aus statischem Unterdruck und statischem Überdruck, wobei

$$p_s = p_0 - \frac{w_s^2}{2g}\gamma_s\left(1 + \lambda'\frac{U}{F}l_s + \Sigma\zeta\right)$$

und
$$p_d = \frac{w_d^2}{2g}\gamma_d\left(\lambda'\frac{U_d}{F_d}l_d' + \Sigma\zeta\right)$$

Diese statischen Drücke werden von den glatt angesetzten Piezometern angezeigt, dasjenige auf der Saugseite enthält $\frac{w_s^2}{2g}\gamma_s$ als Unterdruck.

Man kann die allgemeine Formel d) auf ihre Richtigkeit prüfen, indem man sie für die anderen Fälle anwendet.

a) $p_d = p_0$, $\quad p_s = p_0 - \frac{w_s^2}{2g}\gamma_s$, $\quad \Delta p = \frac{w_d^2}{2g}\gamma_d$;

b) $p_d = p_0$, $\quad \Delta p = (p_0 - p_s) + \frac{w_d^2}{2g}\gamma_d - \frac{w_s^2}{2g}\gamma_s$:

c) $p_s = p_0 - \frac{w_s^2}{2g}\gamma_s$, $\quad \Delta p = (p_d - p_0) + \frac{w_d^2}{2g}\gamma_d$.

Die Formel d) Gleichung (118) ist demnach für alle Fälle brauchbar. Mit Δp ergibt sich der Energievorrat der Luft $N = \frac{\Delta p \cdot V}{75}$.

5. Entwurf des Ventilators.

a) Gegeben die Hauptabmessungen.

Liegen bei einer Ausführung Versuchswerte vor, so können diese zusammen mit den Hauptabmessungen benützt werden, um die Berechnungsart zu prüfen, insbesondere, um das Verhältnis der erreichbaren zur theoretischen Druckhöhe festzustellen, ferner die Geschwindigkeiten und den Energiewirkungsgrad.

Die Nachrechnung einer bestehenden Anlage soll an einem Beispiel gezeigt werden:

Beispiel 21. Niederdruckventilator am Simplontunnel. Schw. Bz. 1919. $D_2 = 3500$ mm, $D_1 = 2600$ mm, $b = 1{,}2$ (lichte Breite). Ventilator Nr. I. Gegeben: $V = 209$ cbm/sek, statischer Druck 102 mm W.-S., $n = 312$, Energiewirkungsgrad $\eta_e = 82\%$, eingeführte Leistung N_e 470 PS, $\gamma = 1{,}15$ kg/cbm.

Spiralgehäuse, Querschnitt an der Druckmeßstelle $3{,}51 \cdot 2{,}4$.

$$F_d = 8{,}4\ \text{m}^2, \qquad w_d = 209 : 8{,}4 = 25\ \text{m/sek},$$

$$\frac{w_d^2}{2g} \cdot \gamma = \frac{25^2}{19{,}62} \cdot 1{,}15 = 36{,}5\ \text{mm W.-S.}; \qquad \Delta p = 102 + 36{,}5 = \mathbf{138{,}5}.$$

Die Aufgabe entspricht dem Fall c).

$$\text{Energie in der Luft} \quad N = \frac{209 \cdot 138{,}5}{75} = 386\ \text{PS},$$

$$\text{Energiewirkungsgrad} \quad \frac{N}{N_e} = \eta_e = 386 : 470 = \mathbf{0{,}82}.$$

Dreiecke (Abb. 41 und 42): Nach Zeichnung $\beta_1 = 30°$, $\beta_2 = 143°$ (rückwärts gekrümmte Schaufeln).

$$D_2 = 3{,}5\ \text{m}; \quad u_2 = \frac{\pi \cdot 3{,}5 \cdot 312}{60} = 57{,}0\ \text{m/sek}, \quad u_1 = 42{,}4\ \text{m/sek}, \quad D_1 = 2{,}6\ \text{m},$$

$$\frac{u_2^2}{g} = 330, \qquad \frac{u_1^2}{g} = 183, \qquad \frac{u_2^2 - u_1^2}{g} = 147.$$

Um das Austrittsdreieck zeichnen zu können (Abb. 41), kann folgende Gleichung benützt werden

$$V = \pi D_2 b_2 c_2'' \mu_s \mu , \qquad (119)$$

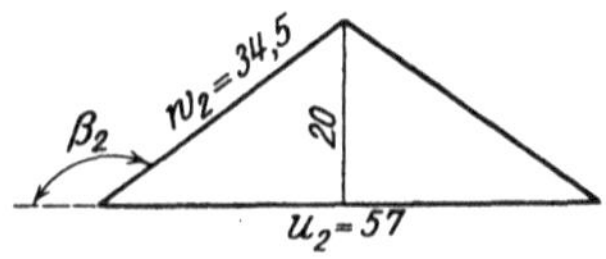

Abb. 41.

hierin ist c_2'' die radiale Komponente der Geschwindigkeit c_2, μ_s der Koeffizient der Schaufelverengung, μ der Kontraktionskoeffizient (für unregelmäßigen Durchtritt usw. und ungenaue Ausführung).

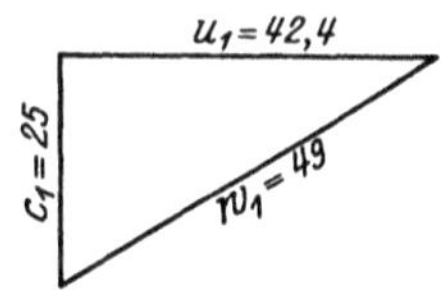

Abb. 42.

Für $V = 209$, $D_2 = 3,5$ m, $b = 1,2$ m, $\mu_s = 0,90$, $\mu = 0,88$ wird $c'' = 20$ m/sek. Damit ist $w_2 = 34,5$ m/sek.

Am Eintritt ist axial $c_0 = \dfrac{209}{2\dfrac{\pi}{4}\cdot 2,6^2} = 20$ m/sek,

radial $c_1 = \dfrac{209}{3,14\cdot 2,6\cdot 1,2\cdot 0,9\cdot 0,85} = 25$ m/sek,

$w_1 = 49$ m/sek.

Damit kann die theoretische Druckhöhe berechnet werden:

$$H = \frac{u_2^2 - u_1^2}{g} + \frac{u_2 w_2 \cos\beta_2 + u_1 w_1 \cos\beta_1}{g}$$

$$= 147 + \frac{-57\cdot 34,5\cdot 0,8 + 42,4\cdot 49\cdot 0,86}{9,81} = 147 + 21,4 = 168,4 \text{ m/L.-S.},$$

$$H_p = 168,4\cdot 1,15 = 194 \text{ kg/m}^2 = 194 \text{ mm W.-S.}$$

Damit wird der Druckwirkungsgrad $\eta_p = \dfrac{138}{194} = 0,71$.

Ferner sind die Vergleichszahlen $\varphi_1 = \dfrac{H}{\dfrac{u_2^2}{2g}} = \dfrac{168,4}{330} = 0,51$,

$$\varphi = 0,51\cdot 0,71 = 0,362 .$$

Es ist also leicht möglich, daß der Druckwirkungsgrad kleiner ist als der Energiewirkungsgrad, da der erstere eben nicht bloß die Verluste darstellt, sondern durch die Art der Schaufelkonstruktion bedingt ist und verwickelten Einflüssen unterliegt.

Es ist der Vorschlag gemacht worden, die theoretische Druckhöhe H nicht für die Verhältnisse bis zum äußeren Umfang zu berechnen, sondern u_2, w_2 einzusetzen für den Radius R, für den der austretende Strahl noch beiderseits von den Schaufeln geführt ist. Dadurch würde H kleiner und η_p würde größer. Aber auch jetzt ist η_p nur als Vergleichszahl anzusehen, übrigens ohne physikalische Bedeutung. Außerdem ist der Punkt *A* (Abb. 43) der mittleren Flüssigkeitsfaden nur für rückwärts gekrümmte Schaufeln möglich anzugeben, und auch da unsicher. Daher ist dieser Vorschlag als unzweckmäßig abzulehnen.

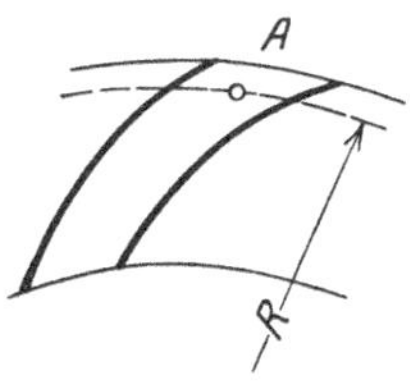

Abb. 43.

Der in diesem Beispiel gefundene Energiewirkungsgrad 82% ist als sehr hoch zu bezeichnen, was nur bei derart großen Ventilatoren zu erreichen ist und nur bei sorgfältiger Ausführung, namentlich am Eintritt, wo die Luft von der axialen zur radialen Richtung abgelenkt werden muß.

Die Zeichnung (Abb. 44) ist Abb. 9 des genannten Aufsatzes aus der Schw. Bauz.

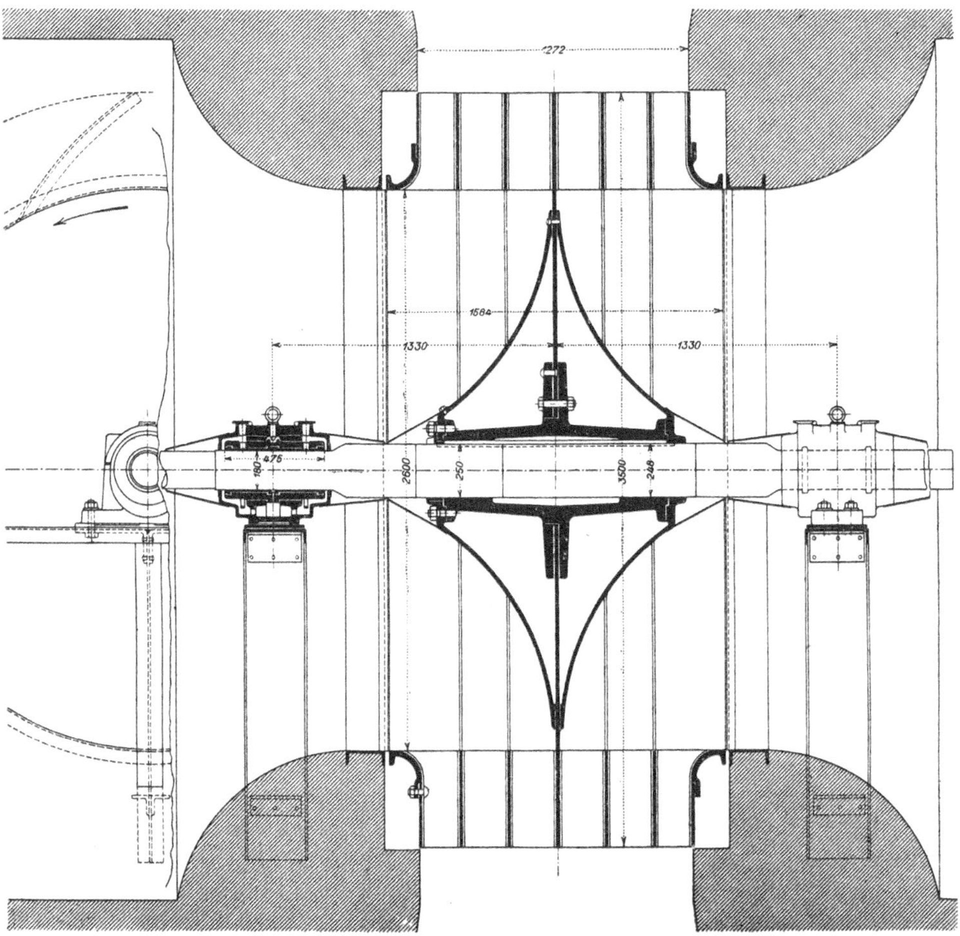

Abb. 44.

Gute Abrundung, namentlich außen und an der Welle, begünstigt den Eintritt. Die Welle mißt im Lager ∅ 180 mm und in der Kupplung ∅ 160 mm. — Die Beanspruchung $k_t = 140$ kg/qm (auf reine Torsion berechnet).

Die vorhin gebrauchte Gleichung (119)

$$V = \pi D_2 b_2 c_2'' \mu_s \mu$$

verlangt eine gewisse Erläuterung, die an dieser Stelle nachgeholt wird, anschließend an die Gleichung für die theoretische Druckhöhe, welche die beiden Durchmesser D_1 und D_2 sowie die innere und äußere Mantelfläche des Laufrades enthält:

$$H = \frac{u_2^2}{g}\left[1 - \left(\frac{D_1}{D_2}\right)^2\right] + u_2 c_2''\left[\operatorname{cotg}\beta_2 - \frac{D_1}{D_2}\frac{F_2}{F_1}\operatorname{cotg}\beta_1\right]. \qquad (120)$$

Sie wird hergeleitet aus den Gleichungen (100), (101) und (105). Es besteht die Beziehung

$$F_1 c_1'' = F_2 c_1'', \qquad (121)$$

und die Gleichungen (100) und (101) werden weiter ausgeführt:

$$c_2' = u_2 + c_2'' \operatorname{cotg}\beta_2,$$

$$c_1' = u_1 + c_1'' \operatorname{cotg}\beta_1 = u_2 \frac{D_1}{D_2} + c_2'' \frac{F_2}{F_1} \operatorname{cotg}\beta_1 .$$

Werden die Werte in Gleichung (105)

$$H = \frac{1}{g}(u_2 c_2' - u_1 c_1')$$

eingesetzt, so erhält man die obige Gleichung (120). Diese dient zur Berechnung der theoretischen Druckhöhe H bei dem Entwurf oder der Untersuchung eines vorhandenen Schaufelrades. Doch ist es notwendig, den Wert für c_2'' und von F näher zu umschreiben. Der erstere steht im direkten Verhältnis zum Ansaugevolumen und der letztere ist das Produkt aus dem Radumfang (F_1 am inneren, F_2 am äußeren Umfang) und der Breite der Mantelfläche unter Berücksichtigung der Einschränkung, die diese durch die Schaufeldicken und den Einfluß der Kontraktion erfährt.

Das spezifische Volumen der Luft beim Eintritt in das Schaufelrad sei v_0 und beim Austritt v_2, da jedoch die Änderung sehr gering ist, so wird ein mittlerer Wert v angenommen, demnach

$$V = G v,$$

$$c'' = \frac{G v}{F} = \frac{V}{F}. \qquad (122)$$

Bedeutet μ_s das Verhältnis der Verengung der Mantelfläche durch die Schaufeldicken s und μ den Einfluß der Kontraktion bei Eintritt und Austritt der Luft aus den Schaufelkanälen mit dem Index 1 oder 2 für innen bzw. außen, so stellt sich das Verhältnis der Querschnitte F_1 und F_2 dar durch

$$\frac{F_2}{F_1} \frac{D_2 b_2 \mu_{s2} \mu_2}{D_1 b_1 \mu_{s1} \mu_1} .$$

Ist z_2 die Schaufelzahl am äußeren Umfang und b_2 die Schaufelbreite, so folgt

$$F_2 = \left(\pi D_2 - \frac{z_2 s_2}{\sin \beta_2}\right) b_2 \mu_{s2} ,$$

$$\mu_{s2} = 1 - \frac{z_2 s_2}{\pi D_2 \sin \beta_2} \tag{123}$$

und

$$\mu_{s1} = 1 - \frac{z_1 s_1}{\pi D_2 \sin \beta_1} . \tag{124}$$

μ_{s2} hat einen Wert, der meistens zwischen 0,95 und 0,85 liegt, μ_{s1} ist meistens etwas kleiner als μ_{s2}.

Setzt man in Gleichung (111) statt $c_2'' = \frac{V}{F_2}$

und

$$1 - \left(\frac{D_1}{D_2}\right)^2 = C_1$$

und

$$\frac{1}{F_2}\left(\operatorname{cotg} \beta_2 - \frac{D_1}{D_2} \frac{F_2}{F_1} \operatorname{cotg} \beta_1\right) = C_2 ,$$

so erhält man

$$H = C_1 \frac{u_2^2}{g} + C_2 \frac{u_2}{g} V . \tag{125}$$

Für ein konstantes u bzw. konstante Drehzahl n ist diese Gleichung identisch mit Gleichung (108).

Beispiel 22. Mitteldruckventilator Gebrüder Sulzer (Katalog). Abb. 47.

Gegeben: $D = 900$ mm, $D_1 = 600$ mm, $\gamma = 1{,}2$ kg/cbm, $V = 6{,}5$ cbm/sek, $p_d - p_0 = 141$ mm W.-S., $n = 1300$, $b = 260$ mm eff., $N_e = 22{,}3$ PS, 2 Saugöffnungen 600 mm, Drucköffnung 1300/260.

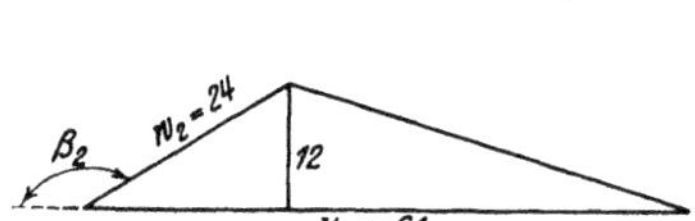

Abb. 45.

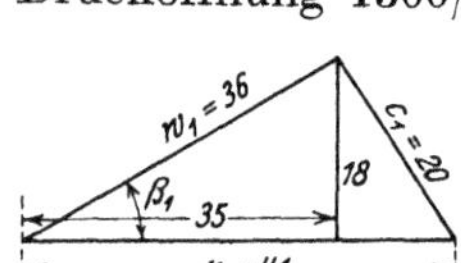

Abb. 46.

$$w_d = \frac{6{,}5}{1{,}3 \cdot 0{,}26} = 19{,}2 \text{ m/sek} , \quad \frac{w_d^2}{2g} \gamma = 22{,}5 \text{ mm W.-S.} ,$$

$$\varDelta p = (p_d - p_0) + \frac{w_d^2}{2g} \gamma = 141 + 22{,}5 = 163{,}5 \text{ mm W.-S.}$$

Mit $\mu_s = 0{,}9$, $\mu = 0{,}85$ wird $c_2'' = \frac{6{,}5}{3{,}14 \cdot 0{,}9 \cdot 0{,}26 \cdot 0{,}90 \cdot 0{,}85} = 12$ m/sek

(Abb. 45) $$w_s = \frac{6,5}{2 \cdot 0,283} = 11,5 \text{ m/sek},$$

$$u_2 = \frac{\pi \cdot 0,9 \cdot 1300}{60} = 61 \text{ m/sek}, \qquad \frac{u_2^2}{g} = 379,$$

(Abb. 46) $$u_1 = 61 \cdot \frac{600}{900} = 41 \text{ m/sek}, \qquad \frac{u_1^2}{g} = 171,$$

$$\frac{u_2^2 - u_1^2}{g} = 208,$$

$$\beta_2 = 150^\circ, \quad w_1 \cos \beta_1 = 35,$$

$$H = 208 + \frac{-61 \cdot 24 \cdot 0,886 + 41 \cdot 35}{9,81} = 227 \text{ m L.-S.},$$

$$H_p = 227 \cdot 1,2 = 272 \text{ kg/qm} = 272 \text{ mm W.-S.},$$

$$\eta_p = \frac{163,5}{272} = 0,6, \qquad \varphi = \frac{H}{\frac{u_2^2}{g}} = 0,6.$$

(Dieser Vergleich beruht auf Katalogangaben, nicht auf Versuch.)

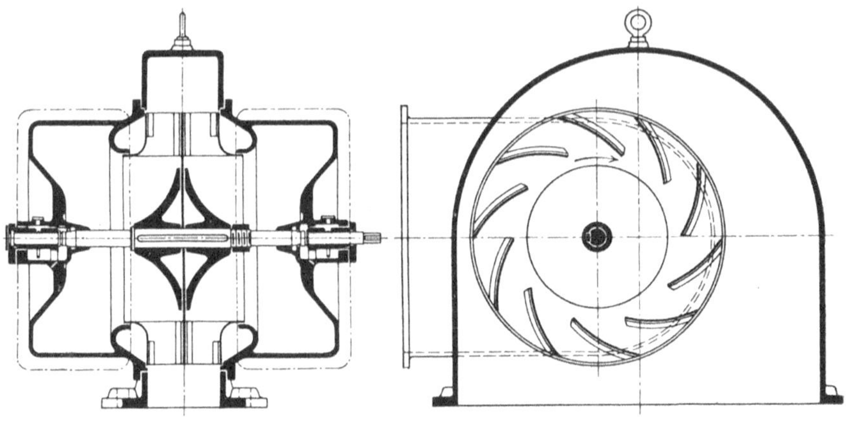

Abb. 47.

Leistungsaufnahme $$N = \frac{\Delta p \cdot V}{75} = \frac{163,5 \cdot 6,5}{75} = 14,2 \text{ PS},$$

Energiewirkungsgrad $$\eta_e = \frac{14,2}{22,3} = \mathbf{0,635},$$

was übrigens mit Messungen übereinstimmt. Die meisten Kataloge geben einen zu hohen Wirkungsgrad η_e an. Bei diesem Ventilator ist der Eintritt richtig konstruiert mit guter Abrundung. Statt einer spiraligen Ummantelung ist das Rad exzentrisch im Gehäuse.

Beispiel 23. Hochdruckventilator Nr. 120, Gebrüder Sulzer (laut Katalog) (Abb. 48).

$D_2 = 1{,}2$ m, $D_1 = 0{,}4$ m, $\gamma = 1{,}2$, $V = 3{,}25$ cbm/sek, $p_d - p_0 = 436$ mm W.-S., 2 Saugstutzen 416 mm, Druckstutzen 390 mm, $n = 1450$, $b = 50$ mm, $N_e = 25{,}2$ PS.

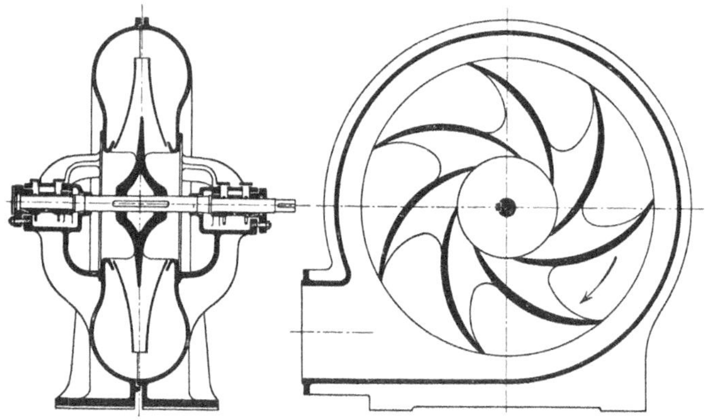

Abb. 48.

$$w_d = \frac{3{,}25}{0{,}119} = 27{,}3 \text{ m/sek},$$

$$\Delta p = 436 + \frac{27{,}3^2}{19{,}6^2} \cdot 1{,}2 = 436 + 45{,}5 = 481{,}5 \text{ mm W.-S.}$$

(Katalog gibt weniger), daher

$$N = \frac{460 \cdot 3{,}25}{75} = 20 \text{ PS}, \qquad \eta_e = \frac{20}{25{,}2} = 0{,}79\,.$$

(Dieser Wirkungsgrad erscheint sehr hoch.)

$$w_s = \frac{3{,}25}{2 \cdot 0{,}136} = 12 \text{ m/sek},$$

$$c'' = \frac{3{,}25}{\pi \cdot 1{,}2 \cdot 0{,}05 \cdot 0{,}95 \cdot 0{,}9} = 20{,}3 \text{ m/sek},$$

rückwärts gekrümmte Schaufeln $w_2 \cos\beta_2 = -35$, $w_1 \cos\beta_1 = 26$,

$$u_2 = \frac{\pi \cdot 1{,}2 \cdot 1450}{60} = 91 \text{ m/sek}, \qquad u_1 = 30{,}5 \text{ m/sek},$$

$$\frac{u_2^2}{g} = 840, \qquad \frac{u_1^2}{g} = 95, \qquad \frac{u_2^2 - u_1^2}{g} = 745,$$

$$H = 745 + \frac{-91 \cdot 35 + 30{,}5 \cdot 26}{9{,}81} = 745 - 245 = 500 \text{ m L.-S.},$$

$$H_p = 500 \cdot 1{,}2 = 600 \text{ mm W.-S.},$$

$$\eta_p = \frac{481{,}5}{600} = 0{,}805, \qquad \varphi = \frac{H}{\frac{u_2^2}{g}} = \frac{500}{840} = 0{,}595$$

(wegen rückwärts gekrümmter Schaufeln).

Beispiel 24. Ventilator System Capell, Tauern-Tunnel (siehe Z. V. d. I. 1915, S. 253).

Erzeugter Gesamtdruck $\Delta p = 150$ mm W.-S., $V = 17\,700$ cbm/min in 2 Ventilatoren, $V = 148$ cbm/sek, $n = 150$, $N_e = 850$ PS für beide Ventilatoren, $D_2 = 5{,}5$ m, $b = 2$ m, $u_2 = \frac{\pi \cdot 5{,}5 \cdot 150}{60} = 43$ m/sek, $\frac{u_2^2}{g} = 190$.

Angenommen, es seien

$$\alpha_2 = 12^\circ, \quad \beta_2 = 60^\circ, \quad \varphi = 1{,}14,$$

so ist $\quad H_p = 1{,}14 \cdot 1{,}90 \cdot 1{,}15 = 250$ mm W.-S., $\quad \eta_p = \frac{150}{250} = \mathbf{0{,}6}$,

$$N = \frac{2 \cdot 148 \cdot 150}{75} = 593 \text{ PS}, \qquad \eta_e = \frac{593}{850} = \mathbf{0{,}7},$$

was mit den Kurven des genannten Aufsatzes stimmt.

Beispiel 25. Ventilator Grenchenbergtunnel (Abb. 49 u. 50).

Vertraglich $V = 75$ cbm/sek, $n = 130$, Δp stat. $= 30$ mm W.-S., $\eta_s = 60\%$ (garantiert).

Abnahmeversuch: Messung der Luftmenge mit geeichtem Anemometer $V = \mathbf{95{,}3}$ cbm/sek, $\gamma = 1{,}25$, $n = 130$, statischer Druck **34,4** mm W.-S., $N_e = \mathbf{73{,}6}$ PS_e, Querschnitt an d. Meßstelle 14,3 qm.

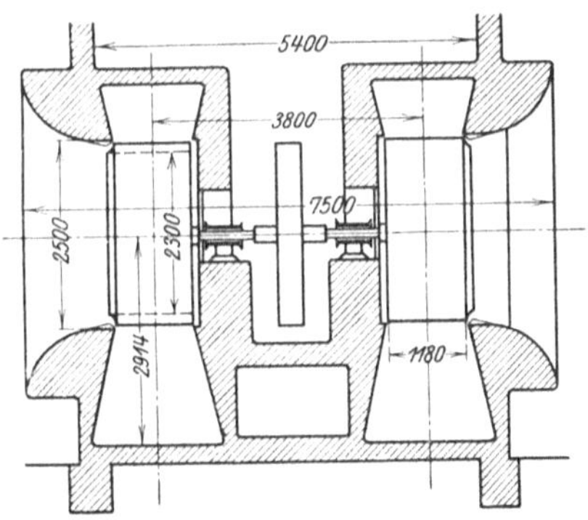

Abb. 49.

$b = 1{,}1$ m, $\quad D_2 = 2{,}5$ m, $\quad D_1 = \infty\, 2{,}3$ m, $\quad w_d = \frac{95{,}3}{14{,}3} = 6{,}65$ m/sek,

$$\frac{w_d^2}{2g}\gamma = 2{,}8 \text{ mm W.-S.}, \qquad \Delta p = 34{,}4 + 2{,}8 = 37{,}2 \text{ mm W.-S.},$$

$$N = \frac{37{,}2 \cdot 95{,}3}{75} = 47{,}3 \text{ PS},$$

$$\eta_e = \frac{N}{N_e} = \frac{47{,}3}{73{,}6} = 0{,}642.$$

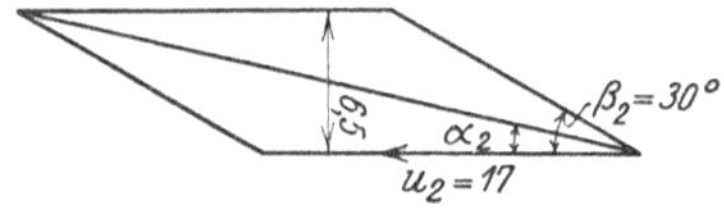

Abb. 50.

Vorgekrümmte Schaufeln

$$u_2 = \frac{\pi \cdot 2{,}5 \cdot 130}{60} = 17 \text{ m/sek}, \qquad \frac{u_2^2}{2g} = 29{,}4, \qquad w_1 \cos\beta_1 = u_1,$$

$$c'' = \frac{48}{\pi \cdot 2.5 \cdot 1{,}1 \cdot 0{,}95 \cdot 0{,}9} = 6{,}5 \text{ m/sek}, \qquad w_s = \frac{48}{\frac{\pi \cdot 2{,}3^2}{4}} = 11{,}6 \text{ m/sek},$$

$$\beta_2 = 30^\circ, \quad w_2 \cos\beta_2 = \frac{c''}{\operatorname{tg}\beta_2} = \frac{6{,}5}{0{,}377} = 11{,}2,$$

$$H = \frac{u_2^2}{g} + \frac{u_2 w_2 \cos\beta_2}{g} = 29{,}4 + \frac{17 \cdot 11{,}2}{9{,}81} = 48{,}7 \text{ m L.-S.},$$

$$H_p = 48{,}7 \cdot 1{,}25 = 61 \text{ mm W.-S.},$$

$$\eta_p = \frac{37{,}2}{61} = 0{,}61, \qquad \varphi = \frac{48{,}7}{29{,}4} = 1{,}66.$$

Reibungszahl des Tunnels. Der Ausgang des Tunnels ist 51 m höher als der Eintritt. Lufttemperatur beim Austritt = 11,3°, Lufttemperatur beim Eintritt = – 0,4°. Spezifisches Gewicht beim Austritt $\gamma' = 1{,}182$, Eintritt $1{,}232 = \gamma''$. Auftrieb:

$$51(\gamma'' - \gamma') = 2{,}55 \text{ kg/qm} = 2{,}55 \text{ mm W.-S.},$$

um so viel wird der Druck vermehrt, um die Luft durch den Tunnel zu treiben. Gesamtdruck $34{,}4 + 2{,}55 = \backsim 37$ mm W.-S. Querschnitt des Tunnels 26,4 m², Umfang $U \backsim 20{,}4$ m,

$$\frac{U}{F} = 077, \quad l = 8560 \text{ m},$$

$$\lambda = \frac{37 \cdot 4}{0{,}77 \cdot 8.560 \cdot 0{,}63 \cdot 1{,}2} = \mathbf{0{,}0295}.$$

Dieser Wert stimmt mit der Erfahrung gut überein.

b) Gegeben die Liefermenge und der zu erzeugende Druck.

Häufig wird für den Entwurf auch die Drehzahl vorgeschrieben, was aber nicht in beliebigen Grenzen möglich ist.

Zur Entwurfsberechnung ist am verlangten Druck ersichtlich, ob vorwärts oder rückwärts gekrümmte Schaufeln gewählt werden sollen.

Zweckmäßig ist es, zuerst die Verhältnisse am Eintritt zu bestimmen, bzw. Saug- und Druckstutzen. Hierzu wählt man w_s und w_d.

		NDr.	MDr.	HDr.
Man wählt	$w_s =$	10–12	12–16	12—18 m/sek,
	$w_d =$	12–16	15—20	20—30 m/sek,
	$\beta_2 =$	90 oder < 90°	> 90°	> 90°,
			120—140°	125–150°.

Damit ist der totale Druck $\Delta p = (p_d - p_s) + \frac{w_d^2}{2g}\gamma - \frac{w_s^2}{2g}$.

Mit der Wahl von η_e ergibt sich die Leistung des Motors

$$N_e = \frac{(\Delta p)\, V}{\eta_e \cdot 75}.$$

In η_e ist der mechanische Wirkungsgrad, der die Lagerreibung berücksichtigt, bereits enthalten. Bei Hochdruckventilatoren ist die Radreibung ziemlich beträchtlich; sie entsteht an der Scheibe, indem zu beiden Seiten des Rades ruhende Luft in Bewegung gesetzt wird und zum Rotieren kommt. Man rechnet für Entwürfe bei kleiner Ausführung

	NDr.	MDr.	HDr.
$\eta_e =$	0,5—0,6	0,5—0,7	0,7—0,8 .

Für große Ausführung Zahl bei Niederdruckanlagen höher.

Diese Berechnung der Leistungsaufnahme der Luft ist für Niederdruck- und Mitteldruckventilatoren zulässig. Bei höherer Druckzunahme muß die Arbeit der adiabatischen Kompression bestimmt werden (siehe Ostertag: Turbokompressoren).

Im übrigen geben die bereits berechneten Beispiele, deren Resultate der Praxis entnommen sind, Aufschluß über die zu wählenden Größen.

Für eine rasche überschlägige Lösung bei Entwurfsberechnungen kann man die Hauptgleichung vereinfachen unter Annahme des senkrechten Eintritts und Einführung des Winkels α_2 zwischen u_2 und c_2,

$$u_1 = w_1 \cos \beta_1 \,, \quad \frac{w_2}{u_2} = \frac{\sin \alpha_2}{\sin(\beta_2 - \alpha_2)} \,. \quad \text{(Abb. 51)},$$

$$H = \frac{u_2^2}{g} + \frac{u_2^2}{g} \frac{\sin \alpha_2 \cos \beta_2}{\sin(\beta_2 - \alpha_2)} = \frac{u_2^2}{g} \cdot \left[1 + \frac{\sin \alpha_2 \cos \beta_2}{\sin \beta_2 \cos \alpha_2 - \cos \beta_2 \sin \alpha_2}\right],$$

$$H = \frac{u_2^2}{g} \frac{\sin \beta_2 \cos \alpha_2}{\sin \beta_2 \cos \alpha_2 - \cos \beta_2 \sin \alpha_2}$$

$$= \frac{u_2^2}{g} \frac{1}{1 - \frac{\operatorname{tg} \alpha_2}{\operatorname{tg} \beta_2}} = \varphi \frac{u_2^2}{g} \,, \quad \text{worin} \quad \varphi = \frac{1}{1 - \frac{\operatorname{tg} \alpha_2}{\operatorname{tg} \beta_2}} \,.$$

Bei gegebenem h und η_p ist H bestimmt, woraus nach Wahl von β_2 und α_2 u_2 zu berechnen ist.

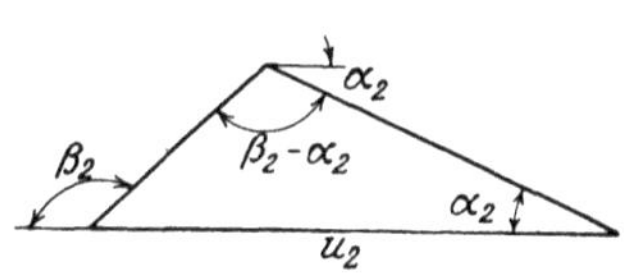

Abb. 51.

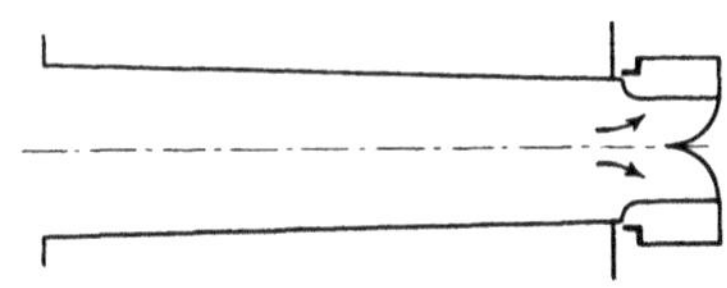

Abb. 52.

Wählt man w_s am Saugrohrstutzen mit dem Durchmesser d_s, so kann auf D_1 geschlossen werden, meistens sollte $D_1 \geqq ds$ gemacht werden, um einen guten Eintritt zu erhalten (siehe Simplonventilation). Bei Niederdruckventilatoren findet man sogar $D_1 < d_s$, d. h. das Rohr verengt sich, was als unrichtige Sparmaßnahme anzusehen ist (Abb. 52).

Beispiel 26. Es soll ein Niederdruckventilator entworfen werden für $V = 5{,}5$ cbm/sek, $p_d - p_0 = 85$ mm W.-S., $\gamma = 1{,}15$ kg/cbm.

Wir wählen vorwärtsgekrümmte Schaufeln $\beta_1 = 30°$, $\beta_2 = 45°$, ferner $w_d = 16$ m/sek, $w_s = 12$ m/sek, $\eta_p = 0{,}6$, $\eta_e = 0{,}7$ und erhalten

$$\frac{w_d^2}{2g}\gamma = \frac{16^2}{19{,}62}\cdot 1{,}15 = 15 \text{ mm W.-S.}, \quad \Delta p = 85 + 15 = 100.$$

Leistungsbedarf $N_e = \dfrac{100 \cdot 5{,}5}{75 \cdot 0{,}7} = 10{,}5$ PS,

$$\varphi = \frac{1}{1 - 0{,}325} = 1{,}48,$$

$$H = \frac{\Delta p}{\gamma \cdot \eta_p} = \frac{100}{1{,}15 \cdot 0{,}6} = 145 \text{ m L.-S.}, \quad u_2 = \sqrt{\frac{9{,}81 \cdot 145}{1{,}48}} = 31 \text{ m/sek}.$$

Für einseitigen Eintritt ist $\dfrac{\pi d_s^2}{4} = \dfrac{5{,}5}{12}$, $d_s = 770$ mm.

Wählt man $D_1 = 750$ mm, Höhe der Schaufeln 50 mm, $D_2 = 850$ mm, so wird

$$n = \frac{60 \cdot 31}{\pi \cdot 0{,}85} = 700.$$

Würde man zweiseitigen Eintritt anordnen, so wäre $d_s = \dfrac{770}{\sqrt{2}} = 540$ mm. Nimmt man $D_1 = 550$, $D_2 = 650$, so wird $n = 920$. Ferner ist $u_1 = 31 \cdot \dfrac{750}{850} = 27{,}5$ m/sek,

$$c_1 = u_1 \operatorname{tg} \beta_1 = 27{,}5 \cdot 0{,}577 = 15{,}8 \text{ m/sek}.$$

Des schiefen Eintritts wegen ist μ klein zu wählen, etwa

$$\mu = 0{,}7, \ \mu_s = 0{,}9, \ \text{damit } b = \frac{5{,}5}{\pi \cdot 0{,}75 \cdot 15{,}8 \cdot 0{,}9 \cdot 0{,}7} = 0{,}235 \text{ m}.$$

Ausführung dieses Beispiels nach Gebrüder Sulzer Nr. 75e (Abb. 53):

$$D_2 = 750 \text{ mm}, \quad D_1 = 650 \text{ mm}, \quad d_s = 770 \text{ mm}, \quad N_e = 9{,}7 \text{ PS},$$

$$V = 330 \text{ cbm/min} = 5{,}5 \text{ cbm/sek},$$

$$b = 330 \text{ mm}; \quad n = 700, \quad \Delta p' = 85 \text{ mm W.-S.},$$

$$u_2 = 27{,}5 \text{ m/sek}, \quad w_d = \frac{5{,}5}{0{,}57^2}, \quad w_s = \frac{5{,}5}{0{,}445} = 12 \text{ m/sek},$$

$$u_1 = 23{,}8 \text{ m/sek}, \qquad \beta_1 = 27^0\,10'$$

innen $c_1 = \dfrac{5{,}5}{\pi \cdot 0{,}65 \cdot 0{,}33 \cdot 0{,}9 \cdot 0{,}75} = 12{,}2$ m/sek,

$$c_1'' = u_1 \operatorname{tg} \beta_1 = 12{,}2 \text{ m/sek}.$$

Der Eintritt ist also senkrecht

$$\text{außen} \quad c_2'' = \frac{5,5}{\pi \cdot 0,75 \cdot 0,33 \cdot 0,9 \cdot 0,75} = 10,5 \text{ m/sek},$$

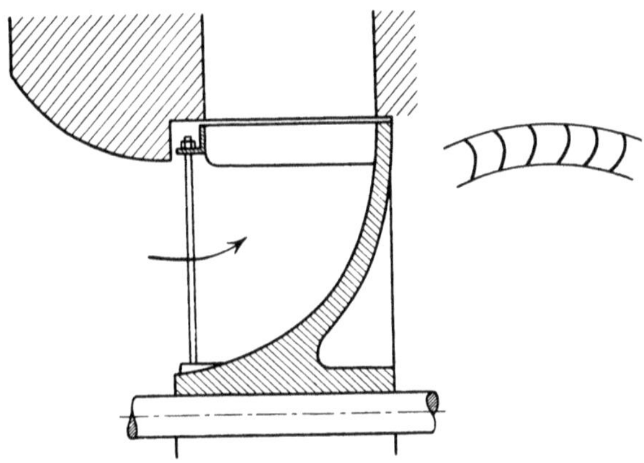

Abb. 53.

$$(\text{Abb. 54.}) \quad w_2 = \frac{c_2''}{\sin \beta_2} = \frac{10,5}{0,707} = 14,15 \text{ m/sek},$$

$$\frac{u_2^2}{g} = \mathbf{77},$$

$$\frac{u_1^2}{g} = 57,5,$$

$$\frac{u_2^2 - u_1^2}{g} = 19,5,$$

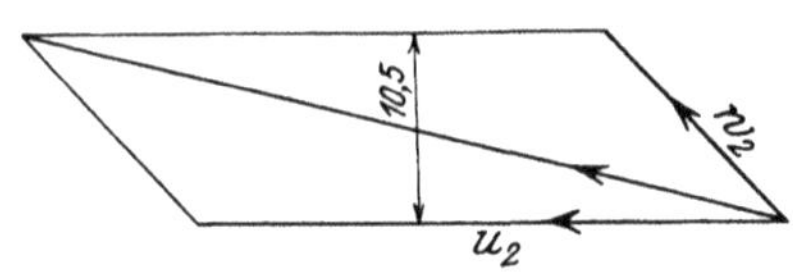

Abb. 54.

$$H = 19,5 + \frac{27,5 \cdot 10,5 + 23,8 \cdot 23,8}{9,81} = 106,7 \text{ m L.-S.}$$

Man sieht, daß bei kurzen Schaufeln der Einfluß des zweiten Gliedes überwiegt.

Δp_d ist nach Katalog 3 mm W.-S., $\Delta p = 85 + 3 = 88$mm W.-S.

Würde man den dynamischen Druck nach der Geschwindigkeit w_d im Druckstutzen berechnen, so erhielte man für Δp_d einen größeren Wert; voraussichtlich war auf dem Prüfstand die Geschwindigkeit w_d entsprechend kleiner.

$$h = 106,7 \cdot 1,15 = 123 \text{ mm W.-S.},$$

$$\eta_p = \frac{88}{123} = \mathbf{71}\,\%.$$

Ein so hoher Wert für η_p kann nur bei sorgfältiger Ausführung erreicht werden.

Aus dem Katalog ist $N_e = 9{,}7$ PS angegeben. Damit wird

$$\eta_e = \frac{5{,}5 \cdot 88}{75 \cdot 9{,}7} = 0{,}67$$

ein Wert, der ebenfalls als gut bezeichnet werden kann. Eine Besonderheit ist, daß im vorliegenden Fall $\eta_p > \eta_e$ ist.

c) Konstruktive Eigentümlichkeiten bei Niederdruckventilatoren.

Bei Niederdruckventilatoren von großer Breite b_2 ist die Versteifung des Kranzes gegen die Nabe sehr schwierig. Deshalb werden, wie

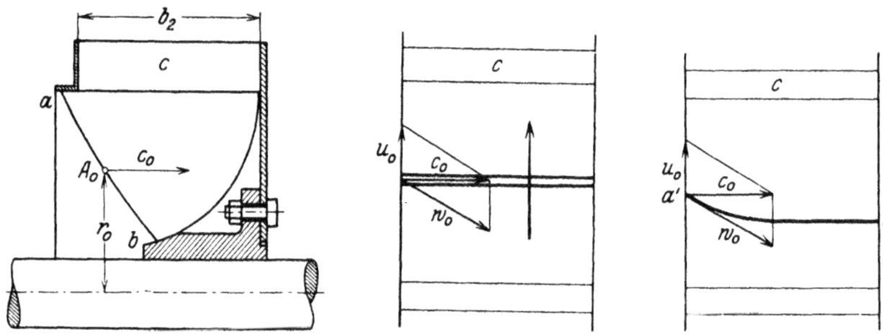

a b c
Abb. 55a—c.

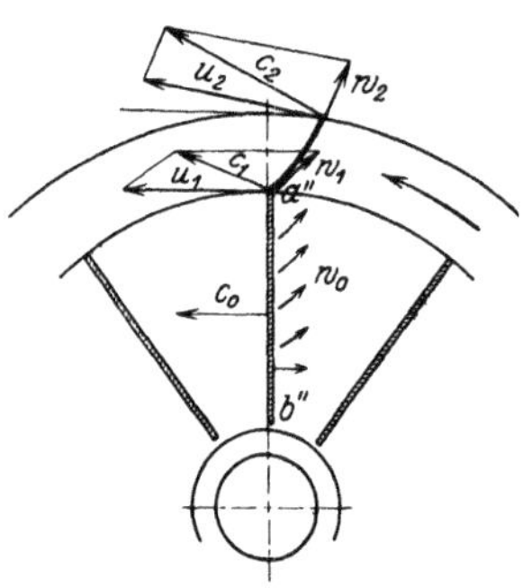

Abb. 55d.

Abb. 55 zeigt, radial stehende Bleche $a\,b$ zur Versteifung verwendet, wodurch eine sehr solide Konstruktion entsteht.

Die Luft kommt mit der Geschwindigkeit c_0 axial gegen das Rad (c_0 Geschwindigkeit im Saugstutzen). Da aber die Umfangsgeschwindigkeit der einzelnen Punkte des Blechrandes verschieden ist (z. B. u_0 im Punkte A_0), so entsteht eine im Sinne der Radbewegung nach rückwärts gerichtete relative Geschwindigkeit w_0 (Grundriß Abb. 55b). Bildet man die Bleche eben aus, so entsteht beim Lufteintritt ein böser Stoß, den man vermeiden kann, wenn die Bleche entsprechend gebogen oder gewölbt werden (Abb. 55c). Der zweite Vorteil der Bleche $a\,b$ besteht darin, daß die Luft zwischen den Blechen bereits eine radiale Geschwindigkeit besitzt, deren Richtung sich gut an die eigentlichen Radschaufeln c anschmiegt (Abb. 55d), nachdem die Luft von der axialen zur radialen Richtung, wie üblich, übergegangen ist. Die Geschwindigkeiten w_0 gehen demnach über w_1, und c_1 hat als absolute Geschwindigkeit die frühere Bedeutung verloren; c_1 darf daher als schräggerichtet angenommen werden.

Das Werk „Ventilator A.-G.“ in Stäfa (Schweiz) bringt nach diesem Prinzip konstruierte Niederdruckventilatoren unter dem Namen „Luftturbinen“ in den Handel. Abb. 56 gibt eine photographische Ansicht solcher Räder von verschiedenen Größen.

Abb. 56.

6. Abstimmung des Ventilators mit der Leitung. Gesetz der Affinität.

Wird anschließend an Gleichung (125)

$$H = C_1 \frac{u_2^2}{g} + C_2 \frac{u_2}{g} V,$$

u_2 durch den Durchmesser D_2 und die Drehzahl n ersetzt, also

$$u_2 = \frac{\pi D_2 n}{60},$$

$$C_1 \frac{u_2^2}{g} = C_1 \cdot 2{,}795 \cdot 10^5 D_2^2 n^2 = K_1 n^2,$$

$$C_2 \frac{u_2}{g} = C_2 \cdot 5{,}336 \cdot 10^3 D_2 n = K_2 n,$$

so wird

$$\frac{H}{n^2} = K_1 + K_2 \frac{V}{n}. \tag{126}$$

Daraus ergibt sich, daß wenn H proportional mit n^2 wächst, also wenn

$$\frac{H}{n^2} = a^2,$$

daß dann auch

$$\frac{V}{n} = b$$

sein muß. Durch Elimination der Drehzahl erhält man die Gleichung

$$V = \frac{b}{a} \sqrt{H}. \tag{127}$$

Diese Gleichung hat eine ähnliche Form wie Gleichung (71):

$$V = 4 F_{ae} \sqrt{H}\,, \tag{128}$$

oder, wenn V die Fördermenge per Minute bedeutet,

$$V = 240 F_{ae} \sqrt{H}\,. \tag{129}$$

Es muß also $\frac{b}{a}$ proportional F_{ae} sein. Ist $\frac{b}{a} = 4 F_{ae}$, so sind Ventilator und Leitung aufeinander abgestimmt. Im V-H-Diagramm stellt Gleichung (127) bzw. (129) bei konstantem Wert von $\frac{b}{a}$ bzw. F_{ae} eine Parabel und als Parameter aufgefaßt eine Parabelschar dar, und zwar öffnet sich der Parabelschenkel um so mehr, je größer die äquivalente Weite ist.

Bisher wurde eine reibungslose Flüssigkeit und ein stoßfreier Ein- und Austritt vorausgesetzt. Sind hingegen Widerstände vorhanden, so wird ein Teil der theoretischen Druckhöhe dazu verwendet, die Luft durch das Gebläse hindurchzubewegen. Die meisten dieser Verluste sind dem Quadrat der Geschwindigkeit und ebenso dem der Fördermenge proportional. Man kann also zusammenfassend dieselben setzen

$$H_r = K_3 V^2, \tag{130}$$

also ist die wirkliche Druckhöhe

$$H_e = H - H_r = K_1 n^2 + K_2 n - K_3 V^2\,. \tag{131}$$

Es ergibt sich die gleiche Gesetzmäßigkeit wie vorhin in bezug auf die theoretische Druckhöhe, nämlich daß wenn $\frac{H_e}{n^2} = a^2$ auch $\frac{V}{n} = b$ sein muß.

Die durch Versuche gefundene Kurve (Kennlinie genannt) weicht von der Parabel beträchtlich ab. Es ist auch nicht mehr eine Gerade, wie für ideelle Flüssigkeiten. Wenn durch Versuch für eine angenommene Drehzahl n_1 eine solche Kennlinie gefunden ist, so können aus der Beziehung

$$\frac{V_1}{n_1} = \frac{V_2}{n_2} = \frac{V_3}{n_3} \dots \tag{132}$$

und auch

$$\frac{H_1}{n_1^2} = \frac{H_2}{n_2^2} = \frac{H_3}{n_3^2} \dots \tag{133}$$

weitere Kennlinien gefunden werden. Dieses Gesetz heißt das Gesetz der Affinität.

7. Die Kennlinie und die Proportionalitätsgesetze.

Auf dem Versuchsstande wird der Druckleitung ein Drosselschieber an den Auspuffstutzen angeschlossen. Durch allmähliches Öffnen bei gleichbleibender Drehzahl ändert sich der Druck; zuerst nimmt er langsam zu, um später nach Erreichung eines Höchstwertes abzufallen.

Mit Benutzung der Gleichung (125) darf ähnlich wie Gleichung (131) geschrieben werden

$$h = k_1 u_2^2 + k_2 u_2 V - k_3 V^2. \tag{134}$$

Das letzte Glied bedeutet den Druckhöhenverlust, der im Verhältnis zum Quadrat der Durchflußgeschwindigkeit oder der Liefermenge wächst.

Trägt man die gemessenen Druckhöhen h als Ordinaten zu den Liefermengen V als Abszissen auf, so erhält man die Kennlinie (Abb. 57) des Ventilators bei der bestimmten Drehzahl. Die Kennlinie verläuft der Gleichung (125) gemäß nahezu als eine Parabel, wenigstens in der Nähe des Höchstwertes. Wie im vorhergehenden Abschnitt gezeigt wurde, besteht zwischen den Kennlinien zu den verschiedenen Umlaufszahlen das durch die Gleichungen (132) und (133) ausgedrückte Gesetz der Affinität.

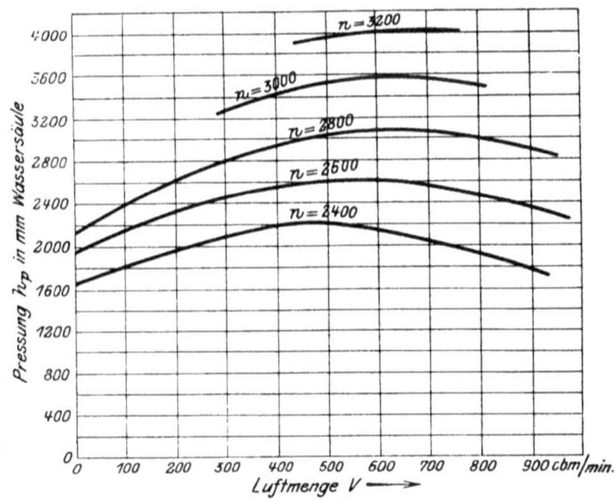

Abb. 57.

Wird hingegen bei gleichbleibender Öffnung des Schiebers die Drehzahl geändert, so fließt durch die Öffnung f das Volumen V, welches bei kleinen Druckunterschieden den Wert annimmt

$$V = f \mu \sqrt{2g \frac{h}{\gamma}}. \tag{135}$$

Das Verhältnis $\frac{V}{\sqrt{h}}$ hat für jede Schieberstellung einen konstanten Wert.

Für $\mu = 0{,}66$ und γ als Mittelwert 1,226 wird

$$f = 0{,}38 \frac{V}{\sqrt{h}}.$$

Entspricht der Druck h dem Gesamtwiderstand einer Leitung oder einer Grube, so heißt f die äquivalente Weite derselben. Für kontraktionslose Mündungen, d. h. $\mu = 1$, ist die äquivalente Weite, auch äquivalente Düse genannt,

$$F_{ae} = 0{,}25 \frac{V}{\sqrt{h}}\,^{1)}.$$

Es ist darauf hinzuweisen, daß bei Bezugnahme auf die äquivalente Weite einer Grube je nach der Art der Mündung des Versuchsstandes

[1]) Gleichung (71) nach V. Blaess.

die eine oder die andere Formel für die gleichwertige Öffnung angewendet werden muß. Letztere heißt auch gleichwertige Düse.

Da das Verhältnis $\frac{V}{\sqrt{h}}$ für jede Schieberstellung bzw. Öffnung einen bestimmten Wert hat, unabhängig von der Umlaufzahl, so trägt man in Abb. 58 die Weite $V = \text{konst.}\sqrt{h}$ für eine Schieberstellung und

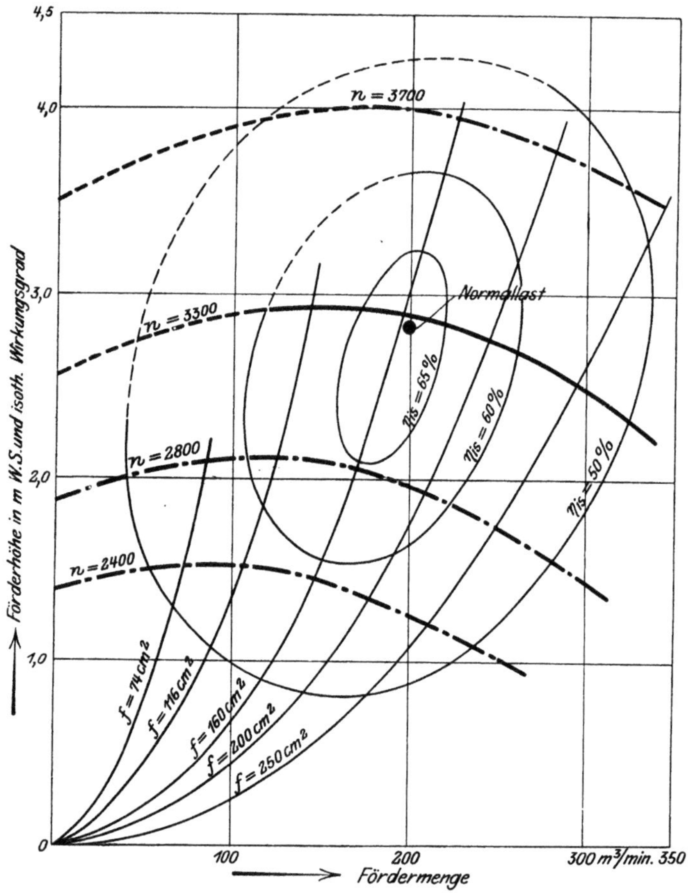

Abb. 58.

verschiedene Drehzahlen ein und erhält aus O ansteigende Parabel, deren Achse mit der Ordinatenachse zusammenfällt.

Für zwei Umlaufzahlen n_1 und n_2 ist bei derselben Schieberöffnung

$$V_1 : \sqrt{h_1} = V_2 : \sqrt{h_2} \quad \text{oder} \quad V_1^2 : V_2^2 = h_1 : h_2 \,,$$

demnach

$$V_1 : V_2 = n_1 : n_2 \,, \tag{136}$$

$$h_1 : h_2 = n_1^2 : n_2^2 \,, \tag{137}$$

d. h. die Liefermengen wachsen mit erster Potenz der Umlaufzahlen, die Druckhöhe mit dem Quadrat derselben.

Trägt man in das durch Versuch ermittelte V-h-n-Diagramm eines Gebläses auch noch die Kurven gleicher Wirkungsgrade η_e als Funktion von V und h (Abb. 58) ein, so erhält man deutliches Bild von dem Verwendungsgebiet des betreffenden Gebläses.

Die Kurven gleichen Nutzeffektes sind meistens ellipsenähnliche Kurven, die einen Punkt M des maximalen Nutzeffektes einschließen. Die genannten Kurven können auch, namentlich in der Nähe der Koordinatenachsen, offen verlaufen.

Auf jeder V-h-Linie liegt ein bester Nutzeffekt für die betreffende Drehzahl, der als relativer Maximalwirkungsgrad zu bezeichnen ist, als Berührungspunkt der Kennlinie mit einer Kurve gleichen Nutzeffektes. Der geometrische Ort aller dieser Punkte, zu denen auch M gehört, ist für höhere Leistungen eine durch den Ursprung gehende Parabel, die M-Linie genannt wird. Wenn die Öffnung des Versuchsstandes, die den besten Wirkungsgrad ergibt (M-Linie), hier mit $f_{\max}$ bezeichnet, mit der äquivalenten Weite der Leitung oder Grube übereinstimmt, also

$$f_{\max} = F_{ae}, \tag{138}$$

so wird Ventilator und Leitung zusammengestimmt. Im Fall, der durch die Abb. 58 dargestellt ist, wäre die der M-Linie entsprechende Öffnung etwa 170 cm².

Hat die Leitung eine bedeutend größere oder kleinere gleichwertige Öffnung, so wird ein guter Wirkungsgrad nicht erzielt, wie es z. B. die Parabeln $f = 14$ cm² und $f = 250$ cm deutlich zeigen.

Meistens ist bei fehlerhaften Anlagen der Ventilator zu groß, wodurch ein doppelter Schaden entsteht, erstens an der Betriebskraft und zweitens an den Anschaffungskosten eines zu großen Ventilators.

Die wichtige Tatsache, die durch die Gleichung (126) ausgedrückt wird, nämlich daß bei einer gleichbleibenden, an ein Kreiselgebläse angeschlossenen Leitung, d. h. bei konstanter äquivalenter Weite:

1. die Fördermenge proportional der 1. Potenz,
2. der Druck proportional der 2. Potenz, und dementsprechend
3. die Leistung proportional der 3. Potenz der Umdrehungszahl steigt und fällt,

muß hier eindringlich in Erinnerung gebracht werden.

Wenn z. B. beim Stollen- und Tunnelbau die Länge der Leitung mit dem Arbeitsfortschritt zunimmt, so wächst auch der spezifische Widerstand $\frac{h}{V^2}$ oder die äquivalente Weite der Leitung nimmt ab, was gleichbedeutend ist.

Wir nennen diese an eine konstante äquivalente Weite gebundene Tatsache die drei Proportionalitätsgesetze. Es soll daher bei Leitungen im Baubetrieb darauf Bedacht genommen werden, den spezifischen Widerstand möglichst konstant zu erhalten.

Die Proportionalitätsgesetze lassen ohne weiteres unter Voraussetzung eines gleichbleibenden Wirkungsgrades gewisse praktische Schlüsse zu, wenn bei einer gegebenen Ventilationsanlage die Drehzahl des Ventilators verändert wird. Wird z. B. die Drehzahl um 20% erhöht, so ergeben sich die Beziehungen

$$n = 1{,}2\, n_0\,,$$
$$V = 1{,}2\, V_0\,,$$
$$h = 1{,}44\, h_0\,,$$
$$L = 1{,}73\, L_0\,.$$

Wenn die Betriebskraft verdoppelt wird, so werden bei gleichbleibendem η_e des Ventilators

$$L = 2\, L_0\,,$$
$$h = 1{,}59\, h_0\,,$$
$$V = 1{,}26\, V_0\,,$$
$$n = 1{,}26\, n_0\,.$$

8. Kupplung der Ventilatoren.

Zur Bewältigung einer größeren Fördermenge oder zur Erzeugung eines höheren Druckes werden oft zwei oder mehrere Ventilatoren miteinander verbunden. Im ersten Fall arbeiten sie nebeneinander und diese Art Kupplung heißt Parallelschaltung, während für eine Drucksteigerung die Ventilatoren hintereinander, d. h. in Serienschaltung, angeordnet werden müssen.

a) Parallelgeschaltete Ventilatoren.

Wo es sich um eine größere Fördermenge handelt, wird oft vorgezogen, dieselbe auf zwei oder mehrere Ventilatoren zu verteilen, welche in den gleichen Raum blasen und unter dem gleichen Druck stehen.

In Anbetracht der drei Proportionalitätsgesetze darf eine Vermehrung der Fördermenge und des Druckes nur dadurch bewerkstelligt werden, daß man alle Ventilatoren mit einer gleichgroßen höheren Drehzahl laufen läßt. Es geht nicht an, für ein geringeres Quantum nur einen Ventilator zu betätigen und für höhere Anforderungen auch die anderen mit der gleichen Geschwindigkeit in Tätigkeit zu setzen oder, wo eine bestehende Lüftungsanlage zu schwach ist, durch Parallelschaltung eines zweiten Ventilators zu erhöhen, weil man sich in beiden Fällen mit den Proportionalitätsgesetzen in Widerspruch setzt, was durch theoretische Überlegung oder praktischen Versuch bestätigt wird und weil dann die Ventilatoren unter Bedingungen arbeiten müssen, für die sie nicht konstruiert sind.

b) Hintereinandergeschaltete Ventilatoren.
(Stufenräder.)

Der durch einen Ventilator erzeugte Druck ist nahezu dem Quadrat der Umfangsgeschwindigkeit u_2 proportional. Die Festigkeitsgrenze des Materials setzt der Erhöhung der Umfangsgeschwindigkeit zwecks Steigerung des Druckes eine Grenze. Es können aber zwei oder mehrere gleichgeformte Ventilatoren in der Weise gekuppelt werden, daß der eine dem anderen die Luft unter Spannung zuführt. Erhält der zweite Ventilator die Luft mit dem Überdruck h, so erhöht dieser den Druck auf $2h$, und wenn m Räder vorhanden sind, so beträgt der Enddruck mh, während die Fördermenge bzw. das Luftgewicht G für alle Ventilatoren dieselbe ist. Für Drücke, die nur einen Bruchteil einer Atmosphäre betragen, rechnen wir mit einer mittleren Fördermenge.

Die dem Luftstrom innewohnende dynamische und statische Druckhöhe geht beim Übergang von einem Rad zum anderen nicht verloren, so daß der Wirkungsgrad der ganzen Serie nicht kleiner ausfällt als bei einem einzigen Schaufelrad. Dieses Verhalten erklärt sich aus dem Umstand, daß die Geschwindigkeiten in den Stufenrädern entsprechend kleiner sind, daher ist der Reibungsverlust in einem Stufenrad geringer als in einem Einzelrad, und die Summe der Verluste der ganzen Serie erreicht theoretisch die gleiche Höhe wie im Einzelrad. Dazu kommt noch ein besonderer Umstand, der in bezug auf die Verluste zugunsten des Stufenrades spricht, worauf M. Vidmar in seiner Schrift über die Theorie der Kreiselpumpen hinweist[1]). Der Spaltverlust und auch die Radseitenreibung wächst u. a. mit dem Durchmesser des Rades. Die größere Anzahl der relativ kleinen Räder vergrößert den ersten Fehler nicht, weil der Druckunterschied zwischen dem Einlauf- und Auslaufspalt bei jedem Stufenrad kleiner ist, als wenn der Gesamtdruck nur durch ein Rad erzeugt wird.

Die Serienschaltung wird dadurch vereinfacht, daß man die gekuppelten Räder auf die gleiche Welle montiert. Schnell rotierende Gebläse für hohen Druck mit einer oder mehreren Stufen und besonderen Leitschaufeln werden Turbogebläse genannt. Die Leistungsberechnung sowie der Entwurf geschieht auf Grund der adiabatischen Zustandsänderung der Luft beim Durchlaufen des Gebläses.

9. Ein- und mehrstufige Hochdruckventilatoren.

Bei den Niederdruckventilatoren ist es üblich und zulässig, die Luft als unelastische Flüssigkeit zu betrachten. Deshalb darf man die Arbeit als Produkt aus der Fördermenge mal der Druckzunahme berechnen. Dies ist für Druckannahmen bis 150 mm W.-S. genügend genau.

---

[1]) Vidmar, Dr. techn. Milan: Theorie der Kreiselpumpe.

Soll das Schaufelrad aber höhere Drücke erzeugen von 500 bis 1000 mm W.-S., so ist die Veränderlichkeit des spezifischen Gewichtes zu berücksichtigen, d. h. die Zustandsänderung des Gases vom Eintritt in das Rad bis zum Druckrohr muß als Grundlage für die Berechnung gelten.

Im Druckstutzen besitzt das Gas einen höheren Druck und ein kleineres spezifisches Volumen als im Saugstutzen. Erfolgt diese Kompression reibungs- und stoßfrei, so wird während derselben keine Wärme zugeführt — auch nicht in Form von Arbeit. Da keine Wärme abfließen kann, so ist als ideale verlustfreie Kompression die adiabatische anzusehen. Sie erfolgt zum größeren Teil im rotierenden Rad, zum kleineren Teil im Diffusor, d. h. im Spiralgehäuse durch Umsetzung von Geschwindigkeit in Druck.

Die Behandlung der Aufgabe kann auf zwei Arten erfolgen, entweder mit Hilfe der Entropietafel für Luft (ist sehr zu empfehlen) oder durch Rechnung.

a) Entropiediagramm der Hochdruckventilatoren.

Besitzt eine zur Arbeitsumsetzung verfügbare Wärme dQ die Temperatur T, so ist der entsprechende Entropiezuwachs definiert durch die Gleichung

$$dQ = T\,dS.$$

Der Wert dS bedeutet demnach den Wärmefaktor, der mit der Temperatur T zu multiplizieren ist, um die Wärme dQ zu erhalten.

Nun ist aber auch

$$dQ = c_v\,dT + A\,p\,dv$$

der Ausdruck der Wärmegleichung, die besagt, daß im allgemeinen der Teil $c_v\,dT$ zur Temperaturerhöhung gebraucht wird, der zweite Teil zur Leistung der Ausdehnungsarbeit $p\,dv$. Hierin ist $A = \frac{1}{427}$.

Aus beiden Gleichungen folgt

$$dS = \frac{dQ}{T} = c_v \frac{dT}{T} + A\,p\,\frac{dv}{T}$$

oder $p\,v = R\,T$, also $T = \frac{p\,v}{R}$, wird

$$S_2 - S_1 = c_v \ln \frac{T_2}{T_1} + A\,R \ln \frac{v_2}{v_1} \tag{31}$$

oder, mit $\frac{p_2 v_2}{p_1 v_1} = \frac{R\,T^2}{R\,T_1}$,

$$S_2 - S_1 = c_p \ln \frac{T_2}{T_1} - A\,R \ln \frac{p_2}{p_1}. \tag{32}$$

Damit lassen sich die Entropiewerte berechnen, ausgehend von einer beliebigen Temperatur T_1 bzw. einem Druck p_1 aus (sieher weiter erster Teil, Abschnitt VI).

Zur Wiederholung des dort Entwickelten diene Abb. 59. Man setzt zunächst $p_2 = p_1$ und erhält in $S_2 - S_1 = c_p \ln \frac{T_2}{T_1}$ eine Kurve, deren Abszissen $S_2 - S_1$ und deren Ordinaten T_2 sind. Der Flächeninhalt eines Streifens von der Breite ds bedeutet $dQ = T\,dS$, der ganze Streifen unter dem Kurvenstück $A_1\,A_2$ ist demnach die Wärme

$$Q = c_p\,(T_2 - T_1)$$

(Abb. 60).

Man nennt $c_p\,T_2$ bzw. $c_p\,T_1$ den Wärmeinhalt des Gases bei der betreffenden Temperatur. Da man nur die Differenzen braucht, kann man auch $c_p\,t$ als Wärmeinhalt bei der Temperatur t bezeichnen.

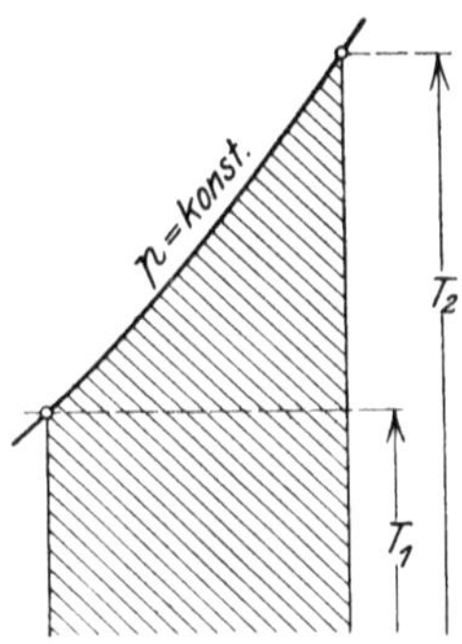

Abb. 59.

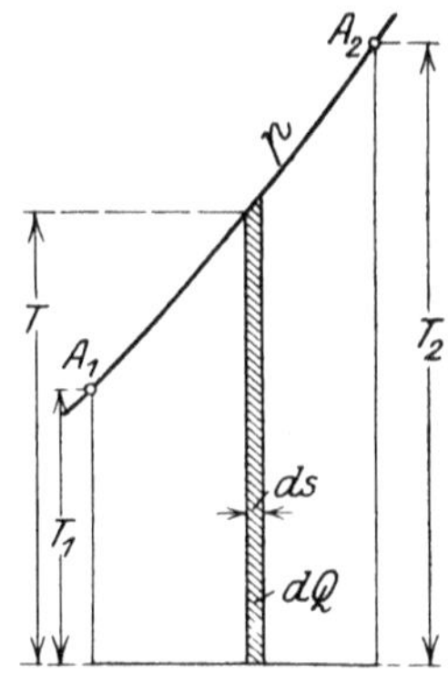

Abb. 60.

Soll die Zustandsänderung adiabatisch erfolgen, d. h. eine Expension oder Kompression, bei der weder Wärme zugeführt noch abgeführt wird, so muß $dQ = 0$ sein, was nur möglich ist, wenn $dS = 0$ ist.

Man kann also die adiabatische Zustandsänderung als eine mit konstant bleibender Entropie bezeichnen. Hieraus folgt, daß die Adiabate in obiger Darstellung eine Gerade parallel der Ordinatenachse ist.

Bedeutet A_1 den Zustand im Saugstutzen vor dem Laufrad ($p_1\,t_1\,v_1$) und p_2 den Enddruck, so ist in Abb. 61 nur die Gerade $A_1\,A_2'$ zu ziehen, um die verlustlose Kompression im Hochdruckventilator darzustellen. Dem Druck p_2 entspricht eine ganz bestimmte Begrenzungslinie $E_1\,A_2$ zur entsprechenden Wärmefläche. Durch die Kompression ist der Wärmeinhalt von $c_p t_1$ auf $c_p t_2'$ gestiegen, folglich lautet die Gleichung für die adiabatische Arbeit

$$A\,L_{ad} = c_p\,(t_2' - t_1)\ \text{kCal/kg}\,.$$

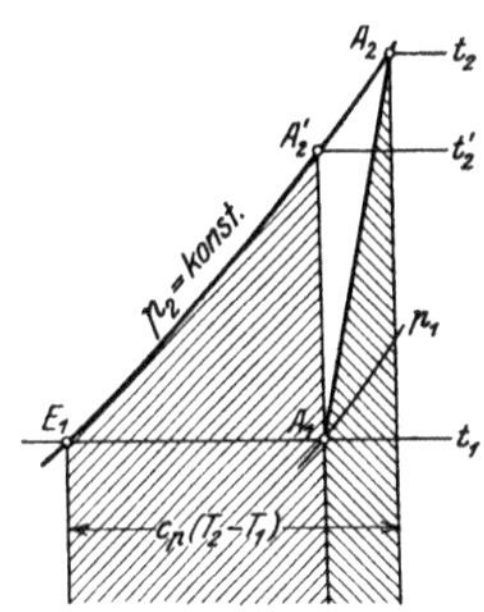

Abb. 61.

Betrachten wir nun die wirklichen Verhältnisse. Durch Wirbel, Stoß und Reibung der Luft im Rad und Diffusor wird mehr Arbeit benötigt als L_{ad}, um zum Druck p_2 zu kommen, und auch die Reibung der Radscheibe in der stagnierenden Luft der Seitenräume verursacht einen Mehrbedarf an Arbeit. Dieser Mehrbedarf setzt sich in Wärme um, und die Zustandsänderung erfolgt gerade so, als ob während der Kompression Wärme zugeführt würde (in Form von Arbeit). Daher kommt der Endpunkt A_2 der wirklichen Kompression höher zu liegen. Die Kompressionslinie $A_1 A_2$ läuft demnach schräg rechts aufwärts und man erkennt, daß die Reibungswärme einen Zuwachs der Entropie bedingt.

Die Fläche unter $A_1 A_2$ bedeutet die Reibungsarbeit. Würde dieser Flächenstreifen als Wärme zugeführt, so wäre die Arbeit $A_1 A_2 A_2'$ größer als $A L_{ad}$. Da aber der Streifen unter $A_1 A_2$ ebenfalls Arbeit bedeutet, so ist die Gesamtarbeit gleich der ganzen Fläche unter $E_1 A_2$, also

$$A L = c_p (t_2 - t_1) . \tag{139}$$

Der Energiewirkungsgrad des Ventilators (abgesehen von der Lagerreibung) ergibt sich daher zu

$$\eta_{ad} = \frac{A L_{ad}}{A L} = \frac{t_2' - t_1}{t_2 - t_1} . \tag{140}$$

Hieraus ist ersichtlich, daß man den Wirkungsgrad eines Hochdruckventilators messen kann durch Messung von $p_1 t_1$ im Saugstutzen und von $p_2 t_2$ im Druckstutzen. Allerdings sind besonders die Temperaturmessungen vorsichtig (an mehreren Stellen) vorzunehmen, am besten mit Thermoelementen. Ferner ist diese Methode nur zu empfehlen, wenn p_2 ziemlich viel größer ist als p_1, damit auch eine genügend große Temperaturerhöhung eintritt, sonst ist die Berechnung ungenau, weil die unvermeidlichen Messungsfehler zu stark ins Gewicht fallen.

Mit $A L = c_p (t_2 - t_1)$ ist der Energiebedarf

$$N_e = \frac{(A L) \cdot 427 \cdot G_h}{3600 \cdot 75 \cdot \eta_m} = \frac{(A L) G_h}{632 \cdot \eta_m} , \tag{141}$$

hierin ist G_h das in Stunden geförderte Gewicht an Luft.

$$G_h = V_1 \cdot \gamma_1 = \frac{V_1}{v_1} .$$

v_1 = spezifisches Volumen im Saugstutzen in cbm/kg,
V_1 = ganzes stündliches Volumen im Saugstutzen in cbm/h.

Der mechanische Wirkungsgrad berücksichtigt die Lagerreibung usw.

$$\eta_m = 0{,}97 - 0{,}98 .$$

Das Ansaugevolumen bestimmt sich mittels Geschwindigkeitsmessungen im Saugstutzen.

b) Berechnung des Ventilators ohne Entropietafel.

Trägt man die Werte v_1, v_2 als Abszissen, p_1, p_2 als Ordinaten ab (Abb. 62), so erhält man den Verlauf des Prozesses im pv-Diagramm. Man erkennt, daß sich die Arbeitsfläche aus 3 Teilen zusammensetzt:

die (absolute) Ansaugearbeit $p_1 v_1$, die eigentliche Kompressionsarbeit ($A_1 A_2$ bis zur Abszissenachse) und die Ausstoßarbeit $p_2 v_2$. Die eigentliche Kompressionsarbeit hängt von der Art des Druckverlaufes ab.

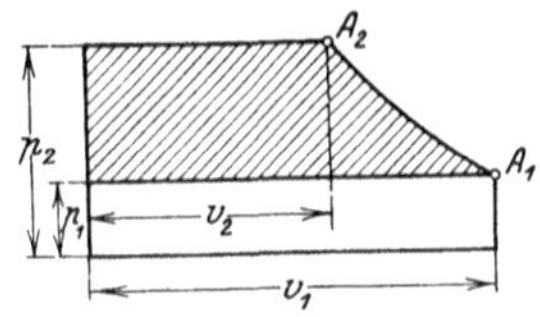

Abb. 62.

1. Adiabatischer Druckverlauf. Die eigentliche Kompressionsarbeit ergibt sich aus der Wärmegleichung $Q = c_v (T_1 - T_2) + AL$. Setzt man der adiabatischen Zustandsänderung entsprechend $Q = 0$, so wird

$$A L = c_v (T_2 - T_1)\,.$$

Man erhält demnach im vorliegenden Fall im ganzen, d. h. mit Ausstoßarbeit,

$$A L_{ad} = c_v (T_2 - T_1) + A\, p_2 v_2 - A_1 p_1 v_1\,.$$

Mit $p_1 v_1 = R T_1$ und $p_2 v_2 = R T_2'$, $c_v = \frac{A R}{k - 1}$ wird

$$L_{ad} = \frac{c_v}{A R} (p_2 v_2 - p_1 v_1) + (p_2 v_2 - p_1 v_1) = \frac{c_v + A R}{A R} (p_2 v_2 - p_1 v_1)\,,$$

$$L_{ad} = \left(\frac{1}{k - 1} + 1\right) (p_2 v_2 - p_1 v_1) = \frac{k}{k - 1} (p_2 v_2 - p_1 v_1)\,. \tag{142}$$

Da v_2 häufig nicht bekannt ist, erscheint diese Form nicht sehr geeignet. Nun ist aber auch

$$L_{ad} = \frac{k}{k - 1} R (T_2' - T_1) = \frac{k R T_1}{k - 1} \left[\frac{T_2'}{T_1} - 1\right].$$

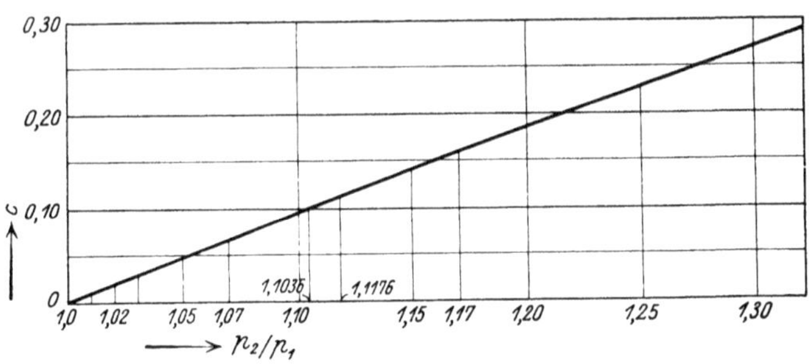

Abb. 63.

Aus der Gleichung der Adiabate $p_1 v^k = p_2 v_2^k$ folgt

$$\left(\frac{p_2}{p_1}\right)^{\frac{k-1}{k}} = \frac{T_2'}{T_1}\,,$$

$$L_{ad} = \frac{k}{k - 1} p_1 v_1 \left[\left(\frac{p_2}{p_1}\right)^{\frac{k-1}{k}} - 1\right] = c\, p_1 v_1 \quad \text{mkg pro 1 kg Gas}\,. \tag{143}$$

Man kann die Zahl $C = \frac{k}{k-1}\left[\left(\frac{p_2}{p_1}\right)^{\frac{k-1}{k}} - 1\right]$ für Druckverhältnisse ausrechnen und eine Kurve zeichnen, woraus c entnommen werden kann, so daß die Ausrechnung nur einmal gemacht zu werden braucht und die Berechnung von

$$L_{ad} = C\, p_1\, v_1 \tag{144}$$

sehr einfach wird (Abb. 63). Setzt man in diese Gleichung statt des spezifischen Volumens v_1 das ganze Ansaugevolumen ein, so erhält man die ganze Arbeit, demnach ist

$$N_{ad} = \frac{G_h \cdot L_{ad}}{3600 \cdot 75} = \frac{C\, p_1\, v_1\, G_h}{3600 \cdot 75} = \frac{\acute{C}\, p_1\, V_1}{3600 \cdot 75}. \tag{145}$$

2. Wirkliche Kompression. Wir haben gesehen, daß

$$A\,l = c_p\,(T_2 - T_1)$$

ist. Hierin ist T_2 unbekannt neben L. Schätzt man aus Erfahrung den Wirkungsgrad, bezogen auf die adiabatische Kompression, so ist

$$\eta_{ad} = \frac{(t_2' - t_1)\, c_p}{t_2 - t_1\, c_p}$$

oder

$$L = \frac{L_{ad}}{\eta_{ad}} = \frac{c\, p_1\, v_1}{\eta_{ad}}.$$

Man kann demnach die C-Kurve auch zur Berechnung der wirklichen Arbeit benützen, und es ist

$$N_e = \frac{G_h\, L}{3600 \cdot 75} = \frac{C\, p_1 V_1}{\eta_{ad} \cdot 3600 \cdot 75 \cdot \eta_m}. \tag{146}$$

Für die Berechnung der Umfangsgeschwindigkeit bei gegebener Druckzunahme kann in ähnlicher Weise vorgegangen werden wie bei Niederdruckventilatoren. Für das spezifische Volumen ist der Mittelwert einzusetzen, der sich aus Anfangsvolumen v_1 und Endvolumen v_2 ergibt. $v_m = \frac{v_2 + v_1}{2}$ (Abb. 64). Damit heißt die Gleichung in ihrer einfachsten Form

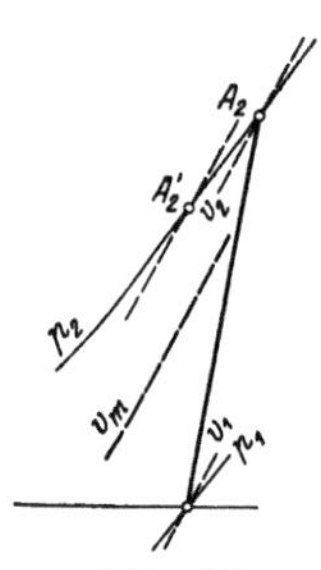

Abb. 64.

$$\frac{p_2 - p_1}{v_m} = \eta_p\, \varphi\, \frac{u_2^2}{g},$$

hierin ist φ eine Winkelfunktion und η_p das Verhältnis der wirklich erreichbaren zur theoretischen Druckhöhe. Der Druckwirkungsgrad η_p stellt die Korrektur der Wirklichkeit gegenüber der Theorie (Eulersche Gleichung) dar. Man wählt je nach der Erfahrung, die man auf dem Probierstand gemacht hat,

$$\eta_p = 0{,}6 \text{ bis } 0{,}7, \qquad g = 9{,}81, \qquad \varphi = 0{,}7 - 1 \text{ bis } 1{,}2$$

(siehe Diskussion der Winkel) und erhält u_2 m/sek. Dieser Wert kann bis $u_2 = 80 - 100$ m/sek ansteigen. In diesem Falle verlangt die Herstellung des Rades erhöhte Sorgfalt.

Für gewisse Zwecke zieht man vor, die Umfangsgeschwindigkeit mäßig zu halten und einige Räder hintereinanderzuschalten.

c) Mehrstufige Gebläse.

Will man die Berechnung mit Entropietafel durchführen, so ist eine mehrmalige Wiederholung der Rechnung für den einstufigen Ventilator durchzuführen (Abb. 65). Die Beziehung zwischen dem Druckverhältnis und dem Temperaturverhältnis der Polytrope $A_0 A_1$ unterliegt demselben Gesetz wie bei der Adiabate, nur ist der Exponent nicht $\frac{k-1}{k}$, sondern größer, nämlich $m = \frac{k-1}{k\,\eta_{ad}}$, wo $k = \frac{c_p}{c_v}$, mithin $\left(\frac{p}{p_0}\right)^m = \frac{T}{T_0}$.

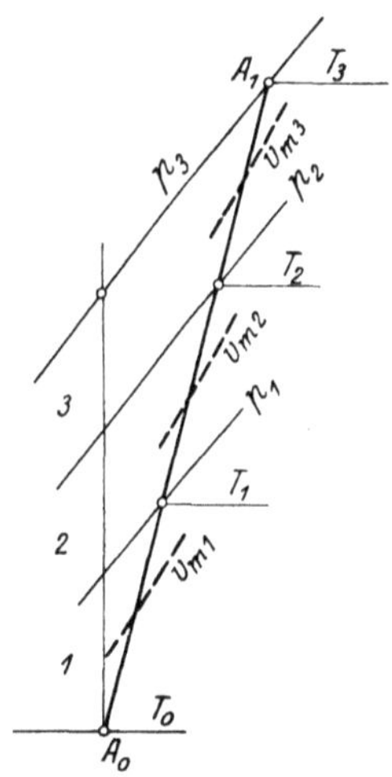

Abb. 65.

Die Abbildung zum mehrstufigen Gebläse zeigt, daß bezüglich der Arbeit die Wirkung dieselbe ist, als ob die ganze Druckzunahme in einer einzigen Stufe erfolgt.

Verfolgt man die Aufgabe genauer, so ist zu beachten, daß bei gleichen Durchmessern alle Räder dieselbe Umfangsgeschwindigkeit u_2 haben, sie erzeugen also alle dieselbe Druckhöhe h. Folglich gilt:

$$\text{I. Stufe} \quad \Delta p_1 = \frac{h}{v_{m1}} \qquad p_1 = p_0 + \Delta p_1 \qquad A L = c_p (T_1 - T_0)\,,$$

$$\text{II. Stufe} \quad \Delta p_2 = \frac{h}{v_{m2}} \qquad p_2 = p_1 + \Delta p_2 \qquad A L = c_p (T_2 - T_1)\,,$$

$$\text{III. Stufe} \quad \Delta p_2 = \frac{h}{v_{m3}} \qquad p_3 = p_2 + \Delta p_3 \qquad A L = c_p (T_3 - T_2)\,,$$

$$\text{total} \qquad A l = c_p (T_3 - T_0)\,.$$

Die Druckzunahmen sind ungleich, auch die Druckverhältnisse bleiben nicht gleich $\left(\frac{p_1}{p_0} > \frac{p_2}{p_1} > \frac{p_3}{p_2}\right)$; sie nehmen etwas ab. Wegen der Erwärmung des Gases geht die Leistungsfähigkeit jeder Stufe etwas zurück!

Die Berechnung der Umfangsgeschwindigkeit erfolgt wieder aus

$$h = \varphi\,\eta_p\,\frac{u_2^2}{g}$$

gemeinsam für jede Stufe.

Für die Berechnung der Radbreiten muß die Abnahme des spezifischen Volumens für die verschiedenen Stufen berücksichtigt werden. Man rechnet am besten das durchfließende Gewicht aus, das im Verlauf der Kompression unverändert bleibt, und erhält für irgendeine Stufe das Durchflußvolumen aus

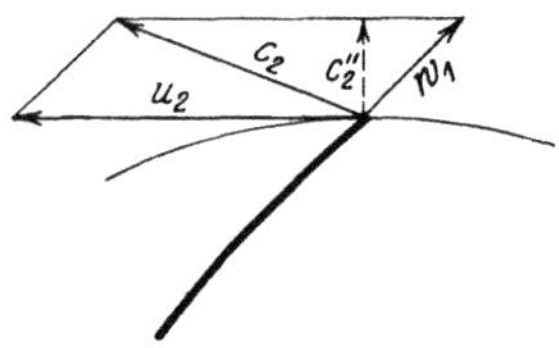

Abb. 66.

$$V = G\,v = \pi\,D_2\,b_2\,c_2''\,\mu_0\,\mu_1 \text{ cbm/sek},$$

wo c_2'' die Radialkomponente der Ausflußgeschwindigkeit aus dem Rad ist (Abb. 66), μ_0 die Schaufelverengung $= 0{,}9 - 0{,}92$, μ_1 die Kontraktion und Herstellungsfehler berücksichtigt $= 0{,}9 - 0{,}85$.

Beispiel 27. Ein vorhandenes Laufrad ($D_2 = 900$ mm, $b = 100$ mm, $n = 1470$) soll viermal ausgeführt und hintereinandergeschaltet werden, um einen entsprechend hohen Druck (80 mm Q.-S.) zu erhalten. Die Ansaugemenge betrage $V_3 = 4$ cbm/sek. Zunächst ist der Ansaugezustand zu wählen, z. B.

$$p_0 = 1 \text{ Atm.} = 10000 \text{ kg/qm}, \quad t_0 = 10°, \quad v_0 = \frac{283 \cdot 29{,}3}{10000} = 0{,}826,$$

$$G = \frac{v_s}{v_0} = \frac{4}{0{,}826} = 4{,}85 \text{ kg/sek}.$$

Um die Rechnung rasch durchzuführen, wählen wir die Winkelfunktion

$$\varphi = 0{,}8 \quad \text{und} \quad \eta_p = 0{,}6, \quad u_2 = \frac{\pi \cdot 0{,}9 \cdot 1470}{60} = 69 \text{ m/sek},$$

damit wird die in jedem Rad erzeugte Druckhöhe

$$h = \varphi \cdot \eta_p \frac{u_2^2}{g} = 0{,}8 \cdot 0{,}6 \cdot \frac{69^2}{9{,}81} = 235 \text{ m L.-S.}$$

Um die Druckzunahme in jeder Stufe zu berechnen, müssen wir die mittleren spez. Volumen in jeder Stufe schätzen. In diesem Beispiel ist naturgemäß die Abnahme von v_m nur ganz klein, weil kleine Druckunterschiede auftreten. Immerhin gibt auch hier die Entropietafel Aufschluß. Man findet die Werte v_m

$$\Delta p = \frac{h}{v_m} \quad \text{und} \quad p_1 = p_0 + \Delta p \quad \text{usw.}$$

und erhält folgende Zusammenstellung:

Stufe	h	v_m	Δp	p
1	235	0,82	286	1,0286
2	235	0,80	294	1,0580
3	235	0,79	297	1,0877
4	235	0,78	301	1,1178

Die gesamte Druckerhöhung ergibt sich somit zu 1178 mm W.-S. oder 86,5 mm Q.-S., d. h. 8% mehr als verlangt wird.

Dieser Überschuß ist nicht nur erwünscht, sondern nötig. Einmal sind wir beim Entwurf über den Wert η_p nicht immer genügend unterrichtet; aber auch wenn dieser Wert genau den Versuchsergebnissen entspricht, ist ein Überschuß an Druck erwünscht, da man dann die verlangte Liefermenge mit etwas gedrosseltem Schieber schon erhält oder entsprechend mehr bei offenem Schieber in der Druckleitung (Abb. 67). Da auch in diesem Beispiel die erreichte Druckzunahme nicht als hoch bezeichnet werden kann, im Sinne der thermo-dynamischen Veränderungen, läßt sich der Enddruck angenähert auch einfach bestimmen, nachdem man für den ganzen Verlauf einen Mittelwert v_m bestimmt hat.

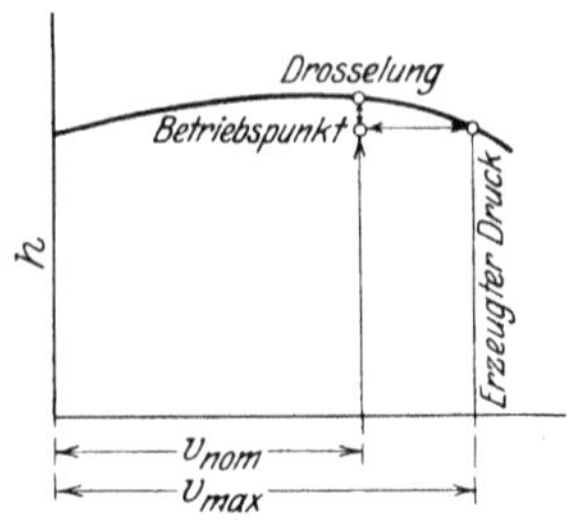

Abb. 67.

Mit $v_m = 0{,}79$ findet sich

$$p_4 - p_0 = \frac{\Sigma h}{v_m} = \frac{4 \cdot 235}{0{,}19} = 1190 \text{ mm W.-S.},$$

also etwas weniger über dem genauen Wert.

Zur Bestimmung der Arbeit berechnen wir die Endtemperatur t'_4 der adiabatischen Kompression (falls keine Kurve vorhanden ist)

$$T'_4 = T_0 \left(\frac{p_4}{p_0}\right)^{\frac{k-1}{k}} = 283 \cdot 1178^{\frac{0{,}405}{1{,}405}}$$

$$= 283 \cdot 1{,}0328 = 293{,}3, \qquad \mathbf{t'_4 = 19{,}3^0\ C.}$$

folglich ist mit dem Wirkungsgrad $\eta_{ad} = 0{,}8$ gegenüber adiabatischer Kompression

$$A\,L = \frac{c_p\,(t'_4 - t_0)}{\eta_{ad}} = \frac{0{,}239 \cdot 9{,}3}{0{,}8} = 2{,}78 \text{ cal/kg}.$$

Dies stimmt auch mit der anderen Formel überein

$$C = \frac{k}{k-1}\left[\left(\frac{p_4}{p_0}\right)^{\frac{k-1}{k}} - 1\right] = \frac{1{,}405}{0{,}405} \cdot 0{,}0328 = 0{,}114,$$

$$A\,L = \frac{0{,}114 \cdot 1000 \cdot 0{,}826}{427 \cdot 0{,}8} = \mathbf{2{,}77}.$$

Rechnet man mit $\eta_m = 0{,}94$ für alle sonstigen Reibungsverluste (Lagerreibung usw.), so wird

$$N_e = \frac{(A\,L) \cdot G \cdot 427}{75 \cdot 0{,}8 \cdot 0{,}94} = \frac{2{,}78 \cdot 427 \cdot 4{,}85}{75 \cdot 0{,}94} = \mathbf{81{,}5\ PS}.$$

Rechnet man nach alter Formel, so ist

$$N_e = \frac{V \cdot \Delta p}{75\,\eta_{ad}\,\eta_m} = \frac{4 \cdot 1178}{75 \cdot 0{,}8 \cdot 0{,}94} = 83{,}7 \text{ PS}.$$

Der Betrag ist sogar größer als die genaue Rechnung, weil wir ein zu großes Volumen, nämlich das Ansaugevolumen, eingesetzt haben. Man hat eben das Rechteck $V \cdot \Delta p$ in Abb. 68 als Arbeit berechnet, während tatsächlich weniger gebraucht wird, nämlich nur die schraffierte Fläche.

Von den übrigen Abmessungen wollen wir noch die Radialkomponente am Austritt berechnen. Daher ist zu berücksichtigen, daß das Volumen am Austritt kleiner geworden ist, z. B. für die erste Stufe folgt

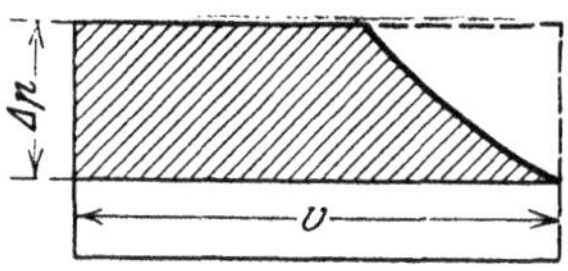

Abb. 68.

$$V_2 = G \cdot v_2 = 4{,}85 \cdot 0{,}81 = 3{,}92\,,$$

$$c_2'' = \frac{3{,}92}{\pi \cdot 0{,}9 \cdot 0{,}1 \cdot 0{,}9 \cdot 0{,}85} = 18{,}2\ \text{m/sek}\,.$$

Nimmt man (Abb. 69) $D_1 = 500$ mm und $b_1 = 120$ mm, so ist

$$c_1'' = \frac{4{,}0}{\pi \cdot 0{,}6 \cdot 0{,}12 \cdot 0{,}9 \cdot 0{,}85} = 27{,}3\ \text{m/sek}\,,$$

$$c_0 = \frac{4}{0{,}1649} = 24\ \text{m/sek}\,.$$

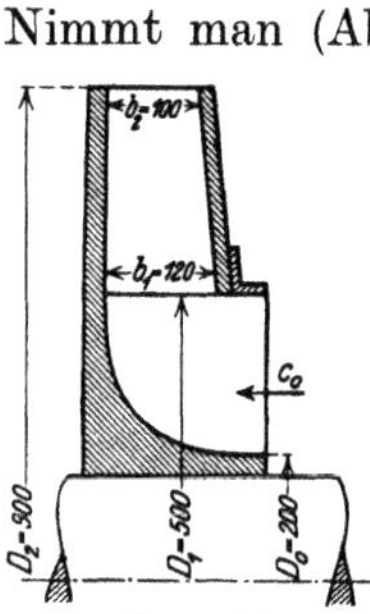

Abb. 69.

Dies ist zulässig, da die Geschwindigkeit von c_0 auf c_1 ansteigen darf. Rechnen wir die Radreibung, so ergibt sich nach der Formel

$$N_r = \frac{2{,}3}{10^6} D^2 u^3 \qquad (147)$$

für alle vier Räder

$$N_r = 2{,}3 \cdot \frac{0{,}81 \cdot 0{,}33}{0{,}79} \cdot 4 = 2{,}1\ \text{PS}\,.$$

Der Betrag ist sehr gering, d. h. nur 2,6% des Leistungsbedarfes.

Beispiel 28. Man kann die ganze Druckerhöhung in einem Rad zustande bringen, und zwar muß dann eine Umfangsgeschwindigkeit erzeugt werden, wenn

$$\varphi = 0{,}8\,, \quad \eta_p = 0{,}6\,, \quad v_m = 0{,}79\,, \quad v_m \Delta p = \varphi\, \eta_p \frac{u_2^2}{g}:$$

$$u_2 = \sqrt{\frac{9{,}81 \cdot 0{,}79 \cdot 1178}{0{,}48}} = 137{,}5\ \text{m/sek}\,.$$

Mit $c_2'' = 24$ m/sek wird

$$b_2 = \frac{4 \cdot 85 \cdot 0{,}78}{\pi \cdot 1{,}2 \cdot 24 \cdot 0{,}9 \cdot 0{,}85} = 0{,}055\ \text{m}$$

und die Radreibung

$$N_r = \frac{2{,}3 \cdot 1{,}44 \cdot 2{,}6}{0{,}79} = 10{,}8\ \text{PS}\,,$$

also 13% des Leistungsbedarfes gehen an der Radreibung verloren. Der adiabatische Wirkungsgrad wird deshalb bedeutend kleiner. Die Verminderung der Radreibung dringt auf die Anwendung von Stufenrädern.

Beispiel 29. Nimmt man an, dieses Hochdruckrad werde in vierfacher Wiederholung hintereinandergeschaltet, so ergibt sich ein Entropiediagramm (Abb. 70)

$$h = 0{,}48 \cdot \frac{137{,}5^2}{9{,}81} = 920 \text{ m L.-S.}$$

$u_2 = 137{,}5$ m/sek. Mit $D_2 = 1{,}2$ m wird $n = 2200$.

Aus der Entropietafel ist

Stufe	v_m	Δp	p	$\frac{p_2}{p_1}$
1	0,8	1150	1,115	1,115
2	0,75	1230	1,238	1,11
3	0,7	1320	1,370	1,105
4	0,66	1390	1,509	1,1

$$v_4 = \frac{29{,}3 \cdot 323}{15090} = 0{,}65 .$$

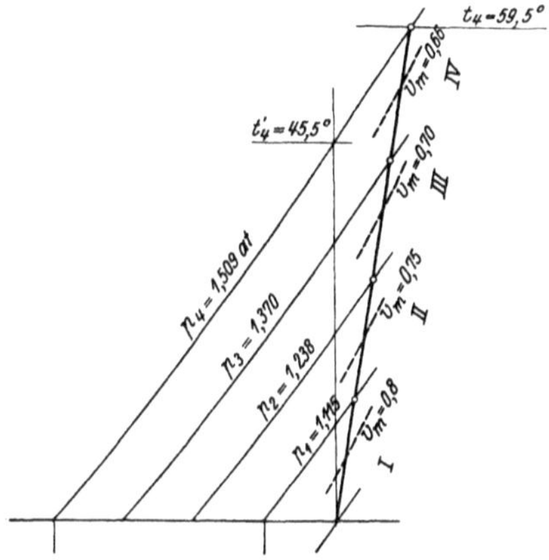

Abb. 70.

Für eine angenäherte Rechnung ohne Benutzung der Entropietafel kann man

$$\frac{p_1}{p_0} = \frac{p_2}{p_1} = \frac{p_3}{p_2} \cdots = x$$

konstant setzen, dann ist

$$p_1 = x\,p_0\,, \quad p_2 = x\,p_1 = x^2\,p_0\,, \quad p_3 = x\,p_2 = x^3\,p_0 \cdots$$

oder

$$\frac{p_z}{p_0} = x^z \qquad \text{oder} \qquad x = \left(\frac{p_z}{p_0}\right)^{\frac{1}{z}}.$$

In unserem Falle würde bei gegebenem $\frac{p_4}{p^0} = 1{,}5$ Atm. und $z = 4$ das Druckverhältnis einer Stufe $x = \sqrt[2]{1{,}5} = \mathbf{1{,}112}$. Damit kann man h und u_2 ausrechnen.

Es handelt sich also um ein Gebläse von 0,5 Atm. Überdruck. Hierbei ist $\eta_{ad} = 0{,}72$ gewählt.

Aus der Tafel ist die Temperatur $t'_4 = 45{,}5°$ C,

$$t_4 = \frac{t_4 - t_0}{\eta_{ad}} + t_0 = \frac{35{,}5}{0{,}72} + 10 = 59{,}5°.$$

Man erhält auch t'_4 aus

$$T'_4 = T_0 \left(\frac{p_4}{p_0}\right)^{\frac{k-1}{k}} = 282 \cdot 1{,}509^{0{,}288} = 282 \cdot 1{,}1265 = 318{,}5\,,$$

$$t'_4 = 45{,}5°\text{ C}\,,$$

$$A\,L = (59{,}5 - 10) \cdot 0{,}239 = 11{,}85 \text{ WE}\,,$$

$$N_e = \frac{11{,}85 \cdot 4{,}85 \cdot 427}{75 \cdot 0{,}94} = \mathbf{350\ PS}.$$

Bemerkung: Mit der Formel für Niederdruckventilatoren würden wir mit $\Delta p = 5090$ kg/qm erhalten

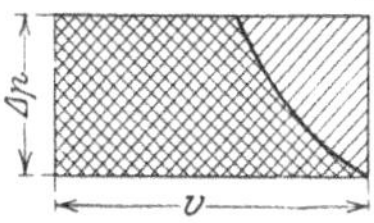

Abb. 71.

$$N_e = \frac{V \cdot \Delta p}{75 \cdot 0{,}72 \cdot 0{,}94} = \frac{4 \cdot 5090}{75 \cdot 0{,}72 \cdot 0{,}94} = 400 \text{ PS}.$$

entsprechend beistehender Abb. 71.

d) Ausführung mehrstufiger Gebläse.

Die Abb. 72 und 73 zeigen die Ausführung eines vierstufigen Turbogebläses der Maschinenfabrik Oerlikon für 170 cbm minutliche Luftmenge bei einem Gesamtdruck von 3600 mm W.-S., also ca. 900 mm auf ein Rad. Beim Verlassen der Schaufelkanäle a des Laufrades (bei den folgenden c usw.) wird die Austrittsgeschwindigkeit der Luft so gut als möglich in Druck umgesetzt und dann axial abgelenkt und dem folgenden Rad c zugeführt. Der Wirkungsgrad dieses Gebläses war ein ziemlich guter, weil die Umsetzung der Austrittsgeschwindigkeit durch die langsame Verzögerung derselben sichergestellt ist. Der Wirkungsgrad war jedoch geringer als bei einem von derselben Firma ausgeführten einstufigen Gebläse mit Spiralgehäuse (Abb. 74). Diese Erscheinung überrascht auf den ersten Blick; denn theoretisch ist der Verlauf der Umsetzung in der Spirale nicht besser. Es ist jedoch zu bedenken, daß sich aus dem Verhältnis des äußeren zum inneren Durchmesser des Leitrades eine Verzögerung der Luftgeschwindigkeit von nur einem Drittel ergibt und somit verbleibt in der aus dem Leitrad austretenden Luft noch über 50% der anfänglichen Geschwindigkeitshöhe, außerdem ist der

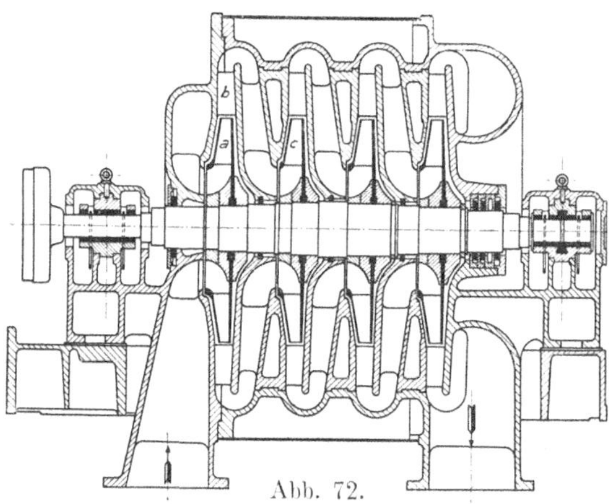

Abb. 72.

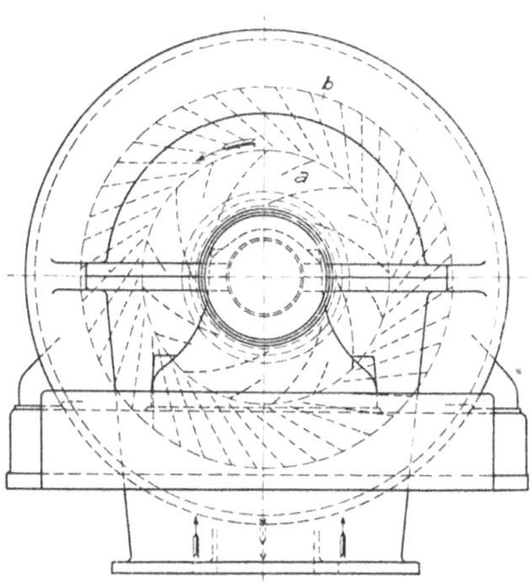

Abb. 73.

Abb. 74.

Reibungsverlust zwischen den enggestellten Leitschaufeln gewiß nicht gering anzuschlagen. Aus konstruktiven und wirtschaftlichen Gründen läßt sich der äußere Durchmesser des Leitrades nicht beliebig vergrößern und die Luftführung verlangt eine enge Schaufelteilung des Leitrades. Das sind zwei nachteilige Eigenschaften, mit denen das Spiralgehäuse nicht belastet ist, ein Umstand, der gewisse Unvollkommenheiten der Luftführung in der Spirale mehr als aufwiegt.

Eingehende Versuche haben auch ergeben, daß unter sonst gleichen Verhältnissen die von einem Gebläse mit Leitschaufeln erzeugte Druckhöhe beträchtlich unter derjenigen eines mit Spiralgehäuse versehenen Gebläses stand. So wurde der Bau von mehrstufigen Gebläsen mit Spiralgehäuse studiert und eine einfache Lösung gefunden, die darin bestand, daß die Überströmrohre in die Grundplatte verlegt wurden, wie dies aus den Abb. 75, 76 und 77 ersichtlich ist. Abb. 75 zeigt den Umriß eines

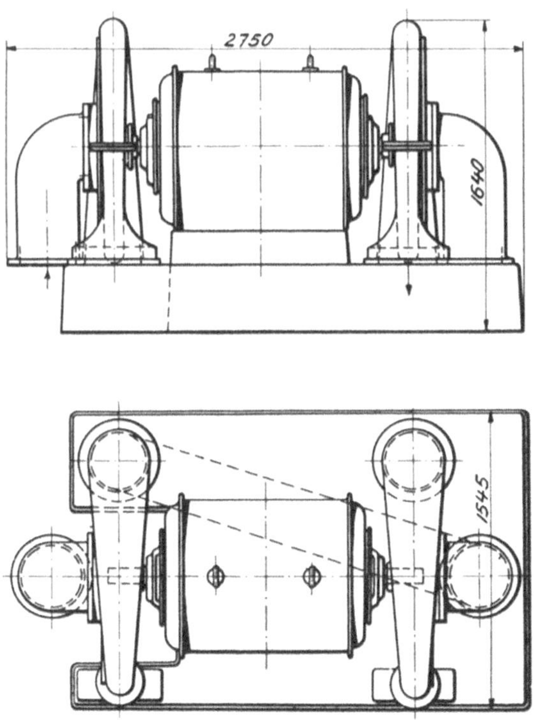

Abb. 75.

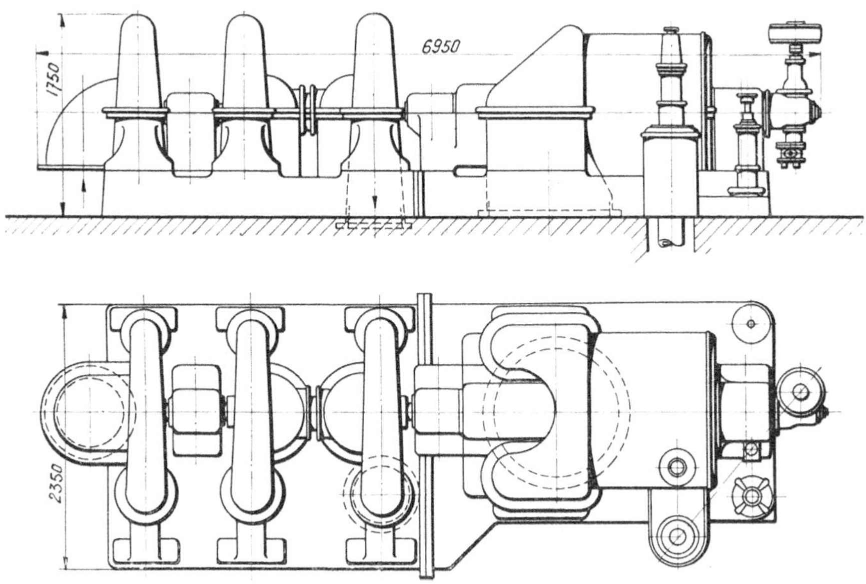

Abb. 76.

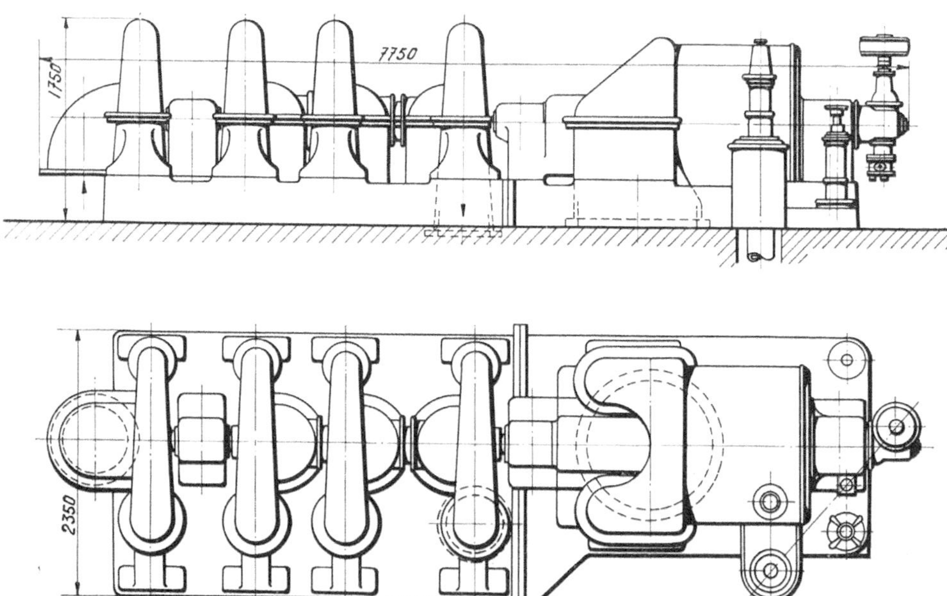

Abb. 77.

zweistufigen Gebläses mit Motorantrieb, wobei die Laufräder fliegend auf den Wellenenden sitzen; Abb. 76 ein dreistufiges Hochofengebläse mit Dampfturbinenantrieb, und Abb. 77 zeigt ein vierstufiges Gebläse für 3000 PS Leistung. Abb. 78 stellt ein zweistufiges Gebläse kleiner Leistung dar, bei dem aus Billigkeitsrücksichten das Überströmrohr nicht in die Grundplatte verlegt wurde.

Der Gegenstand ist eingehend behandelt in Z. ges. Turbinenw. 1917, Heft 25—27.

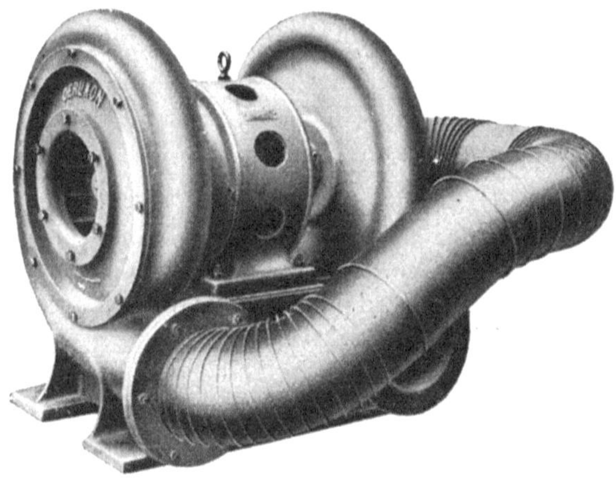

Abb. 78.

10. Berechnung der Ventilatoren für verschiedenartige Gase.

In der Industrie mehren sich die Installationen ständig, in denen nicht nur Luft, sondern verschiedenartige Gase und Gasmischungen fortgeschafft werden müssen unter Bewältigung von Widerständen. In chemischen Fabriken, Färbereien, Appreturen, in der Textilindustrie scheiden sich Dämpfe aus (Schwaden), die durch Ventilatoren zu sammeln und zu entfernen sind. Häufig befinden sich die städtischen Gaswerke weit entfernt vom Ort des Verbrauches, der selbst einen großen Umkreis umfaßt, so daß das Leuchtgas durch Gebläse auf einen genügenden Druck gebracht werden muß, um an den entferntesten Verbrauchsstellen noch genügend Druck zu besitzen. Dasselbe gilt für das Koksofengas der großen Kokereien, die von den Städten entfernt liegen. Für die Erzeugung der Zugwirkung der Dampfkessel werden statt der teuren Hochkamine Ventilatoren zum Absaugen der Rauchgase verwendet, nachdem diese Gase ihre Wärme für die Vorwärmung der Verbrennungsluft abgegeben haben.

Für die Berechnung muß vor allem die Gaskonstante R in der Gleichung $p v = R T$ bekannt sein.

Betrachtet man zwei Gase, die gleichen Druck und gleiche Temperatur aufweisen, so ist

$$p v = R T, \qquad p v_0 = R_0 T,$$

woraus

$$\frac{v}{v_0} = \frac{\gamma_0}{\gamma} = \frac{R}{R_0}.$$

Nach dem Gesetz von **Avogadro** verhalten sich die spezifischen Gewichte wie die Molekulargewichte, also

$$\frac{\gamma_0}{\gamma} = \frac{m_0}{m} = \frac{R}{R_0},$$

d. h. die Gaskonstanten zweier Gase sind umgekehrt proportional ihren Molekulargewichten oder $m R = m_0 R_0 =$ konst. und die Zustandsgleichung erhält die Form

$$p\,(v\,m) = (R\,m)\,T\,. \tag{148}$$

Hierin ist für alle Gase $R\,m = 848$, wenn p in kg/qm und v in cbm/kg eingesetzt werden. Man nennt $(v\,m)$ das Volumen eines Kilogramm Moleküls (Kilmol), d. h. es ist das Volumen von m kg, wo m das Molekulargewicht des Stoffes bedeutet.

Hierdurch läßt sich R für alle Stoffe berechnen, deren Molekulargewicht bekannt sind.

Man erhält z. B.

Sauerstoff	$m = 32$	$R = 848/32 = 26{,}5$,
Kohlenoxyd	$m = 28$	$R = 848/28 = 30{,}28$,
Kohlensäure	$m = 44$	$R = 848/44 = 19{,}25$,
Schweflige Säure	$m = 64$	$R = 848/64 = 13{,}25$,
Überhitzter Wasserdampf	$m = 18$	$R = 848/18 = 47{,}1$.

Will man einen für Luft entworfenen Ventilator für einen dieser Stoffe benutzen, so ändert sich die erreichbare Druckhöhe nicht,

$$h = \varphi \cdot \eta_p \frac{u_2^2}{g},$$

da u_2 gleichbleibt, φ ändert sich ebenfalls nicht, da keine Änderungen an den Winkeln vorgenommen werden können; dasselbe gilt für η_p. Jetzt bedeutet h die Höhe einer Flüssigkeitssäule desjenigen Stoffes, der verwendet wird, also Meter Luftsäule oder Meter Gassäule. Der Unterschied tritt erst in Erscheinung, wenn die Umrechnung dieser Größe in kg/qm = mm Wassersäule stattfindet. Die Druckerzeugung ist aber ganz verschieden für ein und denselben Ventilator, je nach der Art des Stoffes.

Für Luft sei

$$\varDelta\,p_0 = h\,\gamma_0,$$

für ein anderes Gas

$$\varDelta\,p = h\,\gamma,$$

folglich ist

$$(\varDelta\,p) = (\varDelta\,p_0) \cdot \frac{\gamma}{\gamma_0} = (\varDelta\,p_0)\,\frac{R_0}{R}\,.$$

Dementsprechend ändert sich auch der Energiebedarf, wobei der Energiewirkungsgrad derselbe bleibt.

Beispiel 30. Niederdruckventilator. Gebr. Sulzer. $V = 5{,}5\,\text{cbm/sek}$, $n = 700$, Gesamtdruck $\Delta p = 85$ mm W.-S. bei Luft (n. Katalog), $N_e = 9{,}7\ \text{PS}_e$,

$$b_2 = 330\text{ mm}, \quad D_2 = 750\text{ mm}, \quad D_1 = 650\text{ mm}, \quad d_s = 770\text{ mm},$$

$$u_1 = 23{,}8, \quad u_2 = 27{,}5,$$

$$c_1'' = \frac{5{,}5}{\pi \cdot 0{,}65 \cdot 0{,}330 \cdot 0{,}9 \cdot 0{,}75} = 12{,}2\text{ m/sek}$$

($\mu = 0{,}75$ ist klein gewählt, weil eine starke Kontraktion am Eintritt auftritt zufolge der scharfen Richtungsänderung vom axialen zum radialen Eintritt).

Radialer Eintritt $c_1'' = c_1$, $\operatorname{tg}\beta_1 = \dfrac{c_1''}{23{,}8} = 0{,}513$, $\beta_1 = 27^\circ\, 10'$.

Austritt $\beta_2 = 45^\circ$ gewählt (vorwärts gekrümmte Schaufeln),

$$c_2'' = 12{,}2 \cdot \frac{650}{750} = 10{,}5\text{ m/sek}, \quad w_2 \cos\beta_2 = \mathbf{10{,}5}, \quad c_2 = 39{,}6, \quad w_2 = 14{,}8,$$

folglich $$H = \frac{u_2^2}{g} + \frac{u_2 w_2 \cos\beta_2}{g} = 77{,}0 + 30{,}6 = 107{,}6\text{ m Gassäule.}$$

Laut Katalog $\quad N_e = 9{,}7$ PS, $\quad \eta_e = \dfrac{85 \cdot 5{,}5}{75 \cdot 9{,}7} = \mathbf{0{,}642}$.

Verwendet man diesen Ventilator für CO_2, SO_2 und überhitzten Wasserdampf H_2O, so ist

$$G_0 = V\gamma,$$

$$G = V\gamma = G\frac{\gamma}{\gamma_0} = G_0\frac{R_0}{R} = \frac{4{,}6 \cdot 293}{R}.$$

Zahlentafel 6.

	R	h m Gassäule	γ kg/cbm	Δp mm W.-S.	N_e PS_e	V cbm/sek	G kg/sek
Luft	29,3	73,6	1,15	85	9,7	4	4,6
CO_2	19,25	73,6	1,75	129	14,7	4	7,0
SO_2	13,25	73,6	2,54	187	21,4	4	10,3
H_2O	47,1	73,6	0,715	52,6	6,0	4	2,86

Man erkennt die starke Verschiedenheit in der Druckzunahme und der Leistungsaufnahme.

Bei den meisten Anwendungen kommt nicht ein einfaches Gas in Frage, sondern eine Gasmischung. Ihre Zusammensetzung wird vom Chemiker in Volumenteilen (Volumenprozenten) angegeben.

In diesem Falle muß zuerst die Gaskonstante R der Mischung berechnet werden. Man berechnet zu diesem Zweck das (scheinbare) Molekulargewicht in der Mischung, als ob eine chemische Verbindung vorläge.

Ist γ das spezifische Gewicht der Mischung, γ_1, γ_2, γ_3 dasjenige ihrer Bestandteile, so kann wie früher gesetzt werden

$$\frac{\gamma_1}{\gamma} = \frac{m_1}{m}, \quad \frac{\gamma_2}{\gamma} = \frac{m_2}{m} \quad \text{usw.}$$

Nun ist $$G = G_1 + G_2 + G_3 + \ldots$$
oder $$\gamma V = \gamma_1 V_1 + \gamma_2 V_2 + \gamma_3 V_3 \ldots,$$
obige Werte eingesetzt

$$\gamma = \gamma_1 \frac{V_1}{V} + \gamma_2 \frac{V_2}{V} + \gamma_3 \frac{V_3}{V} \ldots = \gamma \frac{m_1}{m} \frac{V_1}{V} + \gamma \frac{m_2}{m} \frac{V_2}{V} + \gamma \frac{m_3}{m} \frac{V_3}{V} \ldots,$$

$$m = m_1 \left(\frac{V_1}{V}\right) + m_2 \left(\frac{V_2}{V}\right) + m_3 \left(\frac{V_3}{V}\right) + \ldots,$$

Mit den vom Chemiker angegebenen Verhältnissen $\frac{V_1}{v}, \frac{V_2}{v} \ldots$ und den bekannten Molekulargewichten der Einzelstoffe ist m zu berechnen und damit $R = \frac{848}{m}$.

Beispiel 31. Der oben berechnete Niederdruckventilator soll für die Förderung von Leuchtgas benutzt werden mit folgender Zusammensetzung (Gaswerk der Stadt Zürich):

Zahlentafel 7.

Gasart	$\frac{V_1}{V}$ usw.	Gaskonst. R	Mol-Gew. m	$m_1 \frac{V_1}{V}$ usw.
H . .	0,4850	422,6	2	0,97
CH_4 .	0,3500	52,8	16	5,60
CO .	0,0700	30,26	28	1,96
C_2H_4!.	0,0450	30,20	28	1,26
CO_2 .	0,0200	19,14	44	0,88
O . .	0,0025	26,47	32	0,08
N . .	0,0275	30,13	28	0,77
	1,0000			$m =$ 11,52

$V = 1$ cbm,
$m = 11{,}52$,
$$R = \frac{848}{11{,}52} = 73{,}6$$
bei $p = 1$ Atm.,
$t = 20°$,
$\gamma = 0{,}503$ kg/cbm.

Für diesen Ventilator wird $\Delta p = \Delta p_0 \frac{R_0}{R} = 85 \frac{29{,}3}{73{,}6} = 34$ mm W.-S.,

$$N_e = 9{,}7 \frac{34}{85} = 3{,}87 \text{ PS}.$$

Dem Volumen nach wird bei allen Stoffen gleichviel Menge angesaugt. Das Fördergewicht ist daher verschieden, und zwar für Leuchtgas $$G = V\gamma = 4 \cdot 0{,}503 = 2{,}0 \text{ kg/sek}.$$

Will man daher einen Ventilator aus einem Katalog auswählen, der für Luft gültig ist, so müssen diese Verhältnisse berücksichtigt werden. Man muß also die vorgeschriebene Druckerhöhung und das vorgeschriebene Fördergewicht auf Luft umrechnen.

Diese Rechnungen gelten nur für mäßige Druckerhöhungen, bei denen die Zunahme des spezifischen Gewichtes und der Temperatur unberücksichtigt bleiben darf.

Für Hochdruckventilatoren ist die spezifische Wärme des Gases oder der Gasmischung zu berechnen und als Zustandskurve eine polytropische über der adiabatischen anzunehmen.

Hierbei kommt in erster Linie die spezifische Wärme c_p bei konstantem Druck in Frage. Der Zusammenhang mit der spezifischen Wärme c_v bei konstantem Volumen ist gegeben durch

$$c_p - c_v = A R .$$

Man führt ferner das Verhältnis $k = \frac{c_p}{c_v}$ ein. c_p und c_v beziehen sich auf 1 kg Gas. Man nennt $m c_p$ oder $m c_v$ die spezifische Wärme bezogen auf 1 Kilmol (d. h. auf m kg).

Bei allen zweiatomigen Gasen und deren Mischungen sind c_p und c_v bestimmte Zahlen für die gewöhnlich vorkommenden Temperaturen,

$$m c_v = 4.9 , \qquad m c_p = 4,9 + \frac{848}{427} = 6,89 .$$

Für Luft ist z. B. $m = 28,95$, folglich

$$c_v = \frac{4,9}{28,95} = 0,17 , \qquad c_p = \frac{6,89}{28,95} = 0,238 ,$$

$$k = \frac{0,238}{0,17} = 1,405 .$$

Für Kohlensäure und überhitzten Wasserdampf sowie für alle mehratomigen Gase stimmt diese Regel nicht.

Man findet:

Zahlentafel 8.

		Mol-Gew. m	c_v	c_p	k
Luft	—	28,95	0,170	0,238	1,405
Sauerstoff	O_2	32	0,155	0,217	1,400
Wasserstoff	H_2	2,016	2,42	3,41	1,405
Stickstoff	N_2	28,08	0,176	0,247	1,408
Stickoxyd	NO	30,04	0,165	0,231	1,400
Kohlenoxyd	CO	28	0,172	0,242	1,41
Kohlensäure	CO_2	44	0,16	0,21	1,28
Schweflige Säure	SO_2	64,06	0,120	0,15	1,25
Ammoniak	NH_3	17,06	0,41	0,53	1,28

Beispiel 32. Das einstufige Hochdruckgebläse (Seite 111) soll Wasserstoff verdichten.

$$u_2 = 137,5 \text{ m/sek} , \ \varphi = 0,8 , \ \eta_p = 0,6 , \ v = \frac{422,6 \cdot 295}{10000} = 125 \text{ cbm/kg} ,$$

$$h = 0,6 \cdot 0,8 \frac{137,5^2}{9,81} = \mathbf{920} \text{ m/Gassäule} ,$$

$$\Delta p = \frac{920}{12,5} = 74 \text{ mm W.-S. oder } \mathbf{74} \text{ kg/qm} ,$$

ist also kein Hochdruckrad mehr.

Man erhält also in diesem Hochdruckrad nur 74 mm W.-S., wenn Wasserstoff zu fördern ist, statt 1178 mm W.-S. bei Förderung von Luft. Das Fördervolumen ist auch hier dasselbe, dagegen das Gewicht und die Leistungsaufnahme viel kleiner,

$$G = \frac{V}{v} = \frac{4}{12{,}5} = 0{,}32 \text{ kg/sek},$$

und angenähert

$$N_e = \frac{4 \cdot 74}{75 \cdot 0{,}72 \cdot 0{,}94} = \backsim 5{,}9 \text{ PS. statt } 82 \text{ PS bei Luft.}$$

Bei diesem Beispiel ist die Berücksichtigung der Erwärmung nicht nötig, da der Hochdruckluftventilator zu einem Niederdruckventilator für Wasserstoff geworden ist. Das umgekehrte Verhältnis wird sich für schweflige Säure zeigen.

Beispiel 33 für SO_2. $V = 4$ cbm/sek, $u_2 = 137{,}5$ m/sek, $h = 920$ m,

$$R = 13{,}25, \quad t_0 = 10°, \quad v_0 = \frac{13{,}25 \cdot 283}{10000} = 0{,}375 \text{ cbm/kg}.$$

Schätzt man $v_m = 0{,}30$, so ist $\Delta p = \frac{920}{0{,}30} = 3070$ mm W.-S.,

$$p_1 = 1{,}307 \text{ Atm.},$$

d. h. die dreifache Druckerhöhung gegenüber Luft.

$$\text{Adiabate } T_1' = T_0 \left(\frac{p_1}{p_0}\right)^{\frac{k-1}{k}} \quad k = 1{,}25,$$

$$T_1' = 283 \cdot 1307^{\frac{0{,}25}{1{,}25}} = 283 \cdot 1{,}055 = 299,$$

$$\eta_{ad} = 0{,}72, \quad t_1 - t_0 = \frac{26 - 10}{0{,}72} = 22{,}2,$$

$$t_1' = 26°,$$

$$t_1 = 32{,}2°,$$

$$v_1 = \frac{13{,}25 \cdot 305{,}2}{13070} = 0{,}309,$$

v_m ist demnach etwas zu klein geschätzt worden.

Nimmt man $v_m = \mathbf{0{,}33}$, so wird $\Delta p = \frac{920}{0{,}33} = 2800$, $p_1 = \mathbf{1{,}28}$ Atm.,

$$T_1 = 283 \cdot 1{,}28^{\frac{0{,}25}{1{,}25}} = 283 \cdot 1{,}051 = 298, \qquad t_1' = 25°,$$

$$t_1 - t_0 = \frac{25 - 10}{0{,}72} = 20{,}8, \qquad t_1 = 30{,}8°,$$

$$T_1 = 303{,}8,$$

$$v_1 = \frac{13{,}25 \cdot 303{,}8}{12800} = 0{,}315,$$

daraus wird $v_m = \frac{0{,}375 + 0{,}315}{2} = \mathbf{0{,}345}$.

Die Druckzunahme kann also zu 2800 mm W.-S. gelten.

Die Arbeit $AL = c_p(t_1 - t_0) = 0{,}15 \cdot 20{,}8 = 3{,}12$ Cal/kg,

$$G = \frac{4}{0{,}375} = 10{,}7 \text{ kg/sek}, \qquad N_e = \frac{3{,}12 \cdot 427 \cdot 10{,}7}{75 \cdot 0{,}94} = 202 \text{ PS}$$

statt 82 PS bei Luft und 6 PS bei Wasserstoff.

Nach der Niederdruckformel wäre

$$N = \frac{V \cdot \Delta p}{75 \cdot 0{,}72 \cdot 0{,}94} = \frac{4 \cdot 2800}{75 \cdot 0{,}72 \cdot 0{,}94} = 220 \text{ PS},$$

also 10% mehr.

11. Prüfung des Ventilators.

Die theoretischen Berechnungen und die Anwendung zwar erprobter Konstruktionsregeln sind niemals so sicher, daß die Leistungen des Ventilators in bezug auf Förderung, Druck, Energieverbrauch und Wirkungsgrad mit den Ergebnissen des Betriebes übereinstimmen. Es ist deshalb notwendig, den fertigen Ventilator einer Prüfung zu unterwerfen.

Wir unterscheiden:

1. Die Prüfung des Ventilators in der Fabrik selbst. Diese wird an Ventilatoren, deren Größe die Unterbringung im Prüfstand erlaubt, immer vorgenommen.

2. Die Prüfung des neuerstellten Ventilators im Betrieb zur Feststellung, ob der Ventilator den Gewährleistungen des Liefervertrages entspricht. Wir unterscheiden hierbei:

a) die Prüfung des Ventilators allein;

b) die Prüfung des Ventilators mit Triebmaschine und Anschluß an die Förderleitung.

Der Gegenstand der Untersuchung eines Ventilators kann sein:

1. die geförderte Luft- oder Gasmenge,
2. der erzeugte Druckunterschied,
3. die Nutzleistung,
4. die dem Ventilator zugeführte Leistung,
5. Wirkungsgrad des Ventilators,
6. die Kennlinien des Ventilators,
7. zur Kennzeichnung des Widerstandes des Leitungsmessers (ohne Ventilator);

a) die gleichwertige Öffnung (äquivalente Weite) nach der Formel

$$A = 0{,}38 \frac{V}{\sqrt{h}};$$

b) die gleichwertige Düse (widerstandslose Öffnung)

$$A_1 \text{ oder } F_{ae} = 0{,}25 \frac{V}{\sqrt{h}}$$

mit $\gamma = 1{,}226$ oder γ beliebig $A_1 = \dfrac{V}{\sqrt{2g\dfrac{h}{\gamma}}}$.

Der Gegenstand der Untersuchung einer Ventilationsanlage kann sein:

8. die der Triebmaschine zugeführte Leistung,

9. der Wirkungsgrad der Ventilationsanlage.

Letztere Angaben ergänzen diejenigen unter 1 bis 7, welche bei keiner Untersuchung, wenigstens in der Hauptsache, fehlen dürfen.

Zunächst ist festzustellen, was man unter Druck bzw. Druckunterschied, der durch den Ventilator erzeugt wird, versteht.

Man war früher geneigt, nur den statischen Druck h_s der Leistung des Ventilators gutzuschreiben und die vom Ventilator erzeugte lebendige Kraft unberücksichtigt zu lassen. Bei Hochdruckventilatoren ist auch der statische Druck die Hauptsache, und an die Geschwindigkeitshöhe denkt man kaum. Anders ist es bei Niederdruckventilatoren und besonders bei solchen, die die Luft ohne oder mit geringem Druckunterschied von einem Raum in den anderen fördern. Hier besteht die Leistung fast ausschließlich in der Erzeugung der dynamischen Druckhöhe $h_d = \gamma \frac{w_2}{2g}$, bezogen auf die Einheit der Fördermenge. Bei den übrigen Anwendungen des Ventilators mit Förderleitung erfordert die Bewegung einer bestimmten sekundlichen Luftmenge durch eine gegebene Rohrleitung eine ganz bestimmte Geschwindigkeit, und es muß daher die Erzeugung dieser Geschwindigkeit (meist diejenige an der Meßstelle bei der Vornahme einer Prüfung) als Nutzleistung angesehen werden. Es ist deshalb heute allgemein gebräuchlich, den statischen Druckunterschied plus dynamischen Druck als Gesamtdruck in Rechnung zu stellen.

$$h_g = h_s + h_d\,, \qquad \text{wobei} \qquad h_d = \gamma \frac{w^2}{2g}$$

bedeutet. Doch werden oft zur Kennzeichnung des Ventilators oder Ventilationsanlage beide, d. h. sowohl h_s als h_d, angegeben.

In den vorangegangenen Beispielen wurde mit p der absolute Druck bezeichnet und demgemäß der Druckunterschied mit Δp statt mit h.

Nach dieser Einleitung wird übergegangen zur

a) Prüfung des Ventilators auf dem Prüfstand.

Die Einrichtung eines solchen ist in Abb. 79 schematisch dargestellt. Im Fundament ist, geschützt vor allerlei Störungen, ein geräumiger Saugraum S ausgespart und darüber befindet sich die Druckkammer R mit einem Rauminhalt von 40 bis 50 cbm. Der Ventilator V saugt die Luft aus dem Saugraum, in welchem der Atmosphärendruck herrscht, und bläst sie in den senkrechen Kanal, der sich nach oben erweitert und als Diffusor D bezeichnet wird. Im Diffusor wird der größte Teil der Strömungsenergie in Druck umgesetzt. Im Druckraum R kommt die Luft zur Ruhe, so daß für die Ausströmung aus der rechtwinklig zum eintretenden Luftstrom angebrachten Meßdüse M, an Wand unten links, die Anfangsgeschwindigkeit der Luft $w = 0$ angenommen werden darf.

Oberhalb des Diffusors befindet sich ein Wassermanometer O, der den im Druckkasten herrschenden Druck angibt. Die geringe Ausflußgeschwindigkeit aus dem Diffusor wird nicht mehr berücksichtigt, so daß der durch das Wassermanometer gemessene Druck als Gesamtdruck h_g angesehen werden kann. Die in Rechnung zu setzende Druckhöhe h_d wird rechnerisch ermittelt aus der Geschwindigkeit zu Anfang des Diffusors und vom Gesamtdruck abgezogen, um den Wert von h_s zu erhalten.

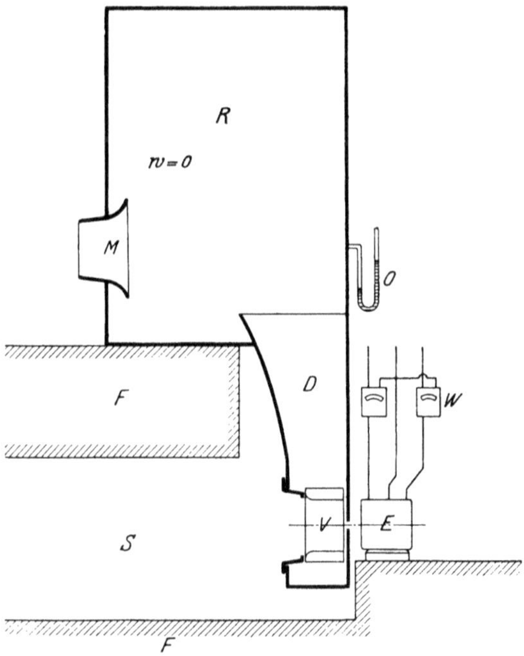

Abb. 79.

Die Meßdüse M ist nach den Vorschriften des Vereins deutscher Ingenieure hergestellt. Statt durch einen Drosselschieber kann die Aus-

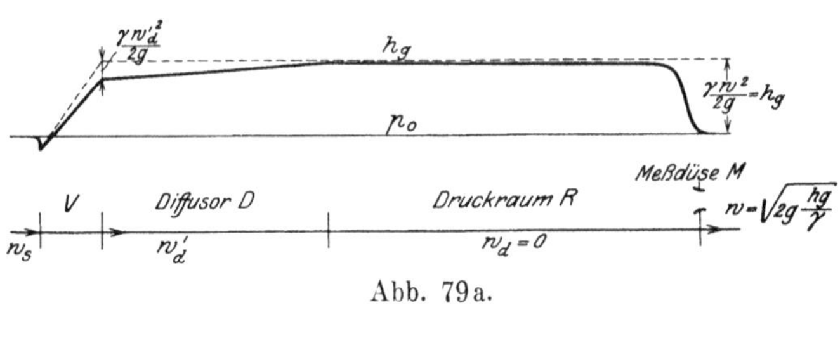

Abb. 79a.

flußmenge durch Einsetzen einer kleineren oder größeren Düse verändert werden.

Der Ventilator wird elektrisch betrieben und es kann durch das Wattmeter W die dem Motor zugeführte Energie direkt abgelesen werden. Die Ablesung ist indes noch mit dem Wirkungsgrad des Elektromotors M, der bekannt sein muß, zu multiplizieren.

Selbstredend muß der Anschluß an den Diffusor so beschaffen sein, daß der Druckstutzen von Ventilatoren verschiedener Größe leicht angeschlossen werden kann und daß auch Prüfungen auf Saugen vorgenommen werden können. In diesem Falle ist die Meßdüse umzudrehen. In Abb. 79a ist der Verlauf des Überdruckes in dem durch Abb. 79 vorgeführten Prüfstand schematisch dargestellt. Es bedeutet p_0 den Atmosphärendruck. Vor dem Eintritt in den Ventilator V bildet sich eine Depression zur Erzeugung der Eintrittsgeschwindigkeit w_s. Im Ventilator nehmen Druck und Geschwindigkeit zu und im Diffusor D wird der statische Überdruck durch Umwandlung der Geschwindigkeit w_d' in Druck erhöht, so daß der im Stauraum R herrschende Druck praktisch als Gesamtüberdruck h_g gelten kann. In der Meßdüse setzt sich dieser in Strömungsenergie um. Die entsprechende Geschwindigkeit w wird durch Rechnung bestimmt.

Abb. 80.

Beim Prüfstand der Firma Gebrüder Sulzer, Winterthur (Abb. 80), ist der Einlauf der Luft horizontal-seitlich angebracht. Um die Ausströmung dazu rechtwinklig zu gestalten, befinden sich die verschiedenen auswechselbaren Meßdüsen an der oberen horizontalen Wand, so daß die Luft in vertikaler Richtung entweicht. Der Luftdruck kann an verschiedenen Stellen der Wände des Staukastens gemessen werden, da bekanntlich in demselben nicht überall der gleiche Druck herrscht.

Abb. 81 stellt einen Prüfstand der Firma Gebrüder Sulzer zum Prüfen von Ventilatoren mit kleiner Luftmenge dar.

Vorgang der Prüfung. (Ein Beispiel zu Abb. 79.)

1. Messung der geförderten Luftmenge. Bei der hier dargestellten Anordnung kann der Überdruck h direkt am Wassermanometer abgelesen werden, und zwar auf $^1/_{10}$ mm genau, und aus dem hier in Frage kommenden Druck berechnet sich die Ausflußgeschwindigkeit nach der Bernoullischen Formel

$$w = \sqrt{2g\frac{h}{\gamma}}\,.$$

Der Durchmesser für den Ausfluß aus der Meßdüse sei d. Somit ist das ausströmende sekundliche Volumen oder die Liefermenge des Ventilators

$$V = 0{,}98\,\frac{d^2\,\pi}{4}\,w\,.$$

Der Ausflußkoeffizient solcher Düsen oder ihr Wirkungsgrad η beträgt 0,98.

Abb. 81.

Der Düsendurchmesser d betrage 200 mm, der Querschnitt 0,031 416 qm und der gemessene Überdruck sei $\boldsymbol{h = 200}$ mm W.-S. und das spezifische Gewicht der Luft 1,25; daraus wird

$$w = \sqrt{2g\cdot\frac{h}{\gamma}} = \sqrt{19{,}62\cdot 160} = \mathbf{56{,}1}\ \text{m/sek},$$

$$V = 0{,}98\cdot 0{,}0314\cdot 56{,}1 = \mathbf{1{,}72}\ \text{cbm/sek}\,.$$

2. Der erzeugte Druckunterschied ist der am Wassermanometer abgelesene Überdruck $h = 200$ mm W.-S.

3. Die Nutzleistung. Aus den Messungen von Druck und Volumen ergibt sich die von der Luft aufgenommene Energie

$$N = \frac{200\cdot 1{,}72}{75} = 4{,}6\ \text{PS}\,.$$

4. Die dem Ventilator zugeführte Leistung. Bei unserer Anordnung löst sich die Frage in einfachster Weise. Das Wattmeter zeige 6,3 kW an. Das ist die dem Motor zugeführte Leistung. Er über-

trägt davon an die Ventilatorwelle 93%. Sein Wirkungsgrad wurde zu $\eta = 0{,}93$ festgestellt. In Pferdekraft umgerechnet wird somit

$$N_e = \frac{0{,}93 \cdot 6{,}3}{0{,}736} = 7{,}95\ \text{PS}\,.$$

5. Der Wirkungsgrad des Ventilators:

$$\eta_e = \frac{4{,}6}{7{,}95} = 57{,}8\,\%\,.$$

6. Die Kennlinien des Ventilators. Damit bezeichnen wir die Linien der Druckleistung für verschiedene Fördermengen bei konstanter Umdrehungszahl, wie sie im V-h-Diagramm erscheinen (Abb. 57).

Andererseits versteht man darunter folgende Funktionen:

Die Kennlinien eines Ventilators geben die Abhängigkeit der Druckziffer (ψ) und des Wirkungsgrades (η) eines Ventilators von der gleichwertigen Düsenöffnung wieder.

Die Kennlinien einer Ventilatorenart geben die gleichen Größen abhängig von dem Verhältnis

$$\frac{\text{gleichwertige Düse}}{\text{Ausblasequerschnitt}} = \frac{A_1}{F_a}$$

oder von dem Verhältnis

$$\frac{\text{dynamischer Druck im Ausblasequerschnitt}}{\text{Gesamtdruckunterschied}} = \frac{h\,d_a}{\varDelta p}$$

(das zweite Verhältnis ist das Quadrat des ersten).

Unter Druckziffer wird dabei das Verhältnis des Gesamtdruckunterschiedes zu dem der Umfangsgeschwindigkeit u des Schaufelrades entsprechenden dynamischen Druck verstanden:

$$\psi = \frac{\varDelta p}{\gamma \dfrac{u^2}{2g}}\,. \tag{149}$$

In den Kennlinien sind sämtliche Betriebszustände des Ventilators enthalten. Wird der Ventilator an ein Leitungsnetz angeschlossen, so ergibt sich mittels der zugehörigen Druckziffer der erzeugte Druckunterschied abhängig von der Umfangsgeschwindigkeit des Schaufelrades; aus der gleichwertigen Düse und dem Druckunterschied ergibt sich nun die Fördermenge $V = A_1 \cdot \varDelta p$ und aus dieser mittels des zu dem Wert von A_1 gehörigen Wirkungsgrades die aufzunehmende Leistung

$$\left(N_e = \frac{A_1\,\varDelta p^2}{\eta_{\max}\,75}\,\text{PS}\right).$$

Verwendet man als Abszisse die Verhältnisse $\frac{A_1}{F_a}$ oder $\frac{h_{da}}{\Delta p}$, so ergeben sich für geometrisch ähnlich gebaute Ventila-

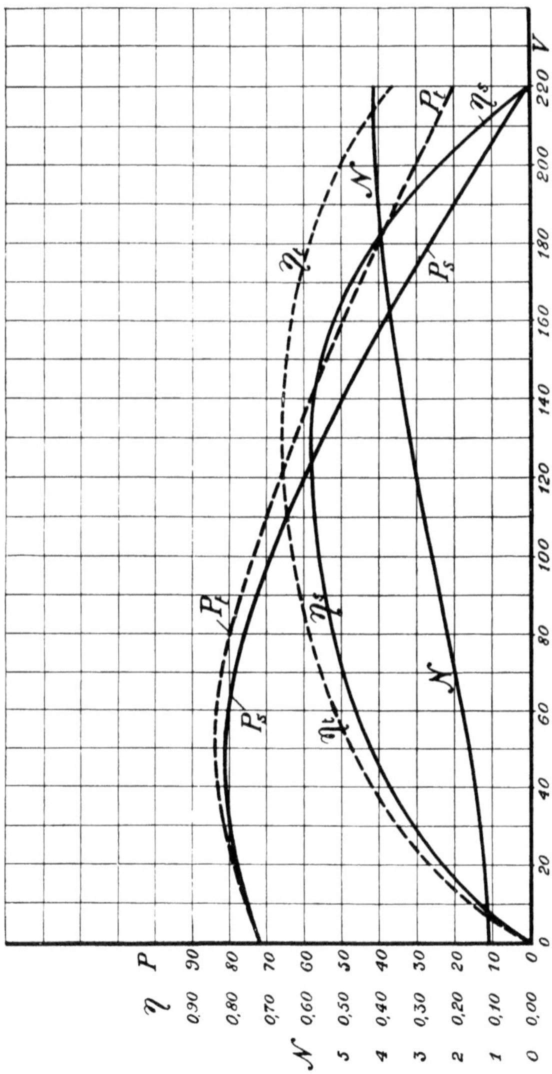

Abb. 82.

Erklärung zur Abbildung: N = Leistung in PS, V = Luftmenge in cbm/min, P = Druckhöhe in mm W.-S., P_s = statischer Druck in mm W.-S., P_γ = Gesamtdruck in mm W.-S., η_s = Wirkungsgrad bezogen auf den statischen Druck, η_g = Wirkungsgrad bezogen auf den Gesamtdruck.

toren übereinstimmende Kennlinien, so daß diese also für die Ventilatorenart kennzeichnend sind.

Wir verweisen auf Abb. 20 (S. 66) der vorhin genannten Regeln für Leitungsversuche an Ventilatoren oder Kompressoren.

Zur praktischen Beurteilung eines gegebenen Ventilators ist es allgemein gebräuchlich, die verschiedenen am Prüfstand ermittelten oder bei der Prüfung des für den Betrieb eingebauten Ventilator erhaltenen Werte in das V-h-Diagramm einzutragen. Es sind hauptsächlich drei Größen, die das Kreiselgebläse und ebenso die Zentrifugalpumpe charakterisieren:

a) die Beziehung zwischen dem erzielten Druckunterschied h, kurzweg Druck genannt, und der Fördermenge (Druckkurve);

b) die dabei aufgewendete mechanische Arbeit N;

c) der zugehörige Wirkungsgrad, d. h. das Verhältnis der Nutzleistung zur zugeführten mechanischen Leistung.

Der statische Druck und der Gesamtdruck werden oft getrennt aufgetragen, wie in nebenstehender Abb. 82. Diese Darstellung bezieht sich auf eine konstante Drehzahl. Es sind die charakteristischen Kurven eines Mitteldruckventilators der Maschinenfabrik Oerlikon bei Zürich.

Solche Versuche werden meistens mit verschiedenen Drehzahlen durchgeführt und die Ergebnisse einander gegenüber gestellt wie in Abb. 57 und 58. Von Interesse ist der Punkt, wo der Ventilator ins Freie bläst und damit die größte Fördermenge erreicht, hier bei 220 cbm/min. In diesem Punkt ist der Wirkungsgrad, der sich auf den auf Null angelangten statischen Druck bezieht, ebenfalls Null, während der Wirkungsgrad mit dem Gesamtdruck, welch letzterer durch den dynamischen Druck allein hervorgebracht wird, immer noch ungefähr 37 % beträgt.

7. Zur Kennzeichnung des Widerstandes des Leitungsnetzes (ohne Ventilator):

α) die gleichwertige Öffnung (äquivalente Weite);

β) die gleichwertige Düse.

Beide wurden im ersten Teil dieser Schrift, worauf wir verweisen, eingehend behandelt.

Angenommen der Widerstand der Meßdüse werde als Ersatz für den Widerstand der Leitung angesehen, so ist die Murguesche äquivalente Weite

$$A = 0{,}38 \frac{V}{\sqrt{h}} = 0{,}38 \cdot \frac{1{,}72}{\sqrt{200}} = \mathbf{0{,}0442}\ \text{qm}\,,$$

$$d_A = 237\ \text{mm}\,,$$

und die gleichwertige Düse muß natürlich durch die umgekehrte Rechnung der Meßdüse entsprechen

$$A_1 = V\sqrt{\frac{\gamma}{2g \cdot \Delta p}} = 1{,}72\sqrt{\frac{1{,}25}{19{,}62 \cdot 200}} = 0{,}0307$$

unter Berücksichtigung des Ausflußkoeffizienten 0,98

$$A_1 = \frac{0{,}0307}{0{,}98} = \mathbf{0{,}0314}\ \text{qm}\,,$$

$$d_{A_1} = 200\ \text{mm}\,.$$

Als Wegleitung bei der Behandlung dieses Abschnittes diente uns die Aufstellung der „Regeln für Leitungsversuche an Ventilatoren und Kompressoren“[1]). Die kleine Schrift ist nicht bloß für die Praxis sehr wertvoll, sondern auch zum Studium der Ventilatorenfrage sehr empfehlenswert. Sie enthält eine Menge Erläuterungen über Meßmethoden u. a. m.

b) Prüfung der Ventilatoranlage.

Zur Beurteilung der Größe und der Arbeitsverhältnisse der untersuchten Ventilatoranlage werden zweckmäßig im Versuchsbericht in Zahlen oder mit Skizzen angegeben:

die Abmessungen der Ventilatoranlage, insbesondere lichte Weite, Länge und Form der Saug- und Druckleitungen und deren Lage zum Ventilator;

Durchmesser, Breite und Form des Flügelrades, Umlaufzahl und Bauart des Ventilators;

Art des angesaugten oder geförderten Gases, dessen Druck, Temperatur und Feuchtigkeit;

Geschwindigkeit oder Menge des angesaugten oder geförderten Gases;

die Stellen, an denen Geschwindigkeit, Druck und Temperatur des Gases gemessen sind;

der Barometerstand der Luft an der Meßstelle und der Außenluft.

Die Prüfung einer Ventilatoranlage wird in der Regel solchen Personen anvertraut, die sich über gründliche theoretische und praktische Kenntnisse im Maschinenwesen ausweisen können und überdies im Ventilatorenbau spezielle Erfahrungen besitzen und bei derartigen Prüfungen schon mitgewirkt haben. Das Vorgehen bei der Prüfung, zu der heutzutage zahlreiche Hilfsmittel zur Verfügung stehen, ergibt sich aus der Natur der Sache von selbst. Kommt dabei zugleich die Beurteilung des Antriebsmotors (Elektromotor, Dampfmaschine, Dampf- oder Wasserturbine) in Frage, so werden Spezialisten in diesem Gebiet zugezogen.

Es würde zu weit führen, auf alle Möglichkeiten und Einzelheiten hier einzutreten. Aus den „Regeln für Leistungsversuche usw.“ werden nachstehend die wichtigsten wiedergegeben:

„Einrichtungen zur Vornahme von Druck-, Temperatur- und Mengenmessungen werden zweckmäßig von vornherein an der Ventilatoranlage vorgesehen und im Liefervertrage vorgeschrieben.

Die Untersuchung soll womöglich auf verschiedene Belastungen ausgedehnt werden, um den gesetzmäßigen Verlauf der Versuchsergeb-

[1]) Aufgestellt vom Verein deutscher Ingenieure und dem Verein deutscher Maschinenbau-Anstalten im Jahre 1912.

nisse festzustellen und damit die Güte der Einzelversuche beurteilen zu können.

Sämtliche Messungen sind im Beharrungszustande vorzunehmen.

Zur Feststellung des Gesamtdruckes ist der statische Druck zu messen, und es sind die Verhältnisse des Meßquerschnittes so zu geben, daß der dynamische Druck berechnet werden kann. Da sich der Druck oft nicht nahe vor oder hinter dem Ventilator messen läßt, so sind zweckmäßig über die Lage der Meßstellen im Liefervertrag Vereinbarungen zu treffen, und es ist die Gewährleistung auf die Meßstellen zu beziehen.

Soll die Luft- bzw. Gasmenge bestimmt werden, so sind alle für den Versuch nicht in Betracht kommenden Leitungen von den Versuchsleitungen und dem Ventilator abzusperren, am besten durch Blindflansche. Die Versuchsleitungen usw. sind auf ihre Dichtheit zu prüfen und nötigenfalls zu dichten.

Die Gasmenge kann bestimmt werden:

1. durch Messung der Druckänderung bei Querschnittsverengung (auch nach dem Venturiprinzip)
   α) durch Düsen,
   β) durch Drosselscheiben;
2. durch netzweise vorgenommene Messung der Geschwindigkeit
   α) mit Staugeräten,
   β) mit Anemometern; oder
3. durch unmittelbare Volumenmessung
   α) mit Gasbehältern,
   β) mit eichfähigen Gasuhren;
4. durch Wärmemessung (Thomas-Messer und ähnliche)."

„Bei Untersuchungen an Grubenventilatoren sind für die Bestimmung des statischen Druckes Stellen mit möglichst regelmäßiger Strömung zu wählen; Druckmessungen in scharfen Krümmungen oder in Querschnittsveränderungen und unmittelbar vor oder hinter solchen sind zu vermeiden. Bei schwachen Krümmungen ist der Mittelwert aus mehreren gleichmäßig über den Querschnitt verteilten Druckmessungen zu nehmen.

Bei feuchten oder wasserführenden Wettern ist etwa in den Druckmeßleitungen sich bildendes Niederschlagswasser abzuleiten. Die Druckmeßleitungen und deren Anschlüsse an die Druck- und Geschwindigkeitsmesser sind auf Dichtheit sorgfältig zu prüfen.

Die Geschwindigkeit ist an einer Stelle mit regelmäßigem Querschnitt und glatten Wandungen zu messen. Ist eine solche Meßstelle nicht vorhanden, so ist sie durch Verputz oder durch Einbau einer Holzverkleidung mit allmählichen Übergängen in die Kanalquerschnitte zu schaffen."

Berechnung der Nutzleistung.

„Ist V_0 das gemessene Sekundenvolumen, γ_0 das Raumgewicht des Gases an der Stelle der Volumen- oder Geschwindigkeitsmessung, ferner p_1 und p_2 der absolute Gesamtdruck vor und hinter dem Ventilator, γ_1 das zu p_1 gehörige Raumgewicht, so ist, unter Zugrundelegung isothermischer Kompression, die Nutzleistung, auf ruhendes Gas bezogen,

$$L = \frac{V_0 \gamma_0}{\gamma_1} p_1 \ln \frac{p_2}{p_1}. \tag{150}$$

Für alle auf Ventilatoren bezügliche Fälle reicht folgende Näherungsformel aus (sie gibt selbst bei Druckunterschieden von 2 m W.-S. erst etwa $^1/_3$ % Fehler):

$$L = V_m (p_2 - p_1), \tag{151}$$

wobei V_m das Volumen des geförderten Gases bei dem Druck $\frac{p_1 + p_2}{2}$ und der zu p_1 gehörigen Temperatur t_1 bedeutet.

Der Wirkungsgrad des Ventilators ist das Verhältnis der Nutzleistung zu der dem Ventilator zugeführten Leistung:

$$\eta_e = \frac{L}{L_e}. \tag{152}$$

Ist die Nutzleistung unter Zugrundelegung isothermischer Kompression nach Gleichung (34a) $L = p_1 v_1 \ln \frac{p_2}{p_1}$ berechnet, so nennen wir

$$\eta_{is} = \frac{L_{is}}{L_e}$$

den isothermischen Wirkungsgrad.

Als Vergleichszahl ist der isothermische Wirkungsgrad zur Beurteilung von Hochdruckventilatoren und Kompressoren vorgeschrieben.

Wird hingegen die Nutzleistung aus der adiabatischen Kompression abgeleitet, so heißt

$$\eta_{ad} = \frac{L_{ad}}{L_e}$$

der adiabatische Wirkungsgrad, der bei der Berechnung und dem Entwurf von Hochdruckventilatoren stets Anwendung findet. [Siehe Abschnitt 9, Seite 101, Gleichungen (140), (142), (143), (144), (145).]

Der Wirkungsgrad der Ventilatoranlage ist das Verhältnis der Nutzleistung zu der der Treibmaschine zugeführten Leistung.

Ist der Motor eine Dampfmaschine, so kann in Betracht kommen der Kohlen- bzw. der Wärmeverbrauch (dann ist der Dampfkessel mit einbezogen) oder der Dampfverbrauch oder die indizierte Arbeitsleistung L_i der Dampfmaschine.

Bei der weiter oben zu behandelnden Lüftanlage am Dössentunnel (Seite 147) mit Saccardogebläse ist bei Versuch 9 die Luftleistung dieses Gebläses $L_t = 11,1$ PS und die Leistung des Ventilators $L_v = 35$ PS, die gleichzeitige Leistung des Elektromotors überträgt $L_w = 94$ PS (nach Diagramm) auf die Ventilatorwelle.

Der Wirkungsgrad des Saccardogebläses ist

$$\eta_t = \frac{11,1}{35} = 0,32,$$

der Wirkungsgrad des Ventilators ist

$$\eta_v = \frac{35}{94} = 0,372$$

und der Wirkungsgrad des ganzen Gebläses

$$\eta_s = 0,32 \cdot 0,372 = 0,118;$$

wird Elektromotor mit 0,95 Wirkungsgrad einbezogen, so ist der Gesamtwirkungsgrad der Anlage

$$\eta_g = 0,118 \cdot 0,95 = 0,112.$$

Wird auch noch das Elektrizitätswerk mit Turbine einbezogen und geben wir diesem einen Wirkungsgrad von 0,70, so sinkt der Wirkungsgrad auf $0,112 \cdot 0,70 = 0,078$ oder rund 0,08, d. h. 1 PS = 75 mkg/sek des fallenden Triebwassers in der Turbine erzeugt am Ende im Tunnel eine Luftleistung von 0,08 PS = 6 mkg/sek.

Beispiel 34. Aufnahme charakteristischer Kurven eines Ventilators. Betrifft einen Niederdruckventilator Nr. 105e von Gebrüder Sulzer A.-G., Winterthur, dessen äußere Form in Abb. 83 dargestellt ist. Die gleiche Type 105d wird als Doppelrad mit beidseitigem Einlauf gemäß Abb. 84 ausgeführt. Auf dem Prüfstand genannter Firma wurden für verschiedene Drehzahlen von 150 bis 500 mit Abstufungen von 50 Umdrehungen der statische Überdruck h in mm W.-S., die Fördermenge V und der mechanische Wirkungsgrad η_e zwischen 0,40 und 0,62 als Höchstwert ermittelt als charakteristische Kurven (Kennlinien) aufgetragen (Abb. 85). Den gleichen Drehzahlen entsprechend wurden auch Kurven für den Kraftbedarf in PS (Abb. 86) mit der zugehörigen Fördermenge aufgezeichnet, diese als Abszisse und die Anzahl Pferdestärken als Ordinaten aufgetragen.

Zwei Ventilatoren dieser Art wurden zum Betrieb einer Luftheizung zur Verwertung der Abwärme des Kraftwerkes Kübles (Schweiz) verwendet, worauf weiter oben (Seite 164) eingetreten wird. Diese Ventilatoren leisten je 8 cbm/sek bei einem Kraftverbrauch von 4,4 PS. Die Auswahl der Ventilatoren konnte nach den charakteristischen Kurven

Abb. 85 und 86 getroffen werden. Die Drehzahl n ist 250 Umdrehungen pro Minute und der betreffende Fall ist auf der Abbildung mit einem Kreuz bezeichnet. Der zugehörige Druck Δp beträgt 23 mm W.-S. und der Wirkungsgrad

$$\eta_e \text{ ist} = \frac{8 \cdot 23}{4{,}4 \cdot 75} = 0{,}557,$$

was mit der Aufzeichnung übereinstimmt.

Abb. 83.

Durch das Kurvenblatt (Abb. 85) ist das Anwendungsgebiet dieses Ventilators umgrenzt. Er gibt den besten Wirkungsgrad $\eta_e = 0{,}62$ bei 500 Umdrehungen in der Minute und liefert 13 cbm/sek unter einem Überdruck von 90 mm W.-S. Innerhalb 50 % Wirkungsgrad ist eine große Anzahl Möglichkeiten.

Es soll z. B. der Fall untersucht werden:

$$V = 10 \text{ cbm/sek}$$

und

$$\Delta p = 50 \text{ mm W.-S.}$$

Der vorliegende Ventilator eignet sich gut für diese Verhältnisse. Wir finden die entsprechende Drehzahl $n \cong 370$ und den zugehörigen Wirkungsgrad $\eta_e > 0{,}60$.

Abb. 84.

Wird hingegen ein Ventilator für

$$V = 10 \text{ cbm/sek}$$

mit

$$\Delta p = 15 \text{ mm W.-S.}$$

verlangt, so zeigt ein Blick auf das Kurvenblatt, daß für diese Leistung eine andere Ventilatortype herangezogen werden muß.

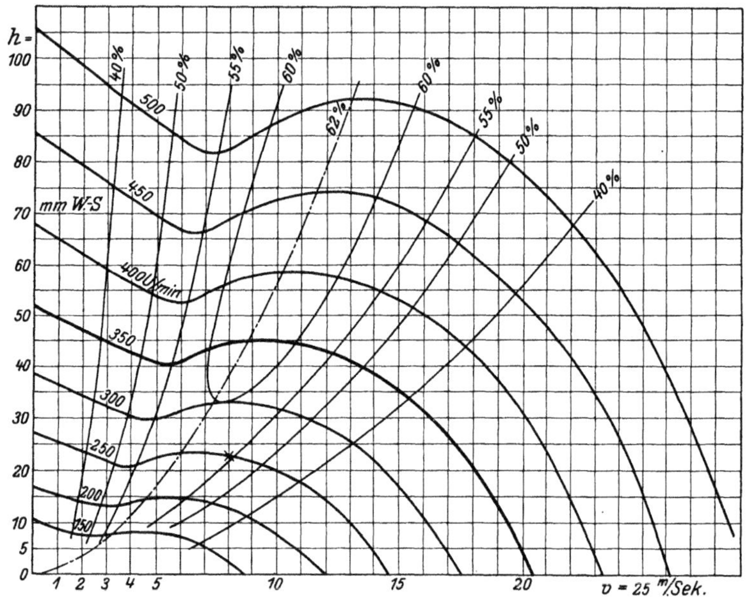
h=
100
90
80
70
60
50
40
30
20
10
5
0
mm W-S
500
450
400 U/min
350
300
250
200
150
40%
50%
55%
60%
62%
60%
55%
50%
40%
1 2 3 4 5
10
15
20
v = 25 m/Sek.

Abb. 85.

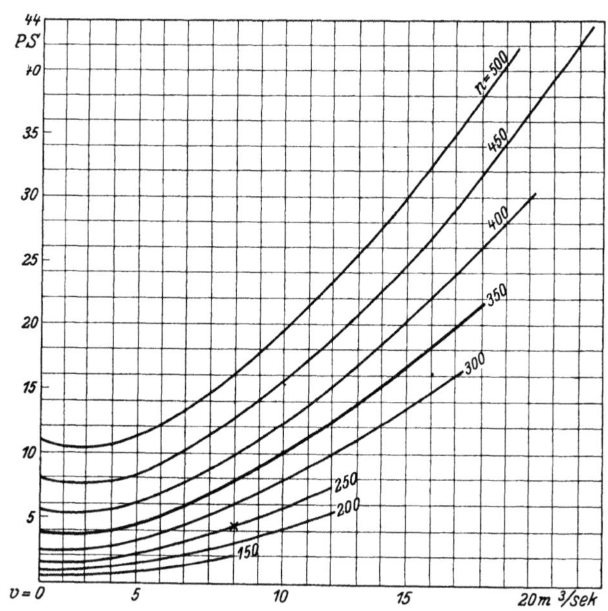
44
PS
40
35
30
25
20
15
10
5
n=500
450
400
350
300
250
200
150
v=0
5
10
15
20m ³/sek

Abb. 86.

12. Radseitenreibung.

Der Energiebedarf zufolge der Scheibenreibung beträgt nach Stodola für glatte Scheiben

$$N_r = \frac{2{,}6}{10^6} D_2^2 u_2^3 \gamma \,, \tag{153}$$

wo γ das spezifische Gewicht des die Scheibe umgebenden Gases bedeutet.

Angewendet auf den Hochdruckventilator des Beispiels 23 mit $D_2 = 1{,}2$ m, $n = 1450$, $u_2 = 91$ m/sek, $\gamma = 1{,}2$ folgt

$$N_r = \frac{2{,}6}{1000} \cdot 1{,}2^2 \cdot 9{,}1^3 \cdot 1{,}2 = 3{,}4 \text{ PS}\,.$$

Der auf dem Prüfstand gemessene Energieverbrauch war $N_e = 25{,}2$ PS, also beträgt der Scheibenreibungsverlust 13,4 %. Diese Zahl erscheint etwas hoch. Nur direkte Messungen können hier Aufschluß geben.

Setzt man statt $u_2 = n D_2$, so wird

$$N_r = \frac{2{,}6}{10^6} \cdot n^3 D_2^5 \gamma \,. \tag{154}$$

Diese Formel ist durch Integration entstanden, also sollte es eigentlich heißen

$$N_r = \frac{k}{10^6} \cdot n^3 (D_2^5 - D_1^5) \gamma \,.$$

Der Aufbau der Formel, den wir als richtig annehmen, zeigt, daß der Energieverlust mit der fünften Potenz, also allgemein mit der Größe des Raddurchmessers, wächst. Wir können somit diesen Verlust wie auch den Spaltverlust durch Verkleinerung des Raddurchmessers heruntersetzen und außerdem noch durch die Wahl einer kleineren Drehzahl. Damit kommt man für Hochdruckventilatoren von selbst auf Stufenräder zur Verminderung dieser Verluste.

Dem Spaltverlust wirkt die Zentrifugalkraft auf die durchströmenden Gasteilchen entgegen. Diese tritt um so sicherer ein, wenn die Außenfläche des Rades Unebenheiten aufweist, aber eben diese Rauhigkeit der Oberfläche vergrößert auf der anderen Seite die Radscheibenreibung. Durch eine glatt eingedrehte Labyrinthdichtung zwischen Rad und Gehäuse ist es möglich, beide Übelstände zu erfassen.

III. Schraubenventilatoren.

Der Schraubenventilator kann als Umkehrung der axialen Luftturbine (Windrad) angesehen werden. Er eignet sich aber nur für größere Luftmengen (0,5 bis 25 cbm/sek) auf ganz kleine Druckhöhen (10 bis 15 mm W.-S.). Sein Anwendungsgebiet ist die Fortbewegung der Luft für Heizung, Trocknung, Kühlanlagen, Absaugen von Rauch, Dämpfer, gesundheitsschädlichen Gasen usw.

Bei allen Anwendungen hat der Ventilator ruhende Luft von außen oder von innen anzusaugen. Der äußere Luftdruck p_0 gibt die Strömungsenergie, damit die Geschwindigkeit c_1 am Eintritt in das Schaufelrad entstehen kann. Es entsteht durch die Drehung des Schaufelrades ein Überdruck (Depression) von

$$\frac{p_0 - p_1}{\gamma} = \frac{c_1^2}{2g}. \tag{155}$$

Ist p_2 der verlangte Druck hinter dem Rad, so ist die ganze Drucksteigerung

$$\Delta p = (p_2 - p_1) + \frac{c_1^2}{2g}\gamma. \tag{156}$$

Verfolgt man die Bewegung der Luft durch die Kanäle des Rades (Abb. 87 und 88), z. B. an einem mittleren oder einem Umfang vom

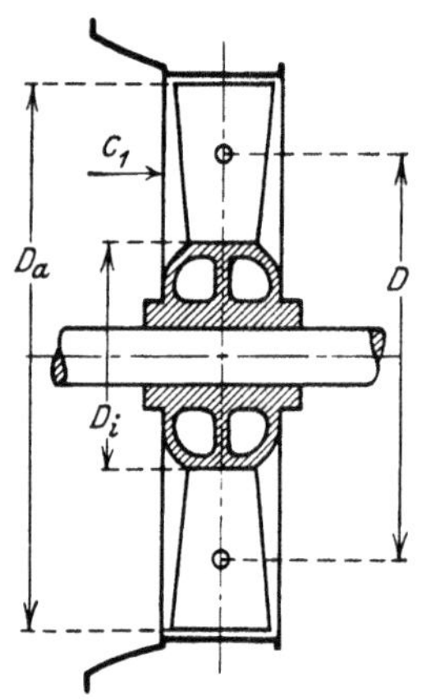

Abb. 87.

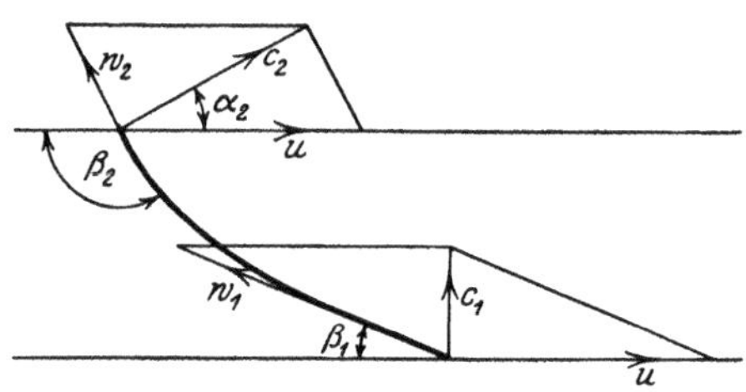

Abb. 88.

Durchmesser D und der Umfangsgeschwindigkeit u, so kann für die normale Fördermenge die Eintrittsgeschwindigkeit axial genommen werden, d. h. c_1 steht senkrecht zu u. Die Hypotenuse ist die relative Geschwindigkeit

$$w_1^2 = c_1^2 + u^2. \tag{157}$$

Gegen den Austritt zu biegen wir die Schaufel derart auf, daß die Kanalquerschnitte dort größer werden als am Eintritt, damit die relative Geschwindigkeit im Kanal von w_1 auf w_2 abnimmt und dadurch die gewünschte Umsetzung von Geschwindigkeit in Druck stattfindet. Mit w_2 und der gleich groß gebliebenen Umfangsgeschwindigkeit u erhält man als Resultierende die absolute Austrittsgeschwindigkeit c_2. Sie ist meistens bedeutend größer als c_1, aber schräg zur Rohrachse gerichtet.

Nimmt man den idealen Fall an, diese Geschwindigkeit werde ebenfalls bis zum Werte c_1 in Druck umgesetzt, so bildet sich die theoretische Druckhöhe

$$H = \frac{w_1^2 - w_2^2}{2g} + \frac{c_2^2 - c_1^2}{2g}. \tag{158}$$

Den Hauptbetrag liefert, wie betont, das erste Glied, das zweite ist von untergeordneter Bedeutung.

Durch Einführung der Winkel kann man diese Hauptgleichung vereinfachen und übersichtlicher gestalten. Setzt man z. B.

$$w_2^2 = c_2^2 + u^2 - 2\,c_2\,u\cos\alpha_2\,,$$

so wird unter Anwendung von Gleichung (156)

$$H = \frac{c_2\,u\cos\alpha_2}{g}\,. \tag{159}$$

Setzt man aber

$$c_1^2 = w_1^2 - u^2\,, \qquad c_2^2 = w_2^2 + u^2 + 2\,w_2\,u\cos\beta_2\,,$$

so wird

$$H = \frac{u}{g}\,(u + w_2\cos\beta_2)\,. \tag{160}$$

Mit $\quad w_2 = \dfrac{u\sin\alpha_2}{\sin(\beta_2 - \alpha_2)}$

$$H = \frac{u^2}{g}\,\frac{1}{1 - \dfrac{\operatorname{tg}\beta_2}{\operatorname{tg}\alpha_2}} = \varphi\,\frac{u^2}{g}\,, \tag{161}$$

d. h. dieselbe Formel wie bei den gewöhnlichen Zentrifugalventilatoren.

Das Produkt $c_2\,(u_2\cos\alpha_2)$ muß in allen Radien gleich groß ausfallen; dementsprechend muß α_2 und β_2 geändert werden.

Zufolge des Fehlens jeder Difusorwirkung ist die Ausnützung von c_2 sehr gering, die Winkel werden wenig sorgfältig ausgeführt, deshalb ist h_p bedeutend kleiner als H, und zwar ist

$$\eta_p = \frac{h_p}{H} = 0{,}4 \text{ bis } 0{,}5\,.$$

Beim Entwurf empfiehlt es sich, den inneren Durchmesser D_i nicht zu klein zu wählen gegenüber dem äußeren D_a. Man macht etwa $D_i = (0{,}4 \text{ bis } 0{,}6)\,D_a$.

Beispiel 35. Es soll ein Schraubenventilator für 200 cbm/min (3,33 cbm/sek) entworfen werden zur Erzeugung eines statischen Druckes von 10 mm W.-S. ($\gamma = 1{,}22$ kg/cbm).

Wählt man $w_d = 7$ m/sek, $f_a = \dfrac{200}{60 \cdot 7{,}0} = 0{,}48\ \text{m}^2$, $d_m = 780$ mm.

Wir wählen deshalb den äußeren Durchmesser $D_a = 800$ mm
und den inneren Durchmesser $D_i = 400$ mm.

Damit wird $\quad c_1 = \dfrac{3{,}33}{\dfrac{\pi}{4}\,(0{,}64 - 0{,}16)} = \sim 9$ m/sek.

Der Unterdruck wird

$$p_0 - p_1 = \gamma \frac{c_1^2}{2g} = \frac{1,22 \cdot 81}{19,62} = 5 \text{ mm W.-S.}$$

Daraus wird der Gesamtdruck $\Delta p = 5 + 10 = 15$ mm W.-S. Wir dürfen einen Wirkungsgrad von η_e von 0,4 der Rechnung zugrunde legen, somit wird

$$H = \frac{15}{0,4 \cdot 1,22} = \mathbf{31} \text{ mm L.-S.}$$

Unter Berücksichtigung, daß die axiale Ausströmungsgeschwindigkeit c_2'' ebenfalls 9 m beträgt und nach einigen Überlegungen an Hand eines vorläufigen Geschwindigkeitsdreiecks wählten wir

$$\alpha_2 = 51^\circ\, 5', \qquad \beta_2 = 180 - 14^\circ\, 30' = 165^\circ\, 30'$$

und sehen in nachstehender Rechnung unsere Wahl bestätigt (Abb. 89 und 90). Nach Gleichung (7) ist

$$H = \varphi \frac{u_2^2}{g},$$

worin

$$\varphi = \frac{1}{1 - \frac{\operatorname{tg} \beta_2}{\operatorname{tg} \alpha_2}} \quad \text{und} \quad \frac{1}{\varphi} = 1 + \frac{1,24}{0,258} = 1 + 4,8 = 5,8\,.$$

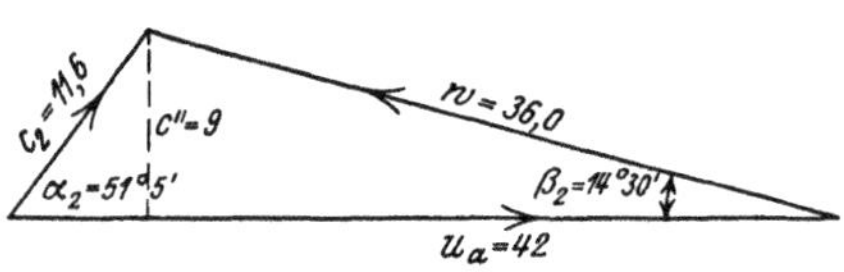

Abb. 89.

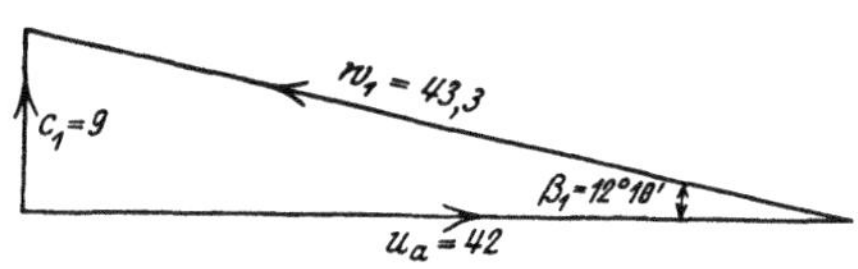

Abb. 90.

Äußerer Umfang:

$$u_a = \sqrt{9,81 \cdot 31 \cdot 5,8} = 42 \text{ m/sek}$$

und

$$n = \frac{60 \cdot 42}{\pi \cdot 0,8} = \mathbf{1000},$$

$$c_2 = \frac{9}{\sin \alpha_2} = \frac{9}{0,778} = 11,6 \text{ m/sek},$$

$$w_2 = \frac{9}{\sin \beta_2} = \frac{9}{0,250} = 36 \text{ m/sek}.$$

Am Eintritt $c_1 = 9$

$$w_1 = \sqrt{9^2 + 42^2} = 43 \text{ m/sek},$$

und für senkrechten Eintritt $\operatorname{tg} \beta_1 = \frac{9}{42} = 0,214$,

$$\beta_1 = \mathbf{12^0\, 5'}.$$

Am inneren Umfang (Abb. 91 und 92):
$D = 400$ mm, $u_i = 21$ m/sek.

a) Eintritt

$$c_1 = 9\,, \quad \alpha_1 = 90^\circ,$$

$$\operatorname{tg}\beta_1 = \frac{9}{21} = 0{,}428\,, \quad \beta_1 = \mathbf{23^0\,10'},$$

$$w_1 = \sqrt{9^2 + 21^2} = 22{,}8 \text{ m/sek}.$$

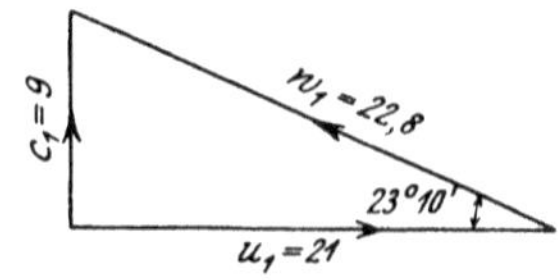

Abb. 91.

b) Austritt. Die Erzeugung der gleichen theoretischen Druckhöhe von 31 m L.-S. verlangt

$$w_2 = 11 \text{ m/sek} \quad \text{und} \quad c_2 = 17 \text{ m/sek}.$$

Daraus wird

$$\sin\beta_2 = \frac{9}{11} = 0{,}818\,, \quad \beta_2 = \mathbf{54^0\,55'}.$$

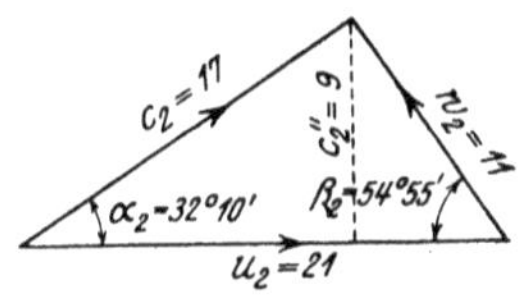

Abb. 92.

Die Projektion von w_2 auf u_2 ist
$= 9 \cdot \operatorname{ctg} 54^\circ 55' = 9 \cdot 0{,}70 = 6{,}3$

$$\operatorname{tg}\alpha_2 = \frac{9}{21 - 6{,}3} = 0{,}63\,, \quad \alpha_2 = \mathbf{32^0\,10}.$$

Die Probe mit Gleichung (159) bestätigt sich

$$H = \frac{c_2 \cdot u \cdot \cos\alpha_2}{g} = \frac{17 \cdot 21 \cdot 0{,}847}{9{,}81} = 31 \text{ m L.-S.}$$

Die Betriebskraft N_e mit η_e wird

$$N_e = \frac{3{,}33 \cdot 15}{75 \cdot 0{,}4} = \infty\, \mathbf{1{,}7\ PS}.$$

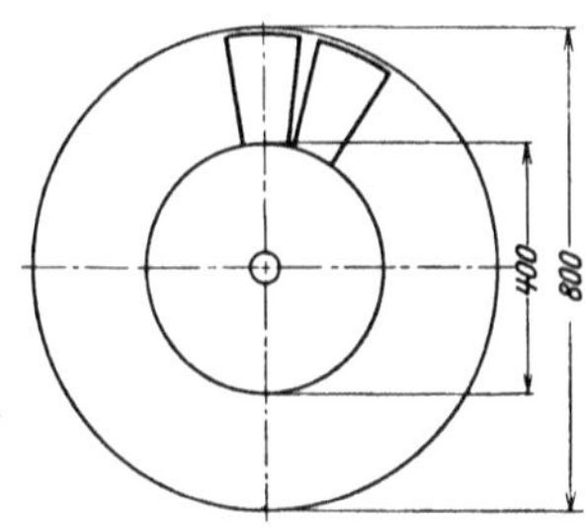

Abb. 93.

Abb. 93 zeigt den geometrischen Umriß des berechneten Schraubenventilators und Abb. 94 die Querschnittsform in der Abwicklung der Schaufeln am äußeren und am inneren Umfang. Der Theorie gemäß

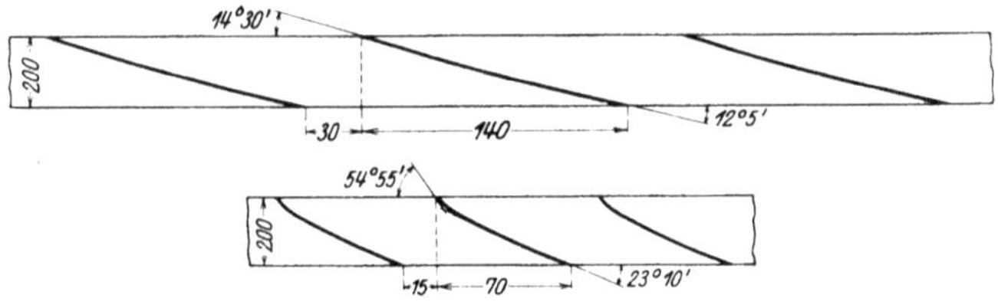

Abb. 94.

sind die Schaufeln am inneren Umfang stärker aufgebogen als am äußeren. Selbstredend gehen im Verlauf der Schaufel die beiden Endquerschnitte allmählich ineinander über.

Abb. 95 zeigt die charakteristischen Kurven für einen Schraubenventilator der Maschinenfabrik Oerlikon, und zwar für einen Mitteldruck-Schraubenventilator (Größe 50), der z. B. bei einer Fördermenge von 0,5 cbm/sek einen statischen Druck von 30 mm W.-S. zu erzeugen imstande ist. Es sind aufgetragen die statische Druckhöhe P_s (Unterdruck, Pressung, Widerstand) in mm Wassersäule (W.-S.), der Wir-

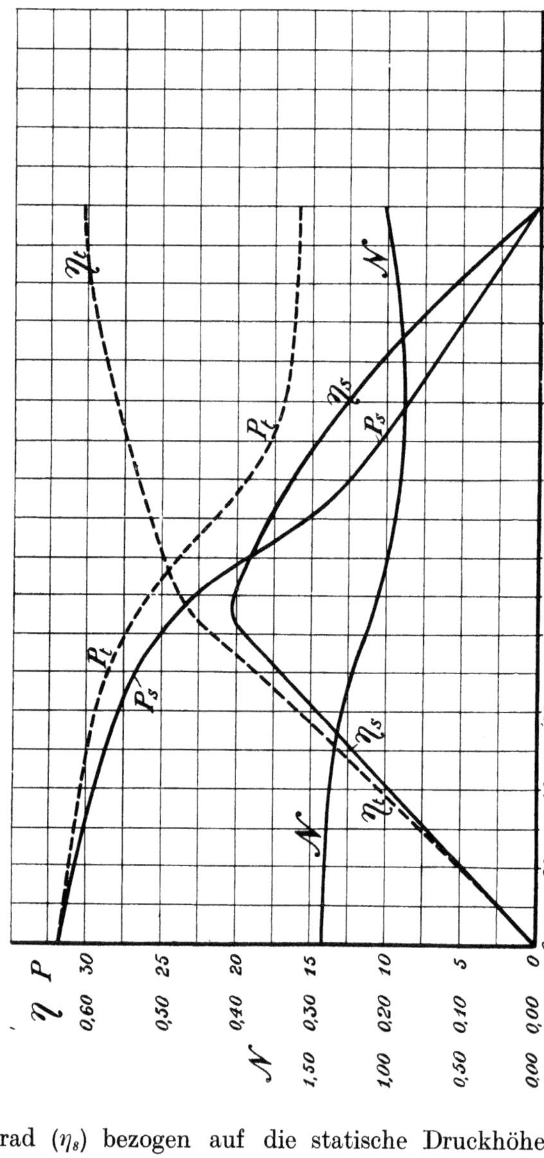

Abb. 95.

N = Leistung in PS, V = Luftmenge in cbm pro Min., P = Druckhöhe in mm W.-S., P_s = statischer Druck in mm W.-S., P_t = Gesamtdruck (totaler) in mm W.-S., η_s = Wirkungsgrad, bezogen auf die statische Höhe, η_t = Wirkungsgrad, bezogen auf den Gesamtdruck.

kungsgrad (η_s) bezogen auf die statische Druckhöhe in % und die Leistung in Pferdestärken (PS) als Funktion der geförderten Luftmenge im cbm pro Minute. Der maximale Wirkungsgrad von 41% wird bei 85 cbm pro Minute erreicht. Die Druckhöhe beträgt daher 24 mm W.-S.

und die vom Ventilator aufgenommene Leistung 1,10 PS. Als Normalleistung werden folgende Betriebsgrößen angegeben: 80 cbm pro Minute, 25 mm W.-S. und 1,2 PS bei 1430 Umdrehungen, was dem Versuchswert entspricht.

Wie aus dem Verlauf der Wirkungsgradkurve zu ersehen ist, kann diese Ventilatorgröße mit 30% Wirkungsgrad und mehr verwendet werden für Luftmengen von 60 bis 125 cbm pro Minute, wobei die statische Druckhöhe variiert zwischen 28 und 11 mm W.-S. In der Abbildung sind noch zwei Kurven punktiert angegeben: die gesamte Druckhöhe P_t, d. h. die der Geschwindigkeit der Luft entsprechende Druckhöhe einschließlich der statischen Höhe, und der zugehörige Wirkungsgrad. Wie aus diesen Kurven ersichtlich ist, arbeiten die Schraubenventilatoren, so auch dieser, ganz gut als Luftverdränger bei kleinem Wirkungsgrad; beispielsweise beträgt hier der Gesamtwirkungsgrad bei freiem Luftaustritt, d. h. ohne Widerstand, 60%, wobei der Wirkungsgrad, bezogen auf die statische Höhe (Widerstand gleich Null), Null ist. Rechnet man für einen Ventilator, welcher Luft von einem Raum nur ins Freie fördern muß oder umgekehrt (wo also keine Rohrleitung angeschlossen ist), einen Widerstand von 6 mm, so würde diese Größe (50) beispielsweise mit 60% Gesamtwirkung arbeiten, während der Wirkungsgrad, bezogen auf die statische Höhe, nur 10% beträgt; bei größeren Einheiten steigt der Gesamtwirkungsgrad bis zu 80%.

Aus diesem Beispiel ist wiederum ersichtlich, daß nur die mit Gesamtwirkungsgrad berechnete Leistung der Sache gerecht wird und ein richtiges Bild der Leistung eines Ventilators gibt.

Wie einfach sich die Einfügung eines mit Elektromotor betriebenen Schraubenventilators in eine Wand gestaltet, zeigt Abb. 96 (von Gebrüder Sulzer A.-G. und Schwestergesellschaft Gebrüder Sulzer A.-G. in Ludwigshafen am Rhein).

Bemerkungen zu Schraubenventilatoren.

Für die Erzeugung kleiner Druckunterschiede sollte der Schraubenventilator viel häufiger angewendet werden, als dies bis jetzt geschieht. Allerdings müßte der Schaufelkonstruktion erhöhte Aufmerksamkeit geschenkt und dieselbe derart ausgebildet werden, daß ein befriedigender Wirkungsgrad erreicht würde.

In dieser Hinsicht können die Luftpropeller als Vorbild dienen, deren experimentelle Untersuchung auf den Flugplätzen vorgenommen wird. Noch lehrreicher sind aber die großen Erfolge, die in neuester Zeit die Propellerturbine zu verzeichnen hat, die für kleine Gefälle eine sehr gute Ausnützung ergibt bei sehr hohen Drehzahlen (Abb. 97). Nach dem Vorschlag von Kaplan können diese Räder in Francis-

Turbinenanlagen eingesetzt werden. Dieses Rad zeigt zwei Eigentümlichkeiten: erstens fehlt der äußere Wandkranz, der bei Ventilator und

Abb. 96.

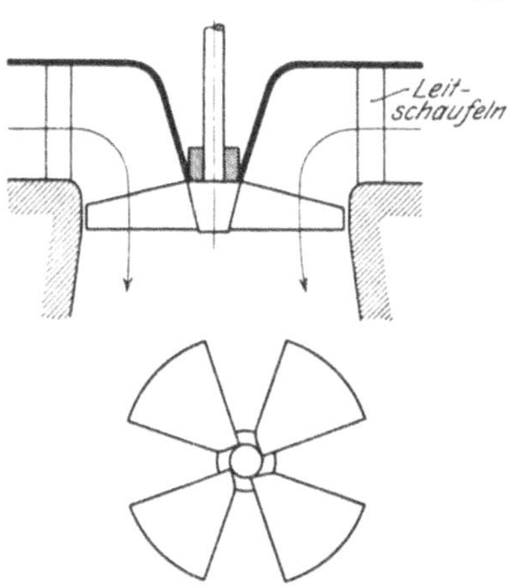

Abb. 97. Keine Wand am Rad.

Francis-Turbine viel Reibung an der stagnierenden Luft bzw. des Wassers verursacht; zweitens fällt die kleine Schaufelzahl auf. Statt 20 bis 30 nimmt man vier Schaufeln, und es zeigt sich, daß die Wirkung wenigstens bei normaler Vollast sehr gut ist[1]).

Die gleichen Gesichtspunkte müssen auch für Schraubenventilatoren gelten, so daß diese wie die Luftpropeller der Flugzeuge ausgestaltet werden sollten mit Wegfall des äußeren Wandkranzes und Verminderung der Schaufelzahl auf 6 bis 4. Der Drehsinn der Turbine und die Strömungsrichtung wird natürlich umgekehrt. Darauf ist konstruktiv Rücksicht zu nehmen.

---

[1]) Siehe z. B. Schweiz. Bauzeitung 1924, Nr. 1—4: Extra-Schnelläufer-Turbinen der A.-G. Maschinenfabrik von Th. Bell & Cie., Kriens.

In bezug auf die Wirkungsweise ist zu sagen, daß der Eintrittswinkel der Schaufeln sehr klein zu machen ist, sogar bedeutend kleiner als der Winkel der relativen Eintrittsgeschwindigkeit w_1, damit die Luft zum Winkel der Geschwindigkeit w_1 gezwungen wird, obgleich die Kanalführung sehr weit auseinanderliegt und wenn auch der theoretische Eintrittsquerschnitt etwas verengt wird (Abb. 98).

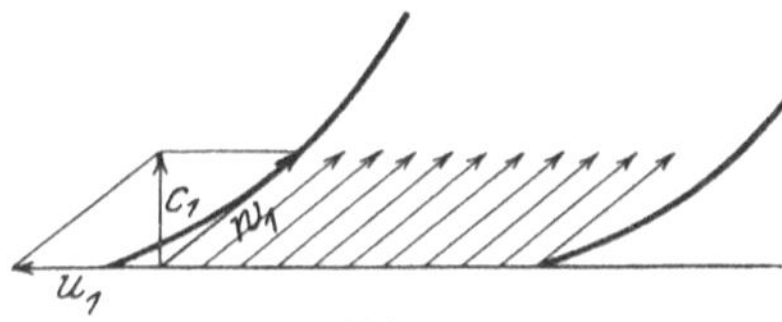

Abb. 98.

Es ist gerade so, als ob die Luft von Schaufeln „aufgeschaufelt" würde. Die Schaufeln werden außen viel länger als innen zufolge der kleinen Winkel. Für Ventilatoren ist u. W. diese Idee bis jetzt noch nicht untersucht worden.

IV. Ausgeführte Ventilatorenanlagen.

Die Luftzufuhr ist bei manchen Lüftungsanlagen, wie z. B. für Bergwerke und Tunnels oder bei einem Hochofengebläse, wenn nicht der einzige, so doch der Hauptzweck. Der vom Ventilator erzeugte Luftstrom dient aber oft auch zum Transport von Energien oder Stoffen, deren Wichtigkeit für die Anlage bestimmend ist.

Nach diesem Gesichtspunkte werden einige Anwendungen des Ventilators an ausgeführten Ventilatoranlagen beschrieben und in einer Reihenfolge vorgeführt, worin der Ventilator in zunehmendem Maße die Rolle eines Hilfsorganes spielt.

1. Provisorische Betriebsventilation des Hauenstein-Basistunnels.

Abb. 99. Profil des Hauenstein in der Tunnelachse.

Zum Zwecke der Lüftung des 8134 m langen Hauenstein-Basistunnels wurde etwas außerhalb der Tunnelmitte ein 130 m tiefer Saugschacht erstellt (Abb. 99 Profil des Hauenstein). Der Durchmesser des Schachtes beträgt 5,60 m, die Querschnittsfläche 24,5 qm. Es war eine Fördermenge von 260 cbm/sek Luft vorgesehen, die von beiden Tunnelschenkeln bei einer Geschwindigkeit von 3 m/sek zusammen vom

Schacht aufgenommen werden sollte, zu deren Bewegung die Ventilatoranlage über dem Schacht eine Depression von 25 mm W.-S. zu erzeugen gehabt hätte. Die Weite des Schachtes war der angenommenen Fördermenge vollkommen angepaßt. Man wählte eine so kräftige Ventilation zum Teil aus dem Grunde, weil das Nordportal 10,7 m höher liegt als der Schachteinlauf, während das Südportal 32,7 m tiefer ge-

Abb. 100.

legen ist als dieser und deshalb der Einfluß des Auftriebes der warmen Luft im Südschenkel, insbesondere bei einer schwachen Ventilatoranlage, dermaßen überwiegt, daß der Nordschenkel erheblich im Nachteil bleibt.

In Anbetracht der Zeitverhältnisse und z. T. wegen später zu erwartender Elektrisierung des Bahnbetriebes kam die Ventilatoranlage über dem Schacht nicht zur Ausführung, erst 1920 entschloß man sich zur Erstellung einer schwächeren Anlage mit provisorischem Charakter, und zwar mit

Fördermenge . . . . = 88 cbm/sek,	Tourenzahl = 64 per Minute,
erzeugtem Unterdruck = 4 mm W.-S.,	Kraftbedarf = 20 PS.

Es wurde indes vorgesehen, nach Bedürfnis später durch Vorschaltung eines zweiten gleichen Ventilators den Unterdruck auf 11 mm W.-S. zu erhöhen.

Abb. 101.

Abb. 102.

Es ist dabei immerhin zu bedenken, daß der Ventilator durch den Auftrieb der warmen Tunnelluft im Schacht unterstützt wird.

Der Schachteinlauf (Abb. 100) ist aus Sicherheitsgründen im Tunnel seitlich angebracht. Die Abb. 101 und 102 zeigen die baulichen Anlagen zur Unterbringung des Ventilators über dem Schacht. Beachtenswert ist der sich außen erweiternde Ausblaseschornstein.

Aus Abb. 103 ist die Konstruktion der von Gebrüder Sulzer, A.-G., Winterthur[1]), installierten zweifachen Ventilatortrommel ersichtlich. $D_2 = 2500$ mm, $D_1 = 2150$ mm, kurze, vorgekrümmte Schaufeln von 175 mm radialer Länge. Eine gute Luftführung ist durch die Leitfläche um die Welle gewährleistet, zuerst ein Konus, dessen Erzeugende geradlinig verlaufen und nachher umbiegen, um radial zum Eintritt in die Schaufeln überzuleiten.

In der Abbildung zeichnen sich die Schattenbilder der Schaufeln auf der Leitfläche ab, so daß ihre gekrümmte Oberfläche deutlich in Erscheinung tritt.

Abb. 103.

Eine Betriebsventilation vermittels Saugschacht hat den Vorzug, daß die Durchfahrt für die Züge frei bleibt. Beim Saccardo-Gebläse ist dies zwar auch der Fall, aber der Wirkungsgrad einer Anlage letzterer Art ist gering, außerdem bildet der Düsenring, aus dem die Luft mit Heftigkeit ausströmt, eine unangenehme Stelle.

Der Wirkungsgrad einer Tunnellüftung mit Vorhang ist ein hoher, hingegen wird das Vorhandensein des letzteren als ein Nachteil empfunden. Bei schwachem Verkehr fällt er indessen nicht sehr ins Gewicht.

2. Ventilatoranlage des Grenchenbergtunnels.

Als Beispiel einer Tunnellüftung mit Vorhang geben wir im Bild ohne weitere Erklärung die von der gleichen Firma ausgeführte Ventilatoranlage des Grenchenbergtunnels und verweisen auf das Berechnungsbeispiel auf S. 89. Abb. 104 gibt eine Ansicht und Abb. 105 einen Dispositionsplan derselben.

[1]) Tochtergesellschaft Gebrüder Sulzer, A.-G., Ludwigshafen a. Rh.

3. Die Saccardo-Gebläseanlage am Dössentunnel.

Das Saccardo-Gebläse dient zur Lüftung von Eisenbahntunnels im Betrieb. Das eigentliche Gebläse ist eine das Tunnelprofil umspannende Ringdüse, aus der die Luft mit großer Geschwindigkeit austritt, wobei ein Teil der Strömungsenergie in Druck umgesetzt wird, der hinreicht, um den Luftreibungswiderstand der Tunnelröhre zu überwinden.

Wenn auch die Düse nur eine passive Rolle spielt, so kann doch, namentlich in Anbetracht der Wichtigkeit dieses Organes, das Strahlgebläse genannt wird, gesagt werden, daß die vom Ventilator gelieferte Luft eine andere Art Gebläse antreibt und daß der Ventilator bei der

Abb. 104.

Lüftung nur mittelbar betätigt ist. Das System wird nach seinem Erfinder, Ingenieur Saccardo, benannt, der dasselbe das erstemal beim Prachiatunnel in Oberitalien anwendete. Es folgten dann nach diesem System die Lüftungsanlagen des Gotthardtunnels, des Kaiser-Wilhelm-Tunnels bei Bochem und verschiedener Tunnels der im ersten Jahrzehnt dieses Jahrhunderts erbauten Tauernbahn, u. a. des Tauern- und des Dössentunnels. Der erstere ist 8550 m lang, der letztere nur 860 m, aber dafür mit einer Steigung von $24^0/_{00}$, die eine künstliche Lüftung notwendig machte.

In neuerer Zeit sind u. W. keine weiteren Saccardo-Tunnellüftungsanlagen erstellt worden. Es wird deshalb nach einer theoretischen Begründung dieses Systems kurz auf den Bau der Lüftungsanlage des Dössentunnels eingetreten und im übrigen verwiesen auf den Aufsatz „Die Tunnel-Lüftungsanlagen der Tauern Bahn“ von Ingenieur Rudolf Schumann in der Z. V. d. I. Bd. 59, Nr. 13 und 16. 1915, und das Buch „Künstliche Lüftung im Stollen- und Tunnelbau und von Tunnels im Betrieb“ von Dr. sc. techn. E. Wiesmann, Ingenieur, Zürich 1919.

Die Wirkungsweise seines Strahlgebläses und die dabei auftretenden Energieverluste sind identisch mit den Erscheinungen, die bei einer

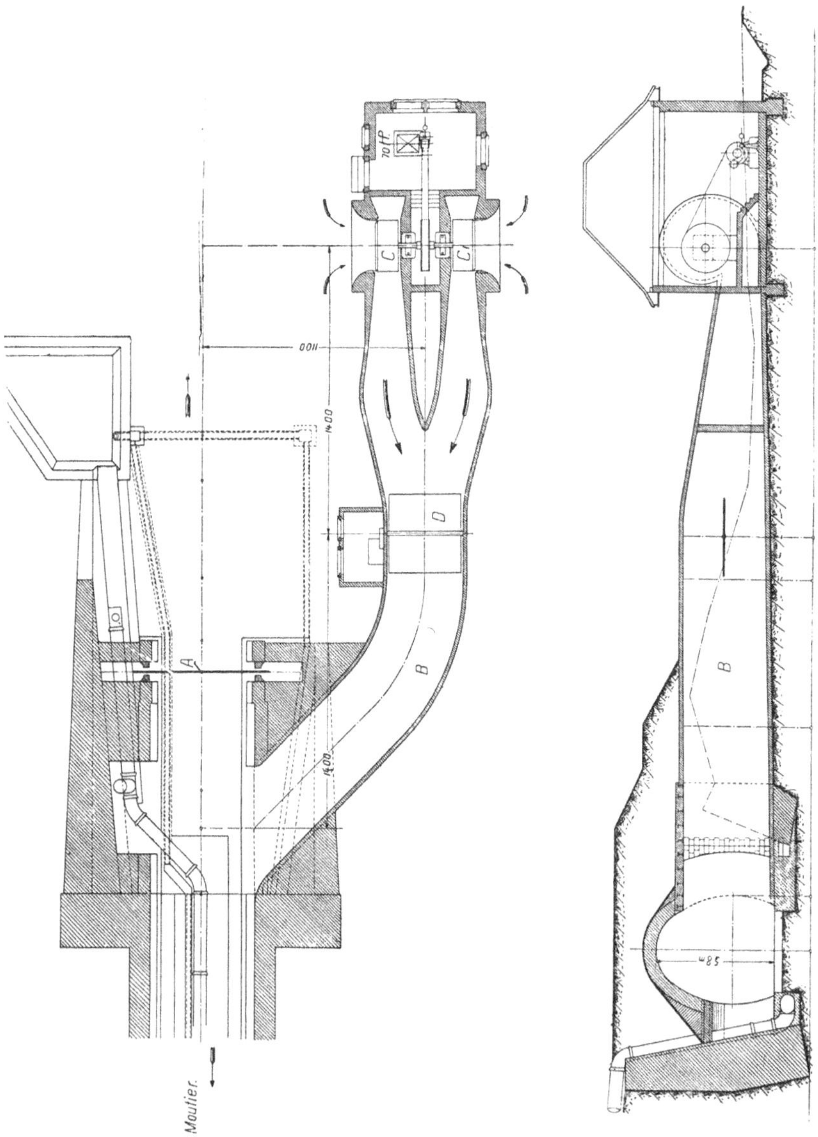

Abb. 105.

plötzlichen Erweiterung in einer Rohrleitung auftreten, deshalb wird vorerst diese untersucht (Abb. 106).

Es ströme aus dem engen Rohr vom Querschnitt F_1 die Flüssigkeit vom spezifischen Gewicht γ und dem Druck p_1 mit der Geschwindigkeit w_1 in den plötzlich erweiterten Teil der Rohrleitung über und verteile sich im Querschnitt F über das ganze Profil. Dann sinkt die Durchflußgeschwindigkeit. Die lebendige Kraft (dynamische Druckhöhe) der Flüssigkeit nimmt ab, ein Teil derselben verwandelt sich in Druck, daher $p > p_1$, ein anderer Teil B setzt sich in Wärme um. Wir nehmen an, daß sich diese Wärme durch die Wände der Rohrleitung verflüchtigt, somit können wir B als einen reinen Verlust betrachten, daher

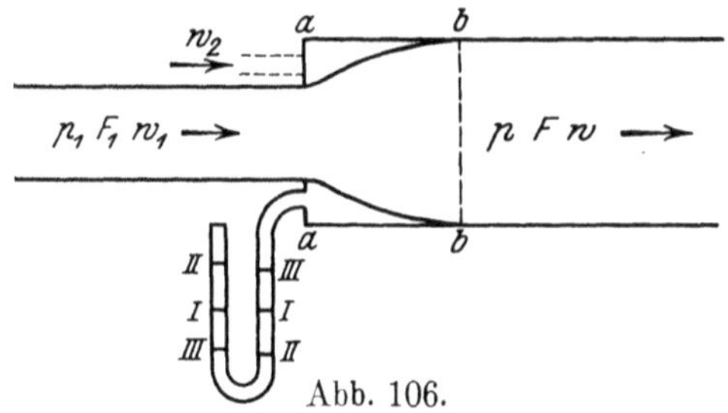

Abb. 106.

$$\frac{p - p_1}{\gamma} = \frac{w_1^2 - w^2}{2g} + B \text{ m L.-S.} \qquad (162)$$

Der Verlust B an Druckhöhe hat den bekannten Wert

$$B = \frac{(w_1 - w)^2}{2g} = \zeta \frac{w^2}{2g}, \qquad (163)$$

$$\zeta = \frac{(w_1 - w)^2}{w^2} = \left(\frac{w_1}{w} - 1\right)^2 = \left(\frac{F}{F_1} - 1\right)^2.$$

Gehen wir vom Atmosphärendruck aus, so bedeuten p_1 und p Überdrücke. Nach w_1 umgerechnet wird $B = \left(1 - \frac{F_1}{F}\right)^2 \frac{w_1^2}{2g}$. Von der dynamischen Druckhöhe $\frac{w_1^2}{2g}$ *bleibt übrig*

$$\frac{w_1^2}{2g} - B = \left[2\frac{F_1}{F} - \left(\frac{F_1}{F}\right)^2\right] \cdot \frac{w_1^2}{2g} = m \frac{w_1^2}{2g}; \quad m < 1. \qquad (163\text{a})$$

Daraus folgt der bekannte Satz über Strahlapparate:

Die Depression oder der Pressungsunterschied ist nur abhängig vom Verhältnis des Querschnittes des Aufsatzrohres zum Düsenquerschnitt.

Beim Durchströmen einer Flüssigkeit durch eine plötzliche Erweiterung unterscheiden wir drei Fälle:

1. Der Widerstand des erweiterten Rohres hält dem Überdruck p das Gleichgewicht. Im Querschnitt a—a (Abb. 106) ist der Überdruck $= 0$. Bringen wir in der senkrechten Wand a—a ein Wassermanometer an, so steht das Wasser in beiden Schenkeln gleich hoch. Wir könnten diese Wand wegnehmen, ohne daß durch die entstandene Öffnung Luft ein- oder ausströmte.

2. Der Widerstand des erweiterten Rohres ist so groß, daß im Querschnitt $a—a$ ein gewisser Überdruck entsteht. Die Flüssigkeitssäulen des Wassermanometers nehmen die Stellung $II—II$ ein. Durch eine Öffnung in der Wand $a—a$ würde Luft rückwärts ausströmen.

3. Der Widerstand des erweiterten Rohres ist so klein, daß sich der statische Überdruck nicht ausbilden kann. An der Wand $a—a$ entsteht ein Unterdruck. Das Wassermanometer zeigt die Stellung $III—III$. Durch eine Öffnung in der Wand $a—a$ würde Luft mit der Geschwindigkeit w_2 angesaugt werden, die sich mit der Treibluft bzw. Flüssigkeit mischt (Strahlpumpe), wodurch durch den Zusammenstoß beider Flüssigkeiten ein zweiter Widerstand entstehen würde. Ein ähnlicher Verlust tritt ein bei dem Rückwärtsausströmen eines Teiles der Treibflüssigkeit. In diesem Fall bleibt ihre Stoßwirkung, hingegen ist die lebendige Kraft der entweichenden Flüssigkeitsmasse verloren.

Der zweite Verlust ist dem in Frage kommenden Gewicht G_2 und der erste dem Gewicht G_1 proportional, und der Gesamtverlust

$$B_g = G_1 \frac{(w_1 - w)^2}{2g} + G_2 \frac{(w_2 - w_1)}{2g} \text{ kg} \tag{164}$$

kann nicht mehr ohne weiteres zusammen als Verlusthöhe in Meter Luftsäule oder Millimeter Wassersäule angegeben werden. Damit sind wir imstande, mit einigen Anpassungen an die gegebenen Verhältnisse ein Saccardo-Gebläse zu berechnen.

Abb. 107a gibt schematisch einen Durchschnitt durch ein Saccardo-Gebläse mit den in Rechnung zu setzenden Größen und darunter eine Darstellung des Druck- und Geschwindigkeitsverlaufes (Abb. 107b). Es empfiehlt sich die Rechnung schrittweise vorzunehmen, besser als sich auf eine allgemeine Formel zu stützen, damit die Übersicht über den Verlauf des Vorganges nicht verlorengeht.

Ausschlaggebend sind folgende Größen:

1. der Düsenquerschnitt F_1;
2. der Querschnitt der Verengung F_2;
3. der Querschnitt des Tunnels F_3;
4. der Neigungswinkel α, den die aus der Ringdüse austretenden Luftstrahlen mit der Achsenrichtung bilden.

Das Verhältnis der vier Größen zueinander bedingt in erster Linie die Größe des Energieverlustes. Neben diesen gesetzmäßigen theoretischen Verlusten treten noch eine Anzahl schwer kontrollierbarer Widerstände auf, die das Rechnungsergebnis trüben. Diese werden zunächst durch Einführung eines Beiwertes berücksichtigt.

Unter diesen besonderen Widerständen haben wir uns folgendes vorzustellen:

a) Eine gleichmäßige Geschwindigkeit der Luftteilchen in demselben Querschnitt des Luftkegels, der relativ groß ist, ist nicht zu erwarten, auch verlaufen die Strahlen in der Tunnelrichtung, bevor sie sich in der Spitze des Kegels treffen; dabei rechnen wir mit einer mittleren Geschwindigkeit.

b) Die Ausflußgeschwindigkeit aus der Düse berechnet sich der Einfachheit halber nach der Bernoullischen Formel. Diese liefert etwas zu große Werte.

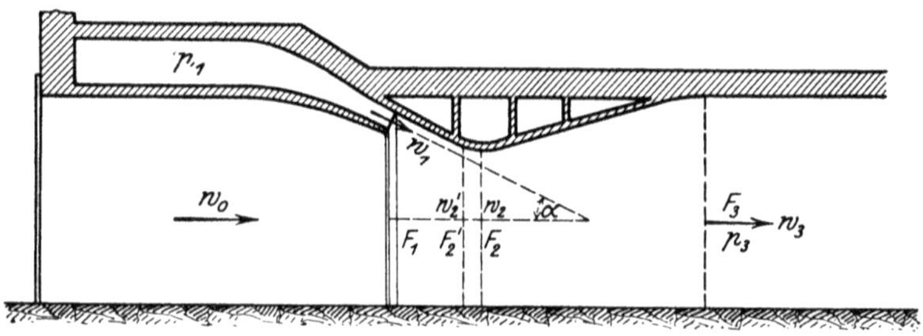

Abb. 107 a.

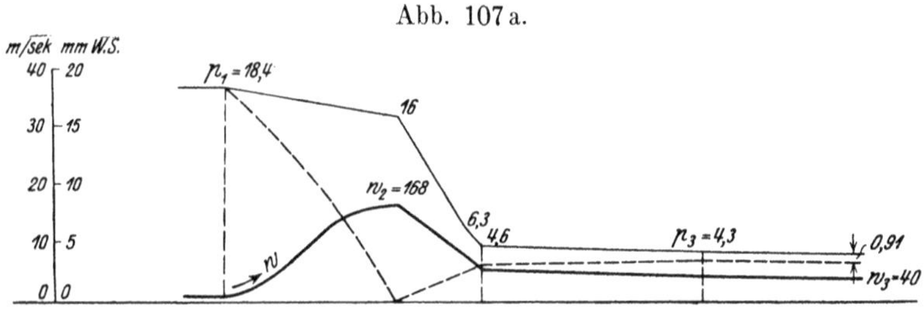

Abb. 107 b.

c) Von gewissem Einfluß ist auch die Entfernung der Düsenöffnung F_1 vom verengten Querschnitt F_2; diese soll möglichst kurz bemessen werden.

d) Daneben bilden sich energieverzehrende Wirbel usw.; außerdem tritt ein Ausgleich der Geschwindigkeiten w_1, w_2 und w_0 nicht gerade an der der Rechnung zugrunde gelegten Stelle ein; der Einfluß dieser Erscheinung entzieht sich der Rechnung.

Der rechnungsmäßig zu erfassende Hauptverlust entsteht beim plötzlichen Übergang der Luft aus dem Düsenquerschnitt F_1 in den 3—5mal größeren Querschnitt F_2. Derselbe beträgt auf die Volumeneinheit bewegter Luft

$$B_{1-2} = \frac{\gamma (w_1 - w_2)^2}{2g} = \gamma \left(\frac{F_2}{F_1} - 1\right)^2 \frac{w_2^2}{2g} \text{ mm W.-S.} \qquad (165)$$

(oder ohne γ in Meter Luftsäule) unter der Voraussetzung, daß der Luftstrom genau im Querschnitt F_2 eine gleichmäßig verteilte Geschwindigkeit vom Mittelwert w_2 annehme.

Nun kann aber der Fall eintreten, daß eine solche schon früher eintritt, z. B. im Querschnitt $F_1' > F_2$ und mit einer Geschwindigkeit $w_2' < w_2$ (Abb. 107a).

In der Folge wird $B_{1-2}' > B_{1-2}$.

Das tritt, wie auch aus dem Versuch von Schumann zu schließen ist, bei einer verhältnismäßig kleinen Ausflußgeschwindigkeit w_1 aus der Düse ein. Darin liegt u. E. die Ursache des schlechten Nutzeffektes dieser Fälle.

Wird bei dem Vorgang zugleich Luft durch das Portal angesaugt, die sich mit der Treibkraft im Querschnitt F_2 vereinigt und mit ihr zusammen die Geschwindigkeit w_2 annimmt, so besteht offenbar das Verhältnis $\frac{w_1}{w_2} = \frac{F_2}{F_1}$ nicht mehr. Es kommt für F_2 eine kleinere Fläche, beim Abstoßen von Luft eine größere in Betracht.

Es sei das Verhältnis der durch den Tunnel bzw. durch F_2 strömenden Luft V zur angesaugten Luft V_0 gleich $1 : \varepsilon$, so besteht das Verhältnis $w_1 : w_2 = (1 - \varepsilon) F_2 : F_1$.

Es kann aber auch der Fall eintreten, daß die Vereinigung von V_1 und V_0 schon früher stattfindet in einem Querschnitt $F_2' > F_2$, so daß tatsächlich eine Verkleinerung der nutzbaren Fläche nicht vorkommt, indem $(1 - \varepsilon) F_1 \geqq F_2$ sein kann.

Die Berechnung hat sich auf die Dimensionen der Anlage und auf die durch den Tunnel strömende Fördermenge zu stützen, deshalb behalten wir für alle Fälle die Fläche F_2 bei und führen dafür einen durch Versuch bestimmten Beiwert ein.

Da unter allen Umständen solche von den Dimensionen abhängige Energieverluste zu erwarten sind, so nehmen wir zuerst einen konstanten Beiwert k an und daneben einen veränderlichen x.

Die Freiheit in der Wahl der Querschnitte F_1, F_2, F_3 ist eine beschränkte. Diese drei Größen sind von den praktischen Bedingungen des Eisenbahnbetriebes abhängig. Innerhalb dieser Einschränkungen gelten für den Entwurf eines Saccardo-Gebläses nachstehende Forderungen:

1. Die Düsenöffnung möglichst groß, doch soll sie so bemessen werden, daß die Ausflußgeschwindigkeit der Luft normalerweise nicht unter 15 bis 20 m/sek sinkt.

2. Der verengte Querschnitt F_2 ist so klein als möglich anzunehmen. Man suche auch, soweit es der Eisenbahnbetrieb zuläßt, die Einschränkung des Lichtraumprofiles auf Schienenhöhe auszunützen, namentlich bei Anlagen für lange Tunnels, d. h. mit einem großen Widerstand.

3. Man wähle den Neigungswinkel α klein, d. h. einen schlanken Strahlenkegel.

4. Trotzdem soll der Abstand zwischen F_1 und F_2 nicht zu groß ausfallen.

5. Scharfe Ecken und Kanten sowie unvermittelte Übergänge sind tunlichst zu vermeiden.

Bei der Berechnung sind die für die Strahlgebläse im allgemeinen geltenden drei Fälle auseinanderzuhalten:

a) es wird ein gewisses Quantum Luft durch das Portal angesaugt;

b) es wird weder Luft angesaugt noch abgestoßen (Grenzfall);

c) es entweicht ein Teil der Treibluft V_1 rückwärts aus dem Portal.

Die Energie dieses Teiles trägt trotzdem zur Druckvermehrung bei, hingegen hat das Abstoßen der Luft große Widerstände zur Folge, überdies geht die lebendige Kraft der entweichenden Luft verloren. Der Fall c) ist der ungünstigste.

Berechnung des Saccardo-Gebläses:

Wir beginnen mit der Aufstellung der Gleichungen.

Es bedeuten:

l = Länge des Tunnels.

U_3 = Umfang des Tunnelprofils.

F_3 = Querschnittsfläche des Tunnels.

F_2 = ,, der Einschnürung.

F_1 = ,, der Düsenöffnung.

V = Luftmenge, die in 1 Sekunde durch den Tunnel gefördert wird.

V_1 = Luftmenge aus der Ringdüse in 1 Sekunde.

$\pm V_0$ = Luftmenge, die durch das Portal angesaugt bzw. abgestoßen wird.

$u_3 = \frac{V}{F_3}$ Luftgeschwindigkeit im Tunnel in m/sek.

$\pm u'_3$ = Mit- bzw. Gegenwind im Tunnel in m/sek.

z_3 = Reibungswiderstand der Tunnelröhre in mm W.-S.

p_3 = statische plus dynamische Druckhöhe zu Anfang des Tunnels in mm W.-S.

$\pm p'_3$ = das nämliche für Mit- bzw. Gegenwind.

p_2 = Druck in Querschnitt F_2.

p'_1 = berechneter Druck in der Luftkammer in mm W.-S.

p_1 = wirklicher Druck in der Luftkammer in mm W.-S.

k = allgemeine Korrektur für zufällige Widerstände.

$$k > 1; \quad \frac{p_1}{p'_1} = x.$$

$$w_2 = \frac{V_2}{F_2}.$$

$$w_1 = \frac{V_1}{F_1} \text{ Austrittsgeschwindigkeit aus der Düse.}$$

$$\varepsilon = \frac{V_0}{V}; \quad V : V_1 : V_0 = 1 : (1-\varepsilon) : \varepsilon.$$

α = Neigungswinkel der Luftstrahlen.
φ = 0,95 Ausflußkoeffizient aus der Ringdüse.
φ^2 = 0,90.
γ = spezifisches Gewicht der Luft.
λ = Reibungskoeffizient des Tunnels.

Die Rechnung ist, von der Fördermenge V ausgehend, rückwärts schrittweise durchzuführen.

Nach Gleichung (61) wird

$$z_3 = \frac{\frac{\lambda}{4}\gamma w_3^2 \frac{U_3}{F_3} l}{2g},$$

$$p_3 = z_3 + \frac{\gamma w_3^2}{2g}. \tag{166}$$

Für λ gelten die Werte 0,025—0,027.

Der natürliche Luftzug (Mit- oder Gegenwind) wird als Druckhöhe $\pm p_3'$ in ähnlicher Weise in Rechnung gesetzt.

Im Querschnitt F_2 ist der Gesamtdruck p_2 um den Druckverlust der Strecke 2—3 größer als p_3:

$$B_{2-3} = \gamma \left(\frac{F_3}{F_2} - 1\right)^2 \frac{w_3^2}{2g}. \tag{167}$$

Wenn Luft angesaugt wird, so entsteht der Druckverlust B_{0-2} infolge des Zusammenstoßes der Luftmenge V_1 mit V_0:

$$B_{0-2} = \frac{\gamma (w_0 - w_2)^2}{2g} \cdot \frac{\varepsilon \cdot (1 - \varepsilon)}{1,00}. \tag{168}$$

Wir bezeichnen mit

$$(p_2) = p_3 + B_{2-3} + B_{0-2}. \tag{169}$$

Das aus der Ringdüse austretende Luftgewicht γV_1 verhält sich zum angetriebenen Gewicht γV wie $(1 - \varepsilon) : 1$. Dieser Umstand wird berücksichtigt durch die Gleichung

$$p_2' = \frac{(p_2)}{1 - \varepsilon}. \tag{170}$$

Da im Strahlenkegel die Luft zur Achsenrichtung der Anlage den Winkel α einschließt und nur die axiale Geschwindigkeitskomponente in Betracht kommt, ist p_2' durch $\cos\alpha$ zu dividieren.

Unter Anwendung der Gleichung (163a) wird der Druck in der Düsenmündung (rein dynamischer Druck)

$$(p_1) = \frac{p_2'}{\cos\alpha \left[2\frac{F_1}{F_2} - \left(\frac{F_1}{F_2}\right)^2\right]} = \frac{p_2'}{\cos\alpha \cdot m}. \tag{171}$$

Endlich kommt noch der Ausflußkoeffizient φ in Anrechnung.

Es wird ohne Berücksichtigung der zufälligen Widerstände der theoretische Druck in der Luftkammer $= \frac{(p_1)}{\varphi^2}$.

Die zufälligen Widerstände werden durch Einführung des Beiwertes $k > 1$ berücksichtigt und somit ist der berechnete Druck in der Luftkammer unter Zusammenziehung sämtlicher Widerstände gleich

$$p_1' = k \cdot \frac{p_3 + B_{2-3} + B_{0-2}}{(1 - \varepsilon) \cos \alpha \cdot m \cdot \varphi^2} \,. \tag{172}$$

Der wirkliche Druck in der Luftkammer wird mit p_1 bezeichnet, der aber mit dem berechneten im allgemeinen nicht genau übereinstimmt, deshalb

$$\frac{p_1}{p_1'} = x\,; \qquad p_1 = x : p_1' \,. \tag{173}$$

Dem Entwurf einer Tunnellüftungsanlage soll eine über einen längeren Zeitraum sich erstreckende Beobachtung der natürlichen Luftströmungen im Tunnel nebst meteorologischen Aufzeichnungen über Windverhältnisse und Barometerstand usw. vorausgehen. Im Falle, daß die Erstellung derselben mit dem Tunnelbau zusammenfällt, müssen auf Grund der meteorologischen Verhältnisse Mit- und Gegenwind geschätzt werden.

Bei Berechnung einer Saccardo-Anlage wird ungefähr folgendermaßen vorgegangen.

Auf Grund einer verlangten Luftgeschwindigkeit w_3 im Tunnel mit dem Querschnitt F_3 wird die normale Fördermenge V festgelegt und daraus die Widerstandshöhe z_3 berechnet. Als Sicherheit bei der Bestimmung des Überdruckes p_3 am Anfang des Tunnels wird ein mäßiger Gegenwind angenommen mit dem Einfluß p_3'. Daraus wird

$$p_3 = z_3 + \frac{\gamma\, w_3}{2g} + p_3' \,.$$

Die allgemeine Form des „Strahlgebläses" wird nach den Regeln 1 bis 5, S. 152, mit Festsetzung der Querschnitte F_1, F_2 und F_3 zum voraus entworfen.

Es wird der Berechnung der Normalfall zugrunde gelegt, d. h. wo weder Luft angesaugt noch abgestoßen wird, mithin $V_0 = 0$ und ebenso $B_{0-2} = 0$ ist. Der Beiwert k wird zu 1,1 bis 1,2 angenommen.

Daraus bestimmt sich nach Gleichung (172) die theoretische Druckhöhe p_1' in der Luftkammer.

Diese wird mit der wirklichen Druckhöhe p_1 verglichen, d. h. mit derjenigen, die nötig ist, um die Luftmenge $V_1 = V$ durch die Düsenöffnung F_1 mit der Geschwindigkeit w_1 zu pressen:

$$w_1 = \frac{V_1}{\varphi F_1} \,.$$

und daraus

$$p_1 = \frac{\gamma\, w_1^2}{2g} \,.$$

Im allgemeinen wird p_1 von p_1' etwas verschieden sein. Damit ist die Normalleistung des Ventilators $p_1 V_1$ gegeben und es kann derselbe entworfen werden. Wichtig ist die Möglichkeit einer weitgehenden Veränderbarkeit der Drehzahl des Motors, wie dies z. B. bei der Dössenlüftung der Fall ist, damit der Ventilator genügt, um unter verschieden starkem Mit- bzw. Gegenwind und bei schwankendem Wert von V_0 eine angemessene Luftmenge zu liefern.

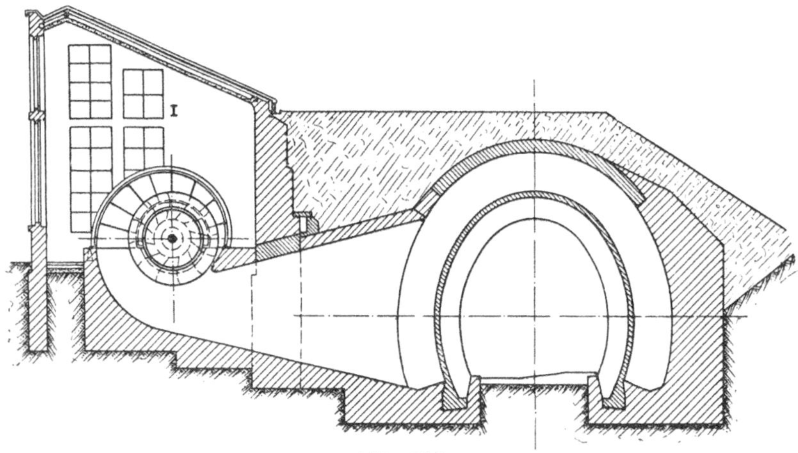

Abb. 108.

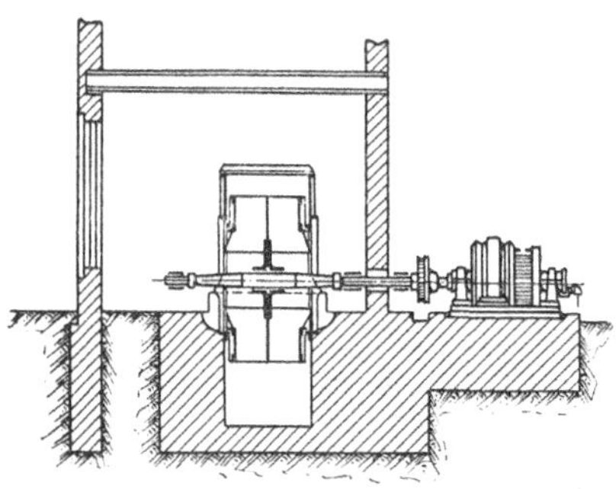

Abb. 109.

Diese Berechnungsart wird mit den Betriebsergebnissen der Dössentunnellüftung verglichen. Vorerst wird diese Anlage in Anlehnung an den genannten Aufsatz von Schumann kurz beschrieben.

Die Luftanlage am Dössentunnel.

Ventilator von Dinnendahl geliefert. Bauart Capell; 3,4 m Raddurchmesser, 1,8 m Radbreite, Drehzahl regulierbar zwischen 70 und 200 Umdrehungen pro Minute. Normale Liefermenge 130 cbm/sek, Antrieb 175 PS. Wird elektrisch betrieben durch einen Drehstromkollektormotor der österreichischen Siemens-Schuckert-Werke, stark regulierbar mit Höchstleistung von 200 PS. Die Anlage wird gekennzeichnet durch die Abb. 108, 109, 110, 111, 112. Auf die baulichen Verhältnisse wird nicht eingetreten. Die Düse a (Abb. 112) besteht aus Eisenbeton mit einer Weite von 35 cm. Die Luftführungsblende (Wulst mit Querschnitt F_2) umfaßt hier, dem verfügbaren Raum entsprechend, das ganze Profil. Die Düsenöffnung ist nicht, wie z. B. bei der Tauern- und Gotthardanlage, unter den Schienen fortgesetzt, ohne daß dadurch die gute Wirkung beeinträchtigt wurde.

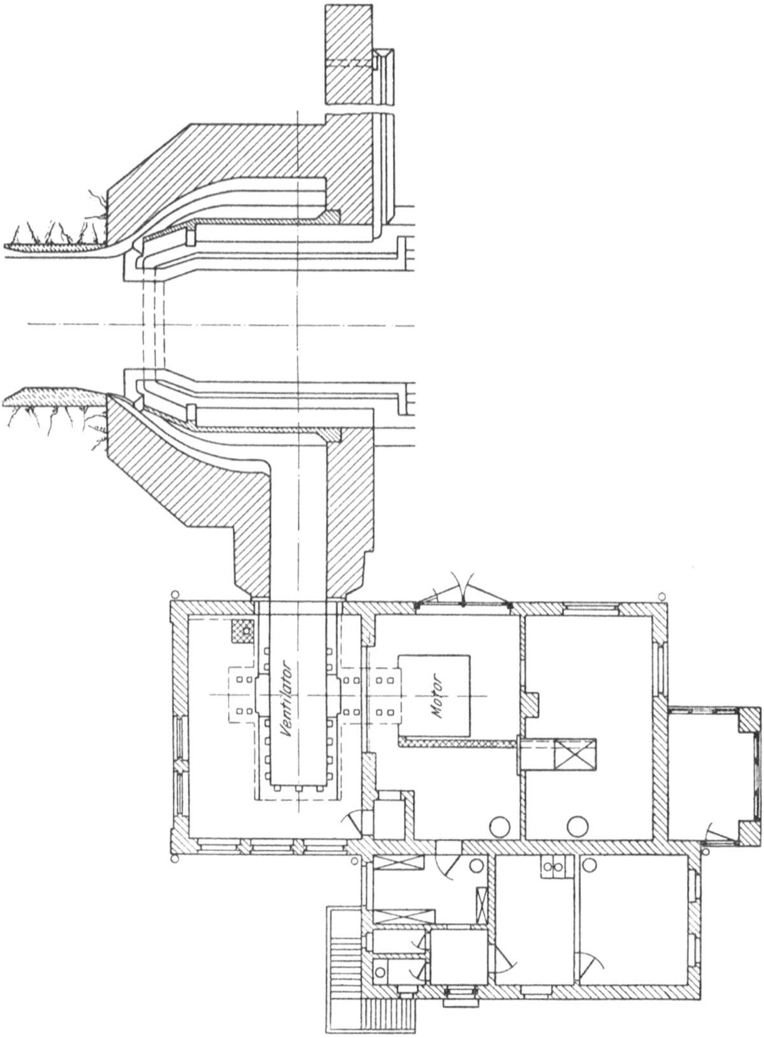

Abb. 110.

Über die Betriebsergebnisse ist im Auszug kurz folgendes zu erwähnen. Die gewünschte Fördermenge von 7800 cbm/min tritt bereits bei 155 Uml/min ein statt erst bei 200, der Vorausberechnung entsprechend.

Der Wirkungsgrad der Düse ist höher als beim Tauerntunnel, weil das Verhältnis $F_1 : F_2$ günstiger bzw. größer ist als am letzteren, wie denn auch das Saccardo-System für einspurige Tunnel geeigneter ist als für das weite Profil eines zweispurigen Tunnels.

Der Wirkungsgrad der Düse, die Druckabnahme hinter der Düse sowie die nachgesaugten oder abströmenden Luftmengen sind aus Zahlentafel 9 ersichtlich. Die Reibungsziffer λ beträgt auch hier 0,026 für die Tunnellänge $l = 798{,}6$ m und der Durchmesser $D = 5{,}6$ m des auf einen Kreis umgerechneten Tunnelprofils.

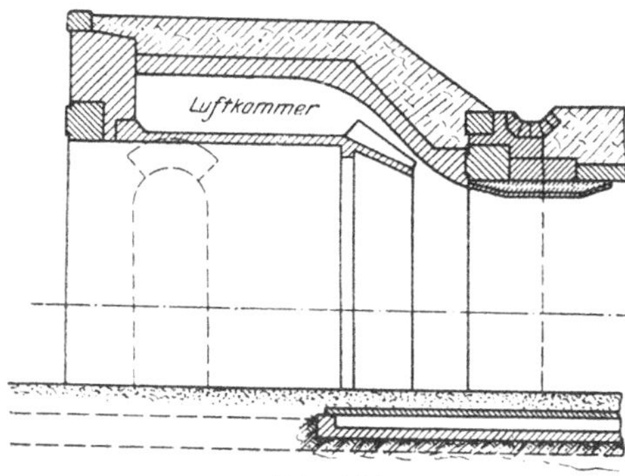

Abb. 111.

In der Wiedergabe der genannten Zahlentafel werden die Luftmengen pro Sekunde angegeben und einige unserer Berechnungsart entsprechende Bezeichnungen eingeführt.

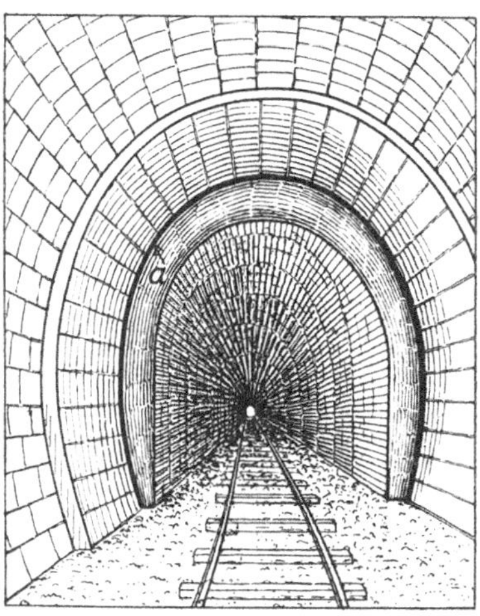

Abb. 112.

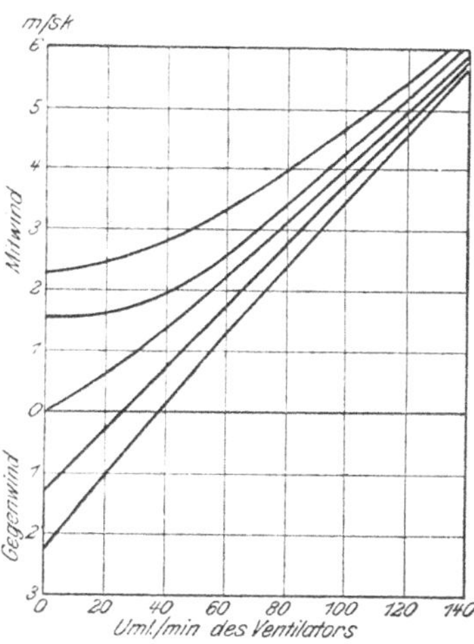

Abb. 113.

Der Einfluß der natürlichen Strömungen im Tunnel in Beziehung zu den Umlaufzahlen ist Abb. 113 dargestellt. Der Verlauf der Geschwindigkeitskurven ist ein gesetzmäßiger und stetiger. Wir ersehen daraus, daß bei 140 Uml/min der Einfluß des natürlichen Luftzuges in bezug auf die erzielte Luftgeschwindigkeit nicht mehr groß ist und daß z. B. bei einem Gegenwind von 2,2 m/sek die Luftgeschwindigkeit im Tunnel bei ungefähr 40 Umdrehungen des Ventilators Null wird u. a. m.

Um die Betriebsergebnisse unserer Berechnungsart zugänglich zu machen, sind die entsprechenden Bezeichnungen einzuführen. Die Größenverhältnisse sind im Original nicht angegeben und können deshalb aus den Beobachtungen und den Abbildungen nur annähernd genau bestimmt werden. Die Genauigkeit der Berechnungsresultate leidet etwas darunter.

Größenverhältnisse.

Aus den Versuchen ergibt sich $F_1 = 5$ qm,
eingeschnürte Stelle . . . . . $F_2 = 20$ qm,
Tunnelquerschnitt . . . . . . $F_3 = 26{,}5$ qm,
daraus . . . . $F_1 : F_2 = 1 : 4$, $F_2 : F_3 = 1{,}325$,
Winkel der Luftstrahlen . . . . $\alpha \sim 23^\circ$,
$\varphi = 0{,}95$, $\varphi_2 = 0{,}90$, $\gamma = 1{,}112$, $\cos\alpha \sim 0{,}92$.

$$m = 2\frac{F_1}{F_2} - \left(\frac{F_1}{F_2}\right)^2 = 2 \cdot \frac{1}{4} - \frac{1}{16} = 0{,}4375\,.$$

Zahlentafel 9.

Betriebsergebnisse der Dössenluftanlage, umgerechnet auf 1 Sekunde, nebst Ergänzungen zur Berechnung der Gleichung. ($k = 1{,}1$).

Natürl. Wind vor d. Versuch u_3' m/sek	Nr.	Ventilatorgeschwindigkeit Uml/min	V_1 cbm/sek	w_1 m/sek	V cbm/sek	w_3 m/sek	V_0 cbm/sek	$\frac{V_0}{F_2}$ w_0 m/sek	$\frac{V}{V_0}$ ε	$\frac{V - V_0}{V}$ $1-\varepsilon$	p_1 mm W.-S.	p_3 mm W.-S.	B_{2-3} mm W.-S.	B_{0-2} mm W.-S.	p_1' mm W.-S.
a +225	1	3050	50,83	10,09	90,00	3,4	39,17	1,96	0,435	0,565	7,2	1,6	0,070	0,117	9,5
	2	4050	67,50	13,50	106,00	4,0	38,50	1,92	0,363	0,637	11,8	2,9	0,097	0,155	15,0
	3	5050	84,17	16,83	125,00	4,72	40,83	2,02	0,327	0,673	18,4	4,4	0,135	0,225	21,6
	4	6050	100,80	20,16	143,00	5,41	42,70	2,14	0,298	0,702	26,9	6,3	0,177	0,302	29,5
	5	7050	117,50	23,50	167,00	6,3	49,50	2,48	0,297	0,703	37,3	8,5	0,244	0,412	39 8
b 0	6	3050	50,83	10,09	61,00	2,3	10,17	0,51	0,167	0,833	7,2	1,4	0,032	0,052	5,5
	7	4050	67,50	13,50	82,20	3,1	14,70	0,73	0,178	0,822	11,8	2,6	0,058	0,091	10,4
	8	5050	84,17	16,83	106,17	4,0	22,00	1,10	0,208	0,792	18,4	4,3	0,097	0,166	17,6
	9	6050	100,80	20,16	132,50	5,0	31,70	1,82	0,239	0,762	26,9	6,3	0,151	0,244	26,8
	10	7050	117 50	23,50	156,70	5,9	39,20	1,96	0,254	0,750	37,3	8,7	0,210	0,368	37,8
c −220	11	3050	50,83	10,09	37,33	1,41	−13,50	−0,67	−0,360	1,360	7,2	2,0	0,012	0,180	4,92
	12	4050	67,50	13,50	66,33	2,5	−1,17	−0,056	−0,017	1,017	11,8	3,5	0,038	0,014	10,9
	13	5050	84,17	16,83	93,17	3,52	9,00	0,45	0,096	0,904	18,4	5,1	0,075	0,088	17,8
	14	6050	100,80	20,16	122,00	4,6	21,20	1,06	0,173	0,817	26,9	7,5	0,127	0,208	29,0
	15	7050	117,50	23,50	148,83	5,62	31,33	1,67	0,211	0,789	37,3	10,0	0,190	0,318	41,0

In dem genannten Buch über Tunnellüftung sind sämtliche 15 Beobachtungen nach unserer Berechnungsart untersucht worden und die Resultate wurden der obigen Zahlentafel 9 eingefügt. Es zeigte sich mit den Beobachtungen eine ziemlich gute Übereinstimmung. Der

Beiwert hat zwar keinen konstanten Wert. Er schwankt, die extremsten Fälle ausgenommen, zwischen 0,99 und 1,12. Der Mittelwert aus 11 Fällen ist $k = 1{,}105$. Die extremen Fälle 0,93 bis 1,52 beziehen sich auf solche mit schwacher Speisung der Luftkammer, d. h. niedrigen Ausströmungsgeschwindigkeiten w_1, die also ziemlich weit entfernt von der Normalleistung liegen.

Als Rechnungsbeispiel werden die Betriebsergebnisse Nr. 8 herausgegriffen und es werden von p_3 ausgehend rückwärts die Zwischenresultate der Berechnung von p_1' und p_1 angegeben. Diese sind auch in Abb. 107b graphisch dargestellt.

Nr. 8. $p_3 = 4{,}300 \begin{cases}\text{dyn. Anteil} = 0{,}910, \\ \text{stat. Anteil} = 3{,}390,\end{cases} \quad w_3 = 4{,}00 \text{ m/sek},$

$$B_{2-3} = 0{,}097$$

$$B_{0-2} = 0{,}166$$

$$(p_2) = 4{,}563 \begin{cases}\text{dyn. Anteil} = 1{,}500 \\ \text{stat. Anteil} = 3{,}063\end{cases} \quad w_2 = 5{,}30,$$

$$p_2 = \frac{(p_2)}{(1-\varepsilon)\cdot\cos\alpha} = \frac{4{,}563}{0{,}792\cdot 0{,}92} = 6{,}27 \text{ mm W.-S.},$$

$$p_1' = k\frac{p_2}{m\cdot\varphi^2} = 1{,}10\,\frac{6{,}27}{0{,}4375\cdot 0{,}90} = 17{,}6 \text{ mm W.-S.}$$

mit $k = 1{,}16$ wird $p_1' = 18{,}4$ „ „

p_1 beobachtet $= 18{,}4$ „ „

Für weitere Ausführungen wird auf die beiden vorgenannten Schriften verwiesen.

4. Luftheizung unter Verwertung der Abwärme von elektrischen Generatoren[1]).

Es ist bekannt, daß ungefähr 95% der von der Turbinenwelle auf den Generator übertragenen mechanischen Arbeit in letzterem in elektrische Energie, der zirka 5% betragende Rest in Wärme umgesetzt wird. Bei größeren Kraftwerken macht diese Wärmeproduktion einen ansehnlichen Betrag aus, und man ist deshalb in neuerer Zeit bestrebt, denselben in geeigneter Weise für den Bedarf des Werkes nutzbar zu machen. Die nächstliegende Verwendungsmöglichkeit ist die Heizung der verschiedenen Betriebs- und Lagerräume, Werkstätten usw. mit Hilfe einer Luftheizungsanlage. Je nach Konstruktion der Generatoren sind prinzipiell zwei verschiedene Ausführungsarten solcher Anlagen gegeben.

Bei Generatoren mit vertikaler Welle ist das Generatorgehäuse unten und oben offen; die aus dem Untergeschoß an den Ankerwicklungen vorbeistreichende Luft führt die darin erzeugte Wärme durch

[1]) Mitteilungen von Gebrüder Sulzer A.-G., Winterthur, aus d. Bulletin des S. E. V.

die oberen Gehäusedurchbrechungen in den Maschinensaal. Dieser erfährt dadurch eine Erwärmung, welche um so größer ausfällt, je geringer die Wärmetransmissionsverluste des Saales sind. Da es sich dabei in der Regel um hohe, geräumige, gut beleuchtete und daher viel Fensterfläche enthaltende Hallen handelt, ist der Wärmebedarf zu ihrer Heizung relativ groß. Die Abwärme der Generatoren wird also im Winter in den wenigsten Fällen eine nennenswerte Überschreitung der normalen Innentemperatur im Maschinensaal zu bewirken vermögen, da eine solche naturgemäß stets eine proportionelle Erhöhung der Wärmetransmission nach sich zieht.

Ist aber ein Wärmeentzug aus dem Saal doch möglich, ohne daß die Innentemperatur dadurch ein zulässiges Maß unterschreitet, so kann es sich nur um die Entnahme von Luft mit Raumtemperatur, also mit relativ mäßigem Wärmeinhalt, handeln. Es sind daher zur Herbeiführung eines bestimmten Heizeffektes verhältnismäßig große Luftmengen, also auch große Ventilatoren, Kanäle usw., notwendig. Außerdem kann die Luft nur zur Heizung solcher Lokalitäten verwendet werden, deren Innentemperatur stets um einige Grade unter der Maschinensaaltemperatur bleiben darf. Bureaus und ähnliche Lokale, die auch bei großer Kälte auf zirka 18° C erwärmt werden müssen, kommen für diese ausschließliche Heizungsart also meistens nicht in Frage, und es bleibt diese auf die Temperierung von Magazinen, Werkstätten oder ähnliche Räume beschränkt.

Günstigere Verhältnisse lassen sich für geschlossene Generatorgehäuse schaffen. Die Kühlluft wird dabei, sei es infolge der eigenen Ventilatorwirkung des Laufrades, sei es durch speziell hierfür aufgestellte Gebläse, zwangsläufig an den Wicklungen vorbei in einen Sammelkanal geführt. Durch entsprechende Reduktion des Luftquantums kann dieselbe auf eine höhere Temperatur gebracht werden; 45 bis 50° C ist als Höchstwert anzusehen. Die Wärme steht also für Heizzwecke in hochwertiger Form zur Verfügung, womit die Möglichkeit einer weitgehenden Verwendung geschaffen wird. Vom heiztechnischen Standpunkt aus ist also stets diese Lösung anzustreben.

Das im Laufe des Jahres 1921 dem Betrieb übergebene Kraftwerk Eglisau (Abb. 114) hat eine Luftheizung der erstbeschriebenen Art erhalten. Trotzdem die Projektierung desselben in das Jahr 1918 zurückreicht, war es damals nicht mehr möglich, eine andere Lösung zu erwirken, da der Stand der baulichen Arbeiten und der Maschinenbestellungen dies nicht mehr gestattete. Übrigens waren auch bei der Wahl der elektrischen Generatoren dieser Anlage andere Gesichtspunkte als die Abwärmeverwertung maßgebend. Das Werk enthält 7 Drehstromgeneratoren zu 3600 kW Dauerleistung. Es ist damit gerechnet, daß während der Heizperiode zeitweise der Wasserstand des Rheines die Benützung von nur 3 Generatoren gestatte. Die stündliche Wärmeerzeugung derselben berechnet sich also zu

$$\frac{3600 \cdot 3 \cdot 5 \cdot 860}{100} = 465\,000\,\text{WE}.$$

Die Wärmetransmission des Maschinenhauses beträgt bei -10° C Außen- und $+15^\circ$ C Innentemperatur zirka 410 000 WE/Std. Mit dem Überschuß von rund 55 000 WE können die an die Luftheizung angeschlos-

Abb. 114. Kraftwerk Eglisau. Kurz vor Fertigstellung. Hinten an der Decke drei Warmluftaustrittsöffnungen. („*A*" der Abb. 115.)

senen Räume bei gleicher Außentemperatur auf zirka 5—6° C temperiert werden. Trotzdem dies als etwas niedrig bezeichnet werden muß, wurde eine anderweitige Zusatzheizung für die meisten dieser Räume nicht vorgesehen, da diese und noch tiefere Außentemperaturen in der Regel nur höchst selten und nie andauernd auftreten. Bei milder Witterung, z. B. bei 0° Außentemperatur, erhöht sich die Raumtemperatur im Maschinensaal auf zirka 25° C und es können in diesem Falle die übrigen Räume auf 10 bis 12° C erwärmt werden.

Abb. 115 ist eine schematische Darstellung der Anlage. Aus dieser ist zu ersehen, daß die Luftheizung im Sommer auch zur Lüftung benützbar ist, indem vom Ventilator an Stelle der warmen Maschinenhausluft frische, von außen entnommene Luft gefördert wird. Der Antrieb des Gebläses erfolgt mittels eines Elektromotors von 2 PS Leistung, mit 50% Tourenregulierung.

Alle geheizten bzw. ventilierten Räume besitzen untere, ein Teil

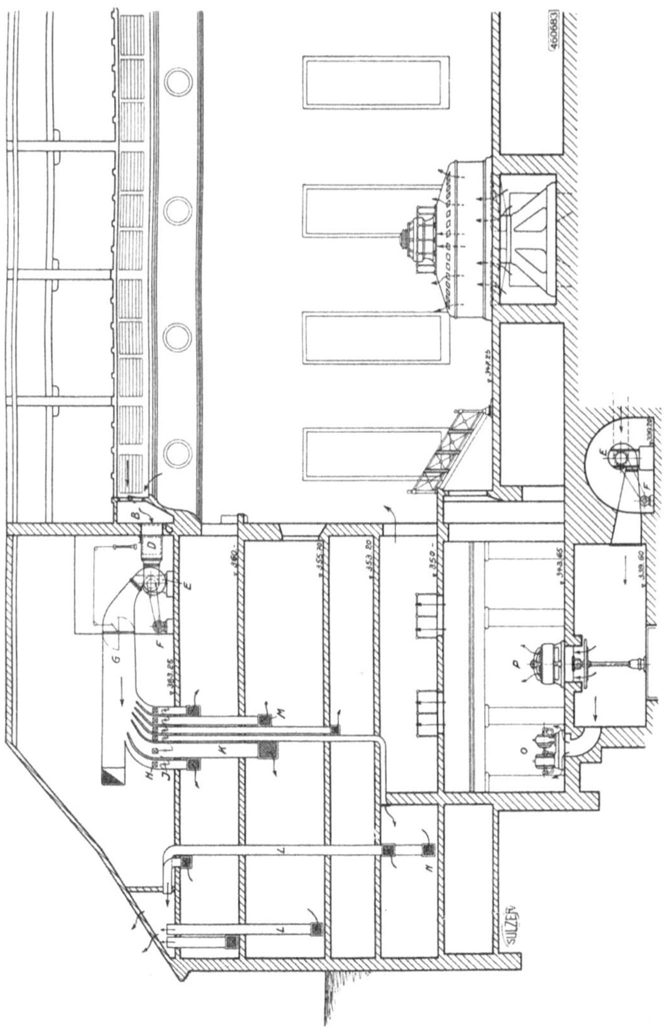

Abb. 115.

A = Warmluftaustritt vom Maschinensaal, d. h. Eintritt in den Warmluftkanal, B = Warmluftkanal, C = Frischlufteintritt von außen, D = Umstellklappe, E = Ventilator, F = Motor, G = Hauptabschlußklappe, H = Kontrolldeckel, I = Regulierklappen, K = Warmluftkanäle zu den Räumen, L = Abluftkanäle, M = Warmluftgitter, N = Abluftgitter, O = Erregergruppe, P = Generator für Eigenbedarf.

derselben auch obere Luftklappen. Ein Trockenraum für nasse Dienstkleider wird reichlich gelüftet und elektrisch geheizt.

Dem Gleichstromgenerator von zirka 130 kW Dauerleistung für Eigenbedarf, welcher durch eine besondere, das Gefälle der Glatt[1]) ausnützende Turbine ...

[1]) Ein in der Nähe, linksseitig einmündender Nebenfluß des Rheins.

nützende Turbine angetrieben wird, führt ein zweiter Ventilator die nötige Kühlluft zu. Die letztere dient im erwärmten Zustande alsdann zur Heizung und Lüftung des Regulierraumes der Eigenbedarf-Schaltanlagen und, da letzterer mit dem Maschinensaal in offener Verbindung steht, auch zur Unterstützung der Heizung in diesem.

Entsprechend der geschlossenen Bauart der Generatoren in der Zentrale Küblis der Bündner Kraftwerke A.-G. erhält dort die

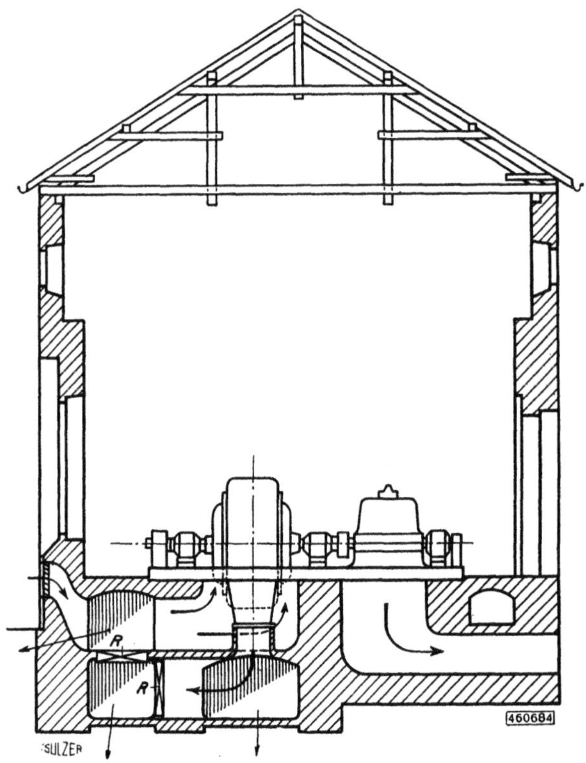

Abb. 116.

Luftheizanlage eine von der Anlage in Eglisau abweichende Einrichtung. In Küblis kommen sechs Hochdruckturbinen mit horizontaler Welle und geschlossenen Generatorgehäusen zur Aufstellung. Die Gesamtleistung wird zirka 50 000 kW betragen, und es kann also bei voll ausgebauter Anlage mit einer stündlichen Wärmeproduktion der Generatoren von zirka 1,7 Millionen Wärmeeinheiten gerechnet werden.

Unter Abzug des Wärmebedarfes des Maschinenhauses wird eine erhebliche Wärmemenge zu Heizungs- und eventuell anderen Zwecken zur Verfügung bleiben.

Die Abb. 116 und 117 zeigen die Luftführung zu und von den Generatoren. Die Außenluft, welche von den in den Generatoren eingebauten Ventilatoren angesaugt wird, tritt bei B ins Maschinenhaus ein und gelangt durch kurze Kanäle in die Generatorgehäuse, in welchen sie beim

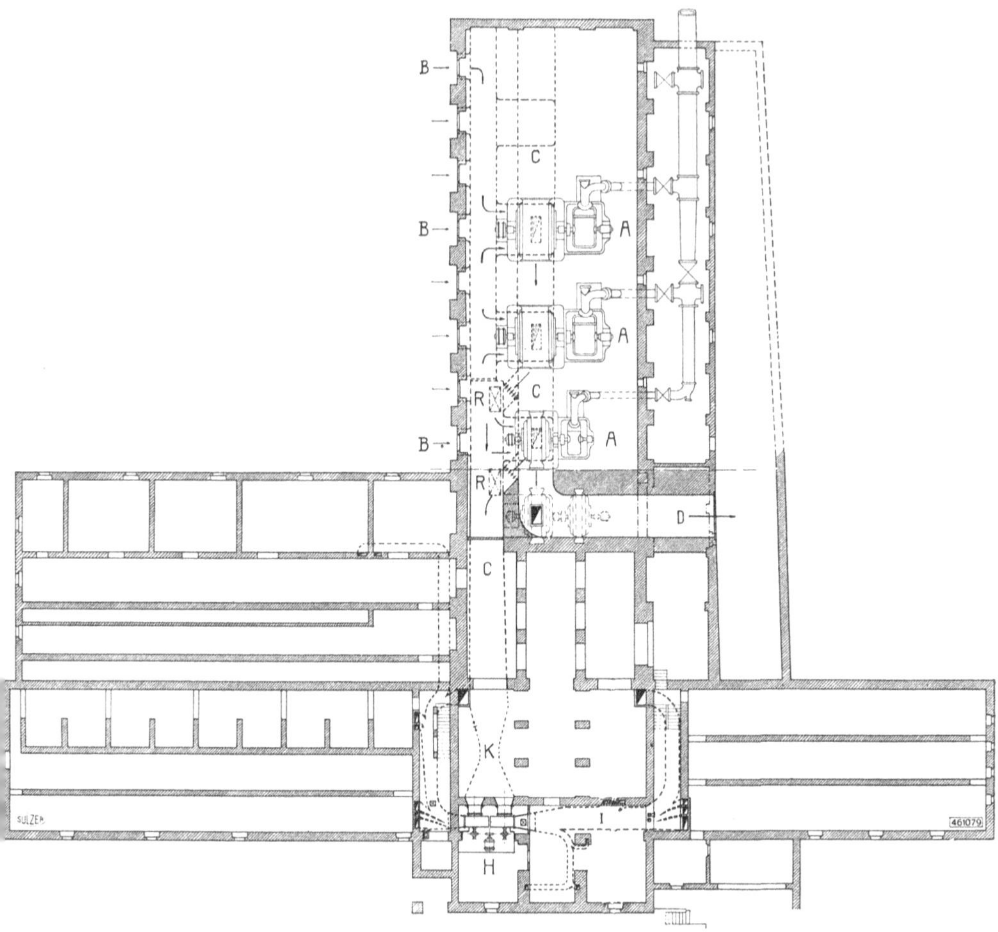

Abb. 117.
A = Generatoren, B = Frischlufteintritte, C = Warmluftsammelkanal, D = Warmluftaustritt ins Freie, H = Ventilator, I = Warmluftverteilkanal, K = Meßstelle, R = Luftklappen.

Durchstreichen der Wicklungen Wärme aufnimmt: aus den Gehäusen der Generatoren gelangt die auf zirka 50° C erwärmte Luft in den Warmluftsammelkanal C.

Ist nun Bedarf an warmer Luft für die Beheizung der Kraftzentrale vorhanden, so werden die Regulierklappen R mehr oder weniger geöffnet — je nach Außentemperatur — und mittels der Ventilatoren *H* ein Teil der warmen Luft aus dem Sammelkanal angesaugt und in die zu beheizenden Räume verteilt; die übrige Luft aus *C* gelangt durch den Kanal *D* ins Freie. Hier können nun weitere Kanäle sich anschließen, welche die erwärmte Luft verschiedenen industriellen Verwendungsstellen — z. B. Trocken- und Entneblungsanlagen — zuführen. Die Ventilatoren *H* sind nur für das zum Heizen der Kraftzentrale benötigte Luftquantum berechnet; ihre Dimensionen und der Anschaffungspreis sind daher verhältnismäßig niedrig.

Braucht die Zentrale nicht geheizt zu werden, so schließt man die Klappe *R* dicht ab und die ganze Generatorluft strömt durch den Kanal *D* ab. Die Luftheizungsanlage kann im Sommer außerdem zur Kühlung der betreffenden Räume benutzt werden, bei geschlossenen Regulierklappen *R* die Frischluftklappen geöffnet und Außenluft von den Ventilatoren *H* direkt angesaugt und in die zu kühlenden Räume gedrückt.

Um die von den Ventilatoren *H* geförderte Luftmenge und danach die Wirkung der Heizung kontrollieren zu können, ist im Kanal *C* eine Einschnürung *K* nach dem Venturiprinzip vorgesehen, welche als Meßstelle dient und mit einem Volumeter in Verbindung steht; die durchströmende Luftmenge kann fortwährend von einem selbstregistrierenden Instrument aufgenommen werden. Aus dieser kurzen Beschreibung ergibt sich ohne weiteres die Zweckmäßigkeit solcher Abwärmeanlagen. Besonders vorteilhaft wird die Ausnützung der Generatorwärme, wenn in der Nähe der elektrischen Zentrale sich Betriebe befinden, welche die überschüssige Wärme in der einen oder anderen Form für ihre Fabrikation verwenden können.

Ist dies nicht der Fall, so bietet immerhin die Möglichkeit, alle Räume einer hydro-elektrischen Zentrale durch die sonst verlorengehende Abwärme der Generatoren zu beheizen, augenscheinliche Vorteile.

Die beschriebene Anlage in Eglisau wurde von Gebrüder Sulzer A.-G., in Winterthur ausgeführt und hat sich seitdem im Betriebe, ebenso wie die im Winter 1921/22 fertiggestellte Abwärmeverwertungsanlage des Elektrizitätswerkes Küblis, bewährt.

5. Das Trocknen mit überhitztem Dampf.

(Nach Mitteilungen der Maschinenfabrik Oerlikon.)

Während beispielsweise bei einer Gruben- oder Tunnellüftungsanlage oder einem Hochofengebläse die vom Ventilator gelieferte Luft die Hauptleistung darstellt, gibt es Anwendungen des Ventilators, bei denen er nur mehr die Rolle eines Hilfsorganes spielt, während andere Organe die Anlage charakterisieren, wie im vorliegenden Falle einer Trockenanlage, worin der Ventilator immerhin die Erzeugung des erforderlichen Luft- oder Dampfstromes unterhält, aber im Vergleich zu der Wichtigkeit anderer Organe, wie Heizkörper, Trockenraum und Rohrleitungssystem mit den verschiedenen Zu- und Abflußreglern in den Hintergrund tritt. Es wird deshalb bei der Besprechung dieses Gegenstandes nicht weiter auf die Eigenschaften des Ventilators eingetreten, sondern derselbe einfach als gegeben angenommen.

Das Trocknen mit überhitztem Dampf scheint noch wenig Anwendung gefunden zu haben, auch sind in den spärlichen Literaturstellen, wo dieses Trockenverfahren und seine Vorteile beschrieben sind, kaum Versuchsergebnisse zu finden. Es dürften daher einige Angaben über dieses Trockenverfahren, insbesondere über Versuche, die die Maschinenfabrik Oerlikon durchgeführt hat, Interesse bieten.

Beim Trocknen in der Luft oder mit Luft wird, wie bekannt, die Verminderung des Feuchtigkeitsgehaltes des Trockengutes durch Verdunsten des Wassers erreicht, d. h. bei einer Temperatur, die tiefer liegt als die Siedetemperatur des Wassers. Der sich bildende Wasserdampf mischt sich dabei mit der Luft und der Druck des Wasserdampfes bildet einen Teildruck des Atmosphärendruckes. Bei einer bestimmten Temperatur kann die Luft nur eine bestimmte Dampfmenge aufnehmen; ist dieser Grenzzustand erreicht, so ist sie mit Wasserdampf voll gesättigt und enthält dem Gewicht nach genau soviel Dampf, wie wenn der Raum nur mit Dampf von entsprechender Temperatur und zugehöriger Spannung angefüllt wäre. Da das Gewicht von 1 cbm gesättigten Dampfes mit steigender Temperatur sehr rasch zunimmt, ist es zu empfehlen, die Luft möglichst warm dem Trockenraum zuzuführen. Erreicht oder überschreitet die Temperatur der Abluft aus dem Trockenraum die Siedetemperatur des Wassers, so tritt der Wasserdampf als überhitzter Dampf aus, die Trocknung erfolgt dann durch Verdampfen des Wassers.

Auf diesen bekannten Eigenschaften beruht das Trocknen in der Industrie. Die Luft, wie sie in der Atmosphäre zur Verfügung steht, ist im allgemeinen mit Wasserdampf nicht voll gesättigt; auch gelingt es in der Regel nicht, sie beim Durchströmen durch das Trockengut voll zu sättigen. Die durch Holz- oder Kohlenfeuer, Dampf oder elektrischen Strom erwärmte Luft wird durch den eigenen Auftrieb oder durch Ventilatoren durch das Trockengut befördert. Sehen wir von den Aufwärmeverlusten des Gutes und des Trockenraumes sowie von den Ausstrahlungsverlusten ab, so ist die der Luft zuzuführende Wärme gleich derjenigen, die zur Verdunstung bzw. Verdampfung des Wassers nötig ist, vermehrt um die noch in der Abluft enthaltene Wärmeenergie. Diese ist für den Trockenvorgang verloren. Der höchste Wirkungsgrad wird also da erreicht, wo keine Abluft vorhanden ist, was beim Trocknen mit überhitztem Dampf zutrifft.

Zum besseren Verständnis der Trocknung mit überhitztem Dampf soll eine kurze Beschreibung auch der übrigen Trockenverfahren vorausgeschickt werden. Es sei

Q die zugeführte Wärmemenge in kal/sek,
G_L die in den Trockenraum geführte Heißluft in kg/sek,
G_W das im Trockenraum verdampfte Wasser in kg/sek,
c_p die spezifische Wärme der Luft in kal/kg,
λ die Gesamtwärme bei der Anfangstemperatur des Trockengutes in kcal/kg,
q die Flüssigkeitswärme bei der Anfangstemperatur des Trockengutes [in kcal/kg,
t_1 die Temperatur der Frischluft in °C,
t_h die Temperatur der Heißluft in °C,
t_2 die Temperatur der Abluft in °C,
η der Wirkungsgrad des Trockenverfahrens.

Dann ist, abgesehen von den Aufwärme- und Strahlungsverlusten und bei trockener Luft, was wir der Einfachheit halber voraussetzen, bei einer dem Trockenraum zugeführten Wärme Q, der Wirkungsgrad der Trocknung

$$\eta = \frac{G_w (\lambda - q)}{Q}.$$

a) Gewöhnliche Trocknung mit Heißluft (Heißluftverfahren).

Die am meisten verbreitete gewöhnliche Trocknung mit Heißluft besteht darin, daß Frischluft erhitzt dem Trockenraum zugeführt wird und nach Durchströmen des Trockengutes vermischt mit Wasserdampf ins Freie tritt. In Abb. 118 ist dieses Trockenverfahren schematisch veranschaulicht (ausgezogene Linien). Die Frischluft mit der Temperatur t_1 wird durch das Rohr R_1 vom Ventilator angesaugt und zum Heizkörper H gedrückt, von wo sie, auf t_h erhitzt, dem Trockenraum T zugeführt wird. Hier gibt die Heißluft einen Teil der im Heizkörper aufgenommenen Wärme an das Trockengut zur Verdampfung des Wassers ab und strömt, mehr oder weniger mit Wasserdampf gesättigt, mit der Temperatur t_2 durch das Rohr R_2 ins Freie. Die der Frischluft zugeführte Wärme Q ist $Q = G_L c_p (t_h - t_1)$ und der Wirkungsgrad $\eta_1 < 1$, weil in der Abluft die Wärme $G_L c_p (t_2 - t_1)$ nutzlos verlorengeht.

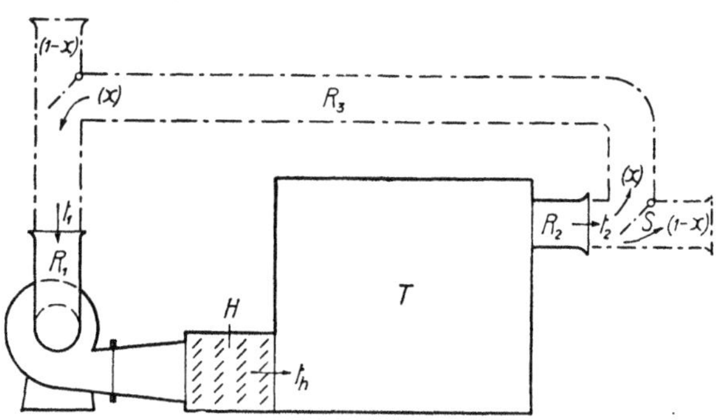

Abb. 118.

b) Trocknung mit Heißluft und teilweiser Rückführung der Abluft (Umluftverfahren).

Wie bereits eingangs erwähnt wurde, zeigen die ausgeführten Anlagen mit gewöhnlicher Trocknung, daß im allgemeinen die Abluft mit Wasserdampf nicht voll gesättigt ist; es wird daher mehr Frischluft erwärmt als der Ablufttemperatur entsprechend nötig wäre, d. h. der Wirkungsgrad der Trocknung ist nicht der höchst mögliche. Die Praxis hat diesen Nachteil bald erkannt und das Verfahren dadurch verbessert, daß soviel Abluft der Frischluft beigemengt und dem Heizkörper und Trockenraum wieder zugeführt wird, bis die Abluft voll gesättigt den Trockenraum verläßt. In Abb. 118 ist der Unterschied dieses Umluftverfahrens gegenüber der gewöhnlichen Trocknung mit strichpunktierten Linien angegeben. Durch einen im Austrittsrohr R_2 angeordneten einstellbaren Schieber S wird ein Teil x der Abluft durch eine Leitung R_3 dem Saugrohr R_1 des Ventilators zugeführt, wo sie, vermischt mit Frischluft, dem Heizkörper H und dem Trockenraum T zuströmt. Der Rest $(1 - x)$ der Abluft strömt durch das Rohr R_2 ins Freie. Die zugeführte Wärme Q ist in diesem Falle

$$Q = (1 - x)\, G_L\, c_p\, (t_h - t_1) + x\, G_L\, c_p\, (t_h - t_2)\,,$$

wobei der verhältnismäßig kleine Betrag für die Erwärmung des Wasserdampfes der Umluft nicht berücksichtigt ist. Der Wirkungsgrad η_2 ist auch hier $\eta_2 < 1$, weil in der Abluft noch die Wärme $(1 - x)\, G_L\, c_p\, (t_2 - t_1)$ verlorengeht.

c) Trocknung mit überhitztem Dampf (Heißdampfverfahren).

Wird Abb. 118 der Schieber S so gestellt, daß die Abluft keinen Zutritt ins Freie, sondern nur zum Rohr R_3 erhält, und ferner der Frischluftzutritt gesperrt, so wird die den Trockenraum verlassende Luft wieder dem Ventilator und Heizkörper zugeführt und aufs neue erwärmt; die Heißlufttemperatur wird steigen, ebenso jene des aus dem Trockenraum erneut dem Ventilator zuströmenden Gemisches von Luft und Dampf, und nach wenigen Kreisläufen wird das Gemisch am Austritt aus der Trockenkammer die Sättigungstemperatur des Wasserdampfes bei atmosphärischem Druck übersteigen. Um im Trockenraum atmosphärischen Druck aufrechtzuerhalten, muß dafür gesorgt werden, daß dem aus dem Trockengut entweichenden Dampf Raum gegeben wird; dies geschieht am einfachsten durch Anbringen einer entsprechend großen Öffnung ins Freie. Das Volumen des aus dem Trockengut entweichenden Dampfes ist ein Vielfaches des Trockenraumes, und es wird daher nach einer gewissen Zeit der Trockenraum fast ausschließlich mit Dampf ausgefüllt sein, und da dessen Temperatur höher ist als die Sättigungstemperatur, so erfolgt die Trocknung mittels überhitztem Dampf.

In Abb. 119 ist das Verfahren schematisch dargestellt. Der Ventilator saugt den aus dem Trockenraum T austretenden Abdampf durch den Stutzen R_2 und die Rohre R_3 und R_1 an und drückt ihn durch den Heizkörper H wieder in den Trockenraum, wo der überhitzte Dampf Wärme an das Trockengut abgibt; ein Teil des Abdampfes strömt durch das Rohr R_4 ins Freie.

Da der Dampf aus dem Trockengut selbst gebildet wird, so geht, abgesehen von den Aufwärme- und Strahlungsverlusten, keine Wärme nutzlos verloren. Der Wirkungsgrad dieses Trockenverfahrens ist also $\eta_3 = 1$.

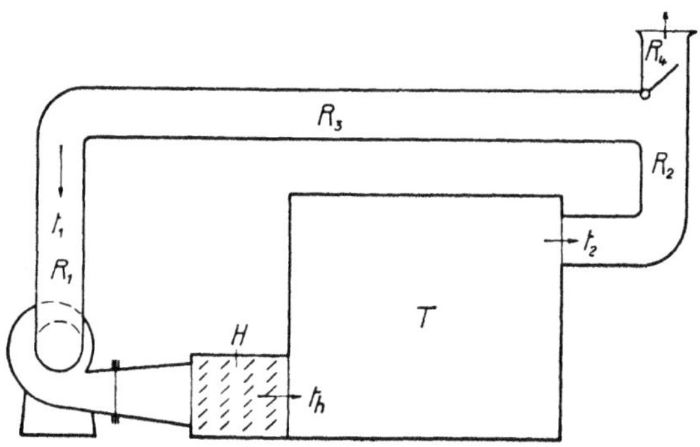

Abb. 119.

Das Heißdampfverfahren arbeitet also mit dem höchsten Wirkungsgrad und wäre aus diesem Grunde den anderen Trockenverfahren vorzuziehen. Bei atmosphärischem Druck steigen aber die Temperaturen über 100° C, und so hohe Temperaturen sind nicht überall zulässig. Dies dürfte erklären, warum das Heißdampfverfahren bis heute nur wenig Anwendung gefunden hat. Es ist allerdings nicht an dem atmosphärischen Druck gebunden; so kann die Trocknung ebensogut im Vakuum, als auch in höherem als atmosphärischem Druck erfolgen, und dementsprechend bei Temperaturen, die unter bzw. über 100° C liegen. Die Herstellungskosten des Trockenraumes werden aber für diese Fälle wesentlich höher, und man wird von Fall zu Fall untersuchen müssen, ob nicht schon das Umluftverfahren, das nicht an eine bestimmte Temperatur gebunden ist, genügt.

Aufwärme- und Strahlungsverluste.

Der Vergleich der verschiedenen Trockenverfahren erfolgte bis jetzt ohne Berücksichtigung der Wärmeenergien, die nötig sind, um das Trockengut. die Rahmen und Gestelle und die Trockenkammer selbst aufzuwärmen; ebenfalls wurden die Strahlungsverluste der Trockenkammer nicht berücksichtigt. Diese Verluste erreichen nun aber gewöhnlich ganz erhebliche Beträge, so daß der Wirkungsgrad beim Heißdampfverfahren wesentlich unter 1 liegt. Die Verluste treten bei allen Trockenverfahren auf und werden bei gleichen Temperaturen für alle Verfahren ungefähr dieselben sein.

Um das im Trockengut enthaltene Wasser zu verdampfen, muß das Gut auf eine höhere Temperatur gebracht werden als es ursprünglich hat, und zwar ist diese Temperatur abhängig von der Art und Beschaffenheit des Gutes und von der gewünschten Zeitdauer des Trocknens. Das Gut verläßt den Trockenraum jedenfalls mit einer höheren Temperatur als es ursprünglich besitzt, und diese zum Aufwärmen nötige Wärme oder doch ein großer Teil derselben ist als verloren zu betrachten. Das gleiche gilt für die Gestelle und Wagen, auf denen das Gut im Trockenraum aufgeschichtet ist. Der Trockenraum selbst ist durch Wände von der Umgebung abgeschlossen, und die Wärme zum Aufwärmen der Wände geht im allgemeinen auch oder zum größten Teil verloren. Dazu kommen die Leitungs- und Strahlungsverluste der Trockenkammer an die Umgebung, die abhängig sind von der Bauart der Kammer und der Zeitdauer des Trocknens.

Die Aufwärme- und Strahlungsverluste werden oft viel zu wenig berücksichtigt, und daher beträgt die zur Bestreitung dieser Verluste nötige Wärme häufig ein Vielfaches der zur Verdampfung des Wassers erforderlichen. Man trifft heute Trockenanlagen mit Wirkungsgraden von nur 20%, ja sogar von weniger als 10%. Wenn auch nicht alle mit schlechtem Wirkungsgrad arbeitenden Trockenvorgänge verbesserungsfähig sind, so würde sich immerhin bei vielen eine genauere Untersuchung lohnen. Die Aufwärme- und Strahlungsverluste wie auch die Herstellungskosten sind häufig für die Wahl des Trockenverfahrens entscheidend.

Die Maschinenfabrik Oerlikon hat das Heißdampfverfahren für besondere Fälle gut ausgebildet, so für Gießereitrockenöfen und für künstliche Trocknung von Torf und ebenso zum Trocknen verschiedener Lebensmittel zur Herstellung von Trockenkonserven für Menschen und Tiere.

6. Spänetransportanlagen.

(Nachstehende Abhandlung verdanken wir der Firma G. Meidinger & Cie., Basel, Spezialfabrik für Elektromotoren und Ventilatoren.)

„Die Hauptbestandteile einer Spänetransportanlage sind: Die Spänefänger, die Rohrleitung, der Exhaustor (saugender Ventilator) und eine Vorrichtung zur Trennung der Luft von den Spänen, der Späneabscheider.

Die Art der mit den Maschinen erzeugten Späne und sonstigen Abfälle sind ausschlaggebend für die Wahl der Größe der Sauganschlüsse und der nötigen Luftgeschwindigkeit. Die größere Zahl der Arbeitsmaschinen wird heutzutage mit Fängern ausgestattet, wodurch die Aufnahme der Späne und des Staubes am Entstehungsort möglich ist, was Ersparnis an Transportluft bedeutet. Wichtig ist die Form der Fänger, welche so gewählt werden muß, daß eine Behinderung des bedienenden Arbeiters nicht eintritt und daß die von den Werkzeugen gegebene Flugrichtung der Abfälle in die Richtung der abströmenden Luft fällt. Von der Maschine erzeugte zusätzliche Luftströme sollen unterstützend auf den Saugluftstrom wirken. Maschinen, welche nicht mit Fängern ausgerüstet sind, erhalten eine Anzahl in der Nähe angeordnete Kehrlöcher, die auch zum Aufsammeln von frei umherfliegenden Abfällen dienen. Oft werden die Transportleitungen von den einzelnen Maschinen mit Absperrschiebern versehen, um bei Außerbetriebsetzung an Betriebskosten für die Transportanlage zu sparen. Diese Sparsamkeit ist, wenn zu viele Maschinen gleichzeitig abgesperrt werden, oft von unangenehmen Folgen. Die Zweigleitungen müssen aufeinander abgestimmt werden, diese Abstimmung wird gestört und es ist leicht einzusehen, daß dadurch die Luftmenge vermindert und die Geschwindigkeit in den Rohrleitungen herabgesetzt wird. Die Folge davon ist eine Ausscheidung von Spänen und schließlich die Verstopfung der Rohrleitung.

Die Rohre werden meist aus Blech von 1 bis 2 mm Stärke hergestellt, die Nähte genietet, gefalzt oder geschweißt. Die Schweißung ist zwar die teuerste, aber auch die beste Verbindung. Die seitliche Einmündung von Nebenrohren in den Hauptstrang soll im spitzen Winkel bei richtiger Querschnittsbemessung erfolgen, nötige Krümmer sind mit großem Radius auszuführen. In Abständen von etwa 4 m sind Flanschen vorzusehen. Bei Bemessung der Rohrquerschnitte sind auch wirtschaftliche Fragen von Bedeutung. Die Verlegung der Rohre erfolgt entweder an der Decke des Arbeitsraumes, auf dem Fußboden oder in abgedeckten Kanälen unter diesem. Der Exhaustor, meist in einem Blechgehäuse, ist stets ein sogenanntes Transportgebläse, gekennzeichnet durch wenige kräftig gestaltete Flügel, Vermeidung einer seitlichen Flügeldeckung und starke Lagerausführung. Mitgerissene Abfallstücke führen zeitweise eine starke Beanspruchung der Flügel herbei. Aus diesem Grunde werden oft Stückfänger zum Abfangen größerer Holzstücke kurz vor dem Exhaustor eingebaut.

Die Trennung der Späne, des Staubes und der Abfälle von der mitgeführten Luft erfolgt entweder in großen Kammern, in welchen die Luftgeschwindigkeit herabgemindert wird, so daß sich das Material, dem Gesetze der Schwere folgend, ausscheidet, oder in Fliehkraftausscheidern, bei welchen die Fliehkraft die Trennung bewirkt.

Nachfolgend sei noch kurz auf die Berechnung der Strömungsvorgänge in der Rohrleitung eingetreten. Zur Bewegung der Luft durch die Rohrleitung ist eine Druckdifferenz P erforderlich, welche in Millimeter Wassersäule ausgedrückt sei. Diese Druckdifferenz ist aufzuwenden zur Überwindung des Widerstandes, welcher sich dem Eintritt der Luft und der Späne in die Rohre entgegenstellt, des sog. Eintrittsverlustes, der mit H_e bezeichnet werde. Weiterhin muß der Reibungswiderstand überwunden werden, der sich dem strömenden Luft-Späne-Gemisch in der Rohrleitung entgegensetzt. Dieser werde mit H_r bezeichnet. Schließlich muß die Luft nach dem Zustand der Ruhe in den Zustand der Bewegung übergeführt werden, d. h. beschleunigt werden, um dann in diesem Zustand die Rohrleitung zu verlassen; der Widerstand, den die Luft dabei findet, wird die Geschwindigkeitshöhe, auch Austrittsverlust genannt, und werde mit H_a bezeichnet. Es ist also:

$$P = H_e + H_r + H_a .$$

Es bezeichne ferner

Q = Luftmenge in cbm pro Minute,
w = Luftgeschwindigkeit in m/sek,
γ = spezifisches Gewicht der Luft, angenommen zu 1,226,
g = Beschleunigung = 9,81,
ζ = eine Erfahrungszahl für Eintrittsverluste,
λ = Reibungszahl der Luft in Blechrohrleitungen $= 0{,}0125 + \frac{0{,}0011}{D}$,
l = Rohrlänge in m,
D = Rohrdurchmesser in m,
F_r = Querschnitt des Rohres in qm im Lichten,
h = Druckziffer in mm W.-S.

Damit gelten folgende Beziehungen:

$$H_e = \zeta \frac{\gamma w^2}{2g},$$

$$H_r = \lambda \frac{l}{D} \cdot \frac{\gamma w^2}{2g},$$

$$H_a = \gamma \frac{u^2}{2g} .$$

Das im beifolgenden Rohrplan (Abb. 120) mit 5 bezeichnete Rohr weist z. B. eine Länge von 19 m und 130 mm Durchmesser auf. Bei der eingeschriebenen Luftgeschwindigkeit von 12,9 m pro Sekunde errechnet sich ein Reibungswiderstand von

$$H_{r5} = \left(0{,}0125 + \frac{0{,}0011}{0{,}13}\right) + \frac{19}{0{,}13} \cdot \frac{1{,}226 \cdot 12{,}9^2}{2 \cdot 9{,}81} = 32{,}65 \text{ mm W.-S.}$$

Die Druckdifferenz von H_e zur Überwindung der Eintrittswiderstände hängt von der Form der Fänger ab. Im Falle des Rohres 5 werde $\zeta = 0{,}13$ angenommen, dann wird

$$H_e = 0{,}13 \cdot \frac{1{,}226 \cdot 12{,}9^2}{2 \cdot 9{,}81} = 1{,}35 \text{ mm W.-S.}$$

Bei der Verfolgung der Strömungsvorgänge empfiehlt es sich, das von Dr.-Ing. V. Blaess angegebene Verfahren der Einführung der äquivalenten Weiten anzuwenden[1]). Der Vollständigkeit wegen soll auf diesen bekannten Begriff kurz eingetreten werden.

[1]) Blaess, Dr.-Ing. V.: Die Strömung in Röhren und die Berechnung weitverzweigter Leitungen und Kanäle. München und Berlin 1911.

Betrachtet man Rohr 5, so findet man, daß bei der dort angegebenen Geschwindigkeit eine Luftmenge von

$$Q_5 = 60\,F_r \cdot w = \frac{60 \cdot 0{,}13^2\,\pi \cdot 12{,}9}{4} = 10{,}3\ \text{cbm/min}$$

durch das Rohr strömen muß. Dieser Strömung setzt sich der bereits berechnete Rohrreibungswiderstand $H_{r5} = 32{,}65$ mm W.-S. entgegen. Man kann für dieses Rohr eine Öffnung oder Düse finden, welche die gleiche

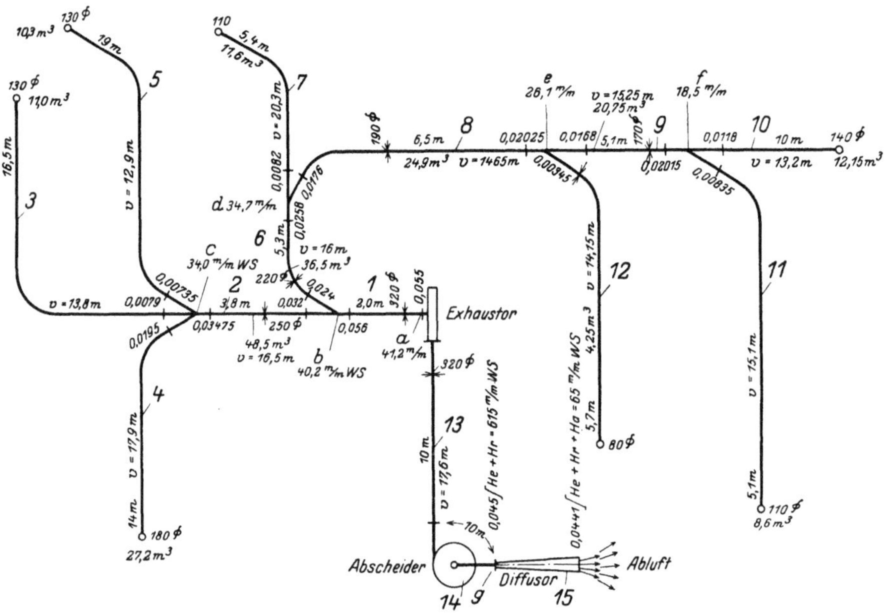

Abb. 120.

Luftmenge bei der dem Rohrreibungswiderstand entsprechenden Druckdifferenz hindurchströmen läßt. Da diese Öffnung nur als Vergleichsgröße dienen soll, nimmt man die Ausflußzahl zu 1 an, setzt also eine theoretisch vollkommene Öffnung oder Düse voraus. Diese Öffnung werde mit F_ϱ oder als der Rohrreibung gleichwertige (äquivalente) Fläche bezeichnet.

Es ist nun $\quad Q = 60\,F_\varrho \cdot w,$

ferner $\quad w = \sqrt{\dfrac{h \cdot 2g}{\gamma}},$

also $\quad Q = 60\,F_\varrho \cdot \sqrt{\dfrac{h \cdot 2g}{\gamma}},$

umgeformt $\quad F_\varrho = \dfrac{Q}{60\sqrt{\dfrac{2g \cdot h}{\gamma}}} = \dfrac{Q}{240\sqrt{h}}.$

Bei dem vorerwähnten Beispiel würde sich die der Rohrreibung gleichwertige Fläche also ermitteln zu

$$F_\varrho = \frac{10,3}{240\sqrt{32,65}} = 0,00752 \text{ qm}.$$

Der Einströmungsverlust am Fänger des Rohres 5 betrug, wie berechnet, 1,35 mm W.-S. und entspricht einer gleichwertigen Düse von

$$F_e = \frac{10,3}{240 \cdot \sqrt{1,35}} = 0,037 \text{ qm}.$$

Abb. 121.

Die Weiten F_ϱ und F_e sind hintereinandergeschaltet. Es gilt die Beziehung

$$\frac{1}{F_{ae}^2} = \frac{1}{F_\varrho^2} + \frac{1}{F_e^2},$$

$$F_{ae} = \sqrt{\frac{1}{\frac{1}{F_\varrho^2} + \frac{1}{F_e^2}}} = 0,00735 \text{ qm}.$$

In gleicher Weise ergeben sich die Weiten der Stränge 3 und 4. Am Mündungspunkt c werden die einzelnen Weiten addiert. Die Weite der Stränge 3, 4, 5 beträgt also bei Punkt $c = 0,03475$ qm. Diese Weite wird, wie gezeigt, hinter Rohr 2 geschaltet. Für die Rohre 2, 3, 4, 5 ergibt sich dann bei b eine Weite von 0,032 qm. Dieses Verfahren fortgesetzt ergibt bei Punkt g für diese verzweigte Rohrleitung, für Eintrittsverluste und Rohrreibung eine Gesamtweite von 0,045 qm. Sollen pro Minute 85 cbm Luft durch diese Leitung strömen, dann ergibt sich

Abb. 122. Ansaugung von Spänen einer Bandsäge.

Abb. 123. Ansaugung von Spänen einer Fräse.

die für Überwindung der Widerstände nötige Druckdifferenz $H_e + H_r$ zu

$$\left(\frac{Q}{240 \cdot 0{,}045}\right)^2 = \left(\frac{85}{240 \cdot 0{,}045}\right)^2 = 61{,}5 \text{ mm W.-S.}$$

Um geringe Austrittsgeschwindigkeiten und damit einen geringen Austrittswiderstand H_a zu erhalten, sei noch das konische Rohr *15* am Ende der Rohrleitung angebracht. Der größte Durchmesser betrage 485 mm, entsprechend einem Austrittsquerschnitt von 0,1847 qm. Die Gesamtweite der Rohrleitung wird, wenn dieser Querschnitt noch vorgeschaltet wird,

$$F_{ae} = \sqrt{\frac{1}{\frac{1}{0,045^2} + \frac{1}{0,1847^2}}} = 0,0441 \text{ qm}.$$

Abb. 124. Ansaugung von Spänen einer schwedischen Hobelmaschine.

Die nötige Gesamtdruckdifferenz beträgt somit

$$P = \left(\frac{85}{240 \cdot 0,0441}\right)^2 = 65 \text{ mm W.-S.}$$

Die einzelnen Rohrstrecken erhalten Luftmengen entsprechend ihren gleichwertigen Weiten, die Druckverteilung läßt sich für jeden Leitungspunkt in gleicher Weise bestimmen.

Bei der Berechnung einer neuen Spänetransportanlage geht man derart vor, daß man zunächst die Ausschlußweiten der Rohre an den einzelnen Maschinen festlegt und hierauf die Rohrführung bestimmt. Man addiert zunächst einfach die Querschnitte und bestimmt dann die gleichwertigen Weiten. Nach Festlegung der Gesamtluftmenge kann die Luftverteilung ermittelt werden. Genügen die gefundenen Werte nicht, so muß eine Veränderung der Rohrabmessungen vorgenommen und eine neue Rechnung durchgeführt werden."

Abb. 125. Druckleitung. Späneabscheider und Spänekammer einer Spänetransportanlage.

Im Anschluß an diese ziemlich ausführliche Erläuterung der Berechnung einer verzweigten Rohrleitung können wir dem Studierenden nur raten, zwecks Einführung in dieses interessante Gebiet die in dem Rohrplan (Abb. 120) niedergeschriebenen Zahlenwerte nachzurechnen, teils direkt, teils nach der graphischen Methode S. 41 oder unter Benützung des Blaessschen Rohratlasses.

Von den 65 mm W.-S.-Widerstand entfallen 41,2 auf die Saugwirkung (h_s) des Ventilators und 23,8 mm W.-S.-Druckwirkung h_d, also $h_s + h_d = 41{,}2 + 23{,}8 = 65$ mm W.-S.

Unter der Annahme eines Energiewirkungsgrades des Ventilators $\eta_e = 0{,}60$ beträgt der Kraftverbrauch

$$N_e = \frac{65 \cdot 85}{60 \cdot 75 \cdot 0{,}60} \backsim 2 \text{ PS}.$$

Ein zu dieser Anlage passender Ventilator (Exhaustor) der Firma Meidinger & Cie. ist in Abb. 121 dargestellt.

Die Abb. 122—124 beziehen sich auf die Anwendung auf verschiedene Holzbearbeitungen mit ihren „Fängern". Nähere Erklärungen finden sich unter diesen Abbildungen.

Abb. 125 zeigt einen Späneabscheider mit Druckleitung (Bauart System Meidinger).

7. Bemerkungen über Trocknen, Entnebelung, Entstaubung und Spänetransport.

Nach Mitteilungen des „Ventilator A.-G." Stäfa (Schweiz).

a) Trockenanlagen. Beim Bau einer Trockenanlage kommt es vor allem auf eine möglichst große Schonung des Trockengutes an. Eine Hauptrolle spielt dabei die Temperatur, denn fast bei allen Materialien gibt es eine höchstzulässige Temperatur, die nicht überschritten werden darf. Verträgt das Trockengut nur eine verhältnismäßige niedrige Temperatur, so wählen wir eine Vakuumtrockenanlage, weil diese eine lebhafte Verdunstung bzw. Verdampfung des zu entziehenden Wassers bei niedrigen Temperaturen ermöglicht.

Die den Umständen angemessene beste Ausnützung der zugeführten Wärme wird stets angestrebt, ein möglichst rascher und billiger Entzug der Feuchtigkeit ist aber nicht immer möglich. Ganz besondere Aufmerksamkeit verlangt die künstliche Trocknung des Holzes. Neben der Innehaltung einer bestimmten Temperatur ist die Art der Erwärmung zu Beginn des Trockenprozesses von größter Wichtigkeit. Das Holz soll langsam und so erwärmt werden, daß die Temperatur im Inneren die gleiche ist wie an der Oberfläche, so daß sich die Trocknung von innen nach außen vollzieht.

Der Ventilator arbeitet hierbei ausschließlich mit Zirkulationsluft unter einem gewissen Überdruck, und es ist ein langsames Ansteigen der Temperatur innezuhalten. Erst von Stunde zu Stunde darf die Temperatur auf den höchst zulässigen Grad gebracht werden. Beim Trocknen des Holzes ist stets darauf zu achten, daß die Luft immer mit 70 bis 75% Feuchtigkeit gesättigt ist, *damit die Oberfläche des Trockengutes weich bleibt.* Es ist dies leicht möglich, weil die Wasserverdampfaufnahme mit dem Steigen der Temperatur ebenfalls zunimmt und trotz gleichbleibender relativer Feuchtigkeit der Dampfgehalt der Luft wächst. So wird das Trockengut bis ins Innere gleichmäßig erwärmt und getrocknet, ohne daß sich an der Oberfläche eine harte Kruste bildet, die Reißen und Sprödewerden zur Folge hätte.

Die Innehaltung des Feuchtigkeitsgrades muß durch einen Feuchtigkeitsmesser fortwährend kontrolliert werden.

Dieser einleitende Prozeß dauert, weil mit sehr feuchter Luft durchgeführt, oft eine größere Anzahl von Stunden, und es wäre verkehrt, an der erforderlichen Zeit etwas abzukürzen, weil dadurch das Trockengut Schaden leiden könnte.

Nach Erreichung der höchstzulässigen Temperatur kann mit dem Beimischen frischer Luft begonnen werden unter langsamer, aber stetiger Herabsetzung des Feuchtigkeitsgrades, der je nach Umständen bis auf 15 bis 20% sinken darf. Die Zirkulation der Luft bewirkt, daß sich dieselbe gleichmäßig bis in jeden Winkel verteilt, so daß auch ein gleichmäßiges Trocknen des ganzen Inhaltes der Trokenkammer erreicht wird. Die gleiche Luft verweilt nur kurze Zeit im Trockenraum, so daß eine zu starke Abkühlung und ein Sinken bis auf den Taupunkt nicht eintreten kann.

Für gewisse Harthölzer, die zu besonderen Zwecken verwendet werden, gibt es spezielle Trockenanlagen, in welchen das Holz zuerst gedämpft und nachher mit einem Gemisch von Dampf und Luft getrocknet wird.

Eine Holztrockenanlage, System V. A. G., besteht aus einem Zentrifugalventilator und einem Lamellenlufterhitzer. Die Luft wird nach dem Lufterhitzer gedrückt, erwärmt sich daselbst und strömt durch den Verteilkanal zur gleichmäßigen Verteilung in den Trockenraum. Nach dem Durchstreichen des Trockengutes sammelt sich die Luft am anderen Ende und gelangt durch einen zweiten Kanal wieder zum Ventilator, nachdem unterwegs eine bestimmte Menge Luft beigemischt und ebensoviel überschüssige Luft durch besondere Regulierklappen abgelassen worden ist.

Der Lufterhitzer kann jeder beliebigen Heizung angeschlossen werden. Warmwasser, Hoch- und Niederdruckdampf, auch Abdampf kommen in Frage, oder er kann auch für elektrische Heizung eingerichtet werden. Größere Anlagen erhalten mehrere Trockenkammern, von denen jede mit einem eigenen Ventilator und einem Lufterhitzer versehen ist und zur Beschickung einzeln ausgeschaltet und wieder eingeschaltet werden kann.

Die eigentliche Anlage gewinnt gegenüber dem Ventilator, der darin nur ein Hilfsorgan bildet, an Bedeutung. Es ist nicht nur notwendig, den Ventilator zweckentsprechend zu konstruieren und ebenso die Anlage auszubilden, sondern diese muß auch lufttechnisch richtig durchgeführt werden, sonst kann der Ventilator nicht wirtschaftlich arbeiten. Das Studium der Luftführung ist fast ebenso wichtig wie die Konstruktion des Ventilators, darum werden zum Schluß diese Fragen noch berührt, obgleich wir uns mit einem kurzen Hinweis begnügen müssen. Der Bau der Anlage ist geschäftlich wichtiger und beschäftigt mehr Leute als die Herstellung der zugehörigen Ventilatoren.

b) Entnebelungsanlagen. In Lokalen und Fabrikräumen, wo viel mit Wasser oder Dampf gearbeitet wird, sättigt sich der Raum mit Wasserdampf. Kommt noch mehr Dampf hinzu oder wird der Raum aus irgendeinem Grunde abgekühlt, so scheidet sich der Wasserdampf als Nebel aus und verhindert jegliches Sehen und Unterscheiden von Gegenständen. Das Kondenswasser scheidet sich von Wänden, Decken, Maschinen usw. ab, wodurch allerlei Störungen und Schäden entstehen können. Diese Übelstände lassen sich nur durch den Einbau von Entnebelungsanlagen beseitigen.

Es sind weniger Gewerbehygiene- und Unfallverhütungsvorschriften, als vielmehr technische und wirtschaftliche Gründe, die die Besitzer von Färbereien, Bleichereien, Konservenfabriken, Milchsiedereien, Naßspinnereien, Zwirnereien, Schlachthäusern usw. zur Anschaffung solcher Entnebelungsanlagen bewegen. In gut entnebelten Räumen ist eine vollkommene Übersicht möglich und jede Arbeit geht besser vonstatten als bei unsichtiger Luft.

Im Sommer, wenn die Raumluft infolge der höheren Temperatur viel Wasser aufnehmen kann, genügt oft eine kräftige, gut veranlagte Ventilation, bei deren Einrichtung nur darauf zu sehen ist, daß keine Zugluft entsteht.

In der kühlen Jahreszeit kann durch eine noch so kräftige Lüftung dieser Zweck niemals erreicht werden, weil die kalte Luft das Verdichten des Nebels begünstigt und den Zustand noch verschlimmert.

Der einfachste Weg zur Erreichung dieses Zieles liegt in der Einführung hoch erwärmter Luftmengen, doch ist die Temperatur an gewisse praktische Grenzen gebunden. In Arbeitsräumen soll die Lufttemperatur nicht über 25° C steigen. Da hilft nur eine kräftige Vermehrung der Luftmenge.

Einen großen Einfluß übt aber auch die Beschaffenheit, d. h. die Temperatur und der Wassergehalt der Außenluft aus, deshalb muß die Lufttemperatur regelbar sein und ebenso die Luftmenge.

Die Ventilator-A.-G. Stäfa lieferte u. a. nach ihrem patentierten System im Jahre 1917 an eine große Färberei am Zürichsee eine Anlage, die für eine stündliche Leistung von 25 000 bis 50 000 cbm (7 bis 14 cbm/sek) erwärmte Luft berechnet war.

Antrieb des Ventilators durch eine Dampfturbine Zoelly (Escher Wyß & Cie.), Kraftbedarf 12 PS. Der Ventilator ist eine Doppelluftturbine, System V. A. G. Der Lufterhitzer wird mit 7 m/sek Luftgeschwindigkeit durchströmt und wird durch den Abdampf der Dampfturbine geheizt. Die Luft kann sich von —10 auf 20° C erwärmen.

8. Entstaubungs- und Spänetransportanlagen.

Es handelt sich hier um industrielle Entstaubungsanlagen, bei denen der Staub durch passende Fänger womöglich am Ort der Entstehung gefaßt wird im Gegensatz zu Entstaubungsanlagen von Wohnungen und deren Einrichtungen, von Eisenbahnwagen, Versammlungslokalen oder von gewissen gewerblichen Einrichtungen, wie z. B. die Setzkästen einer Buchdruckerei usw. Diese Anlagen unterscheiden sich von den erstgenannten hauptsächlich dadurch, daß die Fänger, hier meistens „Mundstücke" genannt, tragbar und beweglich sind und über die zu entstaubenden Gegenstände geführt werden. Oft sind dieselben mit einer Bürste verbunden und für die verschiedenen Zwecke verschieden geformt.

Zu einer stationären Entstaubungsanlage gehören folgende Bestandteile: Die Luftpumpe, der Filter, die Leitungen, die Zubehörteile, das sind verschieden geformte Mundstücke, Wandanschlüsse und Reinigungsschläuche.

Zur Erzeugung der Saugluft werden benutzt:

1. Druckluft,
2. Druckwasser,

   beide zur Betätigung von saugenden Strahlgebläsen (Ejektoren),
3. Membran- und Membrankolbenpumpen,
4. Kapselpumpen,
5. Ventilatoren,
6. Kolbenvakuumpumpen.

Die Pumpen 3. bis 6. werden motorisch, meist mit Elektromotor, betrieben.

Mit Druckwasser betriebene Injektoren können an die Hauswasserleitung angeschlossen und der Staub direkt in die Kanalisation befördert werden.

Nach diesem System bauen die Ingenieure Hirzel und Cattani, Zürich, unter der Fabrikmarke „Fort“ sehr wirtschaftlich arbeitende Entstaubungsanlagen.

Über Entstaubungsanlagen für Wohnräume u. dgl. besteht schon eine reichhaltige Literatur.

Wir beschäftigen uns indessen hier nur mit den erstgenannten industriellen Entstaubungs- und Spänetransportanlagen, die durch Ventilatoren betrieben werden.

Heutzutage finden industrielle Entstaubungsanlagen in erweitertem Ausmaß Anwendung, teils aus hygienischen Gründen, teils zur Verbesserung der Arbeitsbedingungen infolge der sofortigen Entfernung der Abfälle, die wir hier kurzweg als Staub bezeichnen wollen und damit alle festen Körper einschließen, die durch Absaugen entfernt werden können, von den Spänen einer Holzhobelmaschine an gerechnet bis zum feinen Staub einer Poliermaschine. Es werden nachstehend einige Industrien aufgezählt, bei denen Staubabsauganlagen Eingang gefunden haben. Ihre Zahl könnte beliebig vermehrt werden, insbesondere wenn das Absaugen giftiger Dämpfe und Rauchgase mit einbezogen werden: Betriebe für Holzbearbeitung, Gußputzereien, Schleifereien, Papierfabriken (Lumpensortierereien), Kalkwerke u. a. m.

Die Ausbildung des Exhaustors hat darauf Bedacht zu nehmen, daß der Durchgang des Fördergutes durch das Schaufelrad ohne Hindernisse vor sich geht. Dieser Umstand kommt hauptsächlich bei Spänetransportanlagen in Frage. In Abb. 126 wird ein solcher Exhaustor dargestellt. Die Nabe und der Flügelanfang sind so geformt, daß das abzusaugende Gut den natürlichen Weg einschlägt. Der hier dargestellte Exhaustor hat einen Saugöffnungsdurchmesser von 800 mm, einen Flügelraddurchmesser D_2 von 1300 mm und fördert bei 380 Min.-Umdrehungen eine Luftmenge von 380 cbm/min. Das Verhältnis der beiden vorgenannten Durchmesser ist mit Rücksicht auf den Wirkungsgrad ein sehr günstiges. Die verlangte Drehzahl wird durch indirekten Antrieb herbeigeführt. Dieser hat in unserem Falle gegenüber der direkten Kupplung mit dem Motor den Vorzug der leichten Veränderbarkeit. Seit Einführung der Lenix-Riemenspanner hat der Riemenantrieb wieder an Bedeutung zugenommen.

Bei feinerem Transportgut (Staub) werden die in neuerer Zeit aufgekommenen Luftturbinen und die kurz- und engschaufligen Schirokkogebläse Anwendung finden können.

Den zweiten Hauptteil einer Entstaubungsanlage bildet das **Rohrnetz** mit seinen den Verhältnissen entsprechenden Verzweigungen.

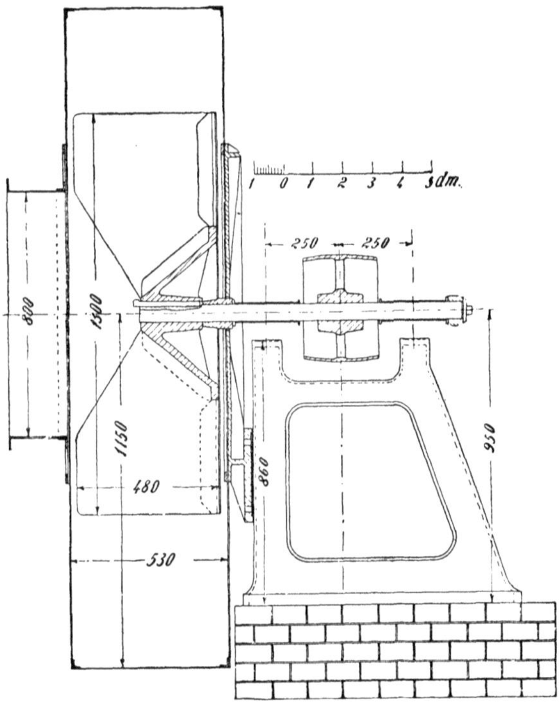

Abb. 126.

Für die Rohrleitung gilt der oberste Grundsatz, möglichst große Rohrquerschnitte zu erhalten und die Abzweigungen so zusammenzuführen, daß sie das Hauptrohr auf dem kürzesten Wege erreichen. Parallel geführte Rohre sind, wo immer möglich, zu vermeiden, wenn ihre rasche Vereinigung durchführbar ist. Die einzelnen Rohrstränge sind an den Vereinigungspunkten derart zusammenzuführen, daß dort keine Störung des abgesaugten und zusammenströmenden Materials eintreten kann und daß das Auftreten von Widerständen zwischen und innerhalb der sich vereinigenden Saugrohre vermieden wird (siehe auch S. 46).

Früher wurde der Ausführung der Abzweigstellen keine besondere Aufmerksamkeit geschenkt. Die Zusammenführung zweier oder mehrerer Zweigrohre geschah früher unter einem Winkel von 45°, gelegentlich auch unter 90°, und wenn man die Sache besonders gut machen wollte, so wählte man einen Winkel von 30°. Durch das Vorgehen der Vereinigten Maschinenfabrik Augsburg und Maschinen-

Abb. 127. Entstaubungsanlage in der Schleiferei einer Armaturenfabrik.

baugesellschaft Nürnberg wurde hier (im Jahre 1904) ein Wechsel geschaffen. Das Ergebnis der angestellten langwierigen Untersuchungen war zunächst eine Verringerung des Energieverbrauches der eigenen Anlage von 110 auf 35 PS. Dieses verblüffende Ergebnis wurde er-

Abb. 128. Entstaubungsanlage in der Schleiferei einer Armaturenfabrik.

reicht einerseits durch Feststellung der für die Arbeitsmaschinen höchstens erforderliche Transportluftmenge und Geschwindigkeit, andererseits durch möglichste Verminderung der Leitungswiderstände, und zwar hauptsächlich durch Verkleinerung der Winkel an den Vereini-

Abb. 129. Schleif- und Polierscheiben, mit drehbarem Staubsauger ausgerüstet.

gungsstellen, die man durch passende Konstruktion bis auf 5° ermäßigte. Durch ein vom Leiter dieser Untersuchungen, den nachmaligen Professor Dr. Prandtl, ausgearbeitetes besonderes Rechnungsverfahren wurde die genaue vorausgehende Feststellung aller in Betracht kommender Widerstände mit geringem Zeitaufwand ermöglicht. Es wird hier auch an die diesbezüglichen Arbeiten von V. Blaess erinnert.

Als weiteren Bestandteil einer Entstaubungsanlage sind die Maschinenanschlüsse, die sog. Fänger, zu nennen. Ihr Zweck ist,

Abb. 130.

die Ausbreitung der Späne bzw. des Staubes zu verhindern, ihn womöglich schon beim Entstehen abzufangen, einesteils zum Schutze des die Maschine bedienenden Arbeiters, andernteils damit der Staub oder die Späne in der natürlichen Flugrichtung in den Fänger eintreten, so daß dadurch das Ansaugen unterstützt wird.

Diese Anforderungen lassen sich nur erfüllen, wenn die Fänger nicht nach Schablone ausgeführt, sondern den Verhältnissen jeweils angepaßt werden. Gelungene Ausführungen des Rohrnetzes und der

Fänger zeigen die Abb. 127, 128, 129, 130, 131. Die allgemeine Disposition einer solchen Anlage (einer Schleiferei) ist aus Abb. 132 ersichtlich.

Schließlich muß das abgesaugte Material aus der Leitung ausgeschieden werden. In vereinzelten Fällen kann wertloser Staub einfach an entlegenen Stellen ausgeblasen, günstigstenfalls über fließendes Wasser geleitet werden. In allen anderen Fällen muß die Abscheidung

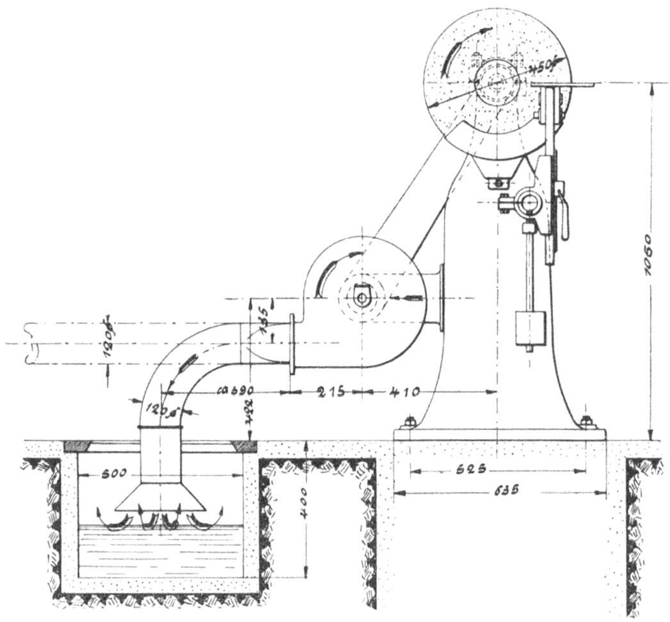

Abb. 131. Schmirgelschleifmaschine mit Staubabsaugung.

künstlich vor sich gehen, wozu in Frage kommen: Staubkammern, Zentrifugalabscheider, Filter, einzeln oder vereinigt mit anderen Mitteln. Alle diese Einrichtungen sollen dem Luftdurchgang und Luftaustritt möglichst wenig Widerstände bieten, da jeder Widerstand durch vermehrten Energieaufwand überwunden werden muß.

Das (namentlich bei Spänetransportanlagen) gebräuchlichste Abscheidungsmittel ist der Zentrifugalabscheider (Abb. 133). Die tangential am Umfang eingeführte beladene Luft gerät dann in kreisende Bewegung, wodurch die schweren Teile gegen den Umfang gedrängt werden; dort bewegen sie sich spiralförmig nach unten, um in den untergebauten Späneraum zu fallen, während die Luft durch ein in der Mitte des Abscheiders sitzendes Schlotrohr nach oben geleitet wird. In Abb. 134 ist die äußere Gestalt eines solchen Abscheiders ersichtlich. Abb. 135 zeigt eine Dampfkesselanlage, die mit den abgeschiedenen Holzspänen geheizt wird.

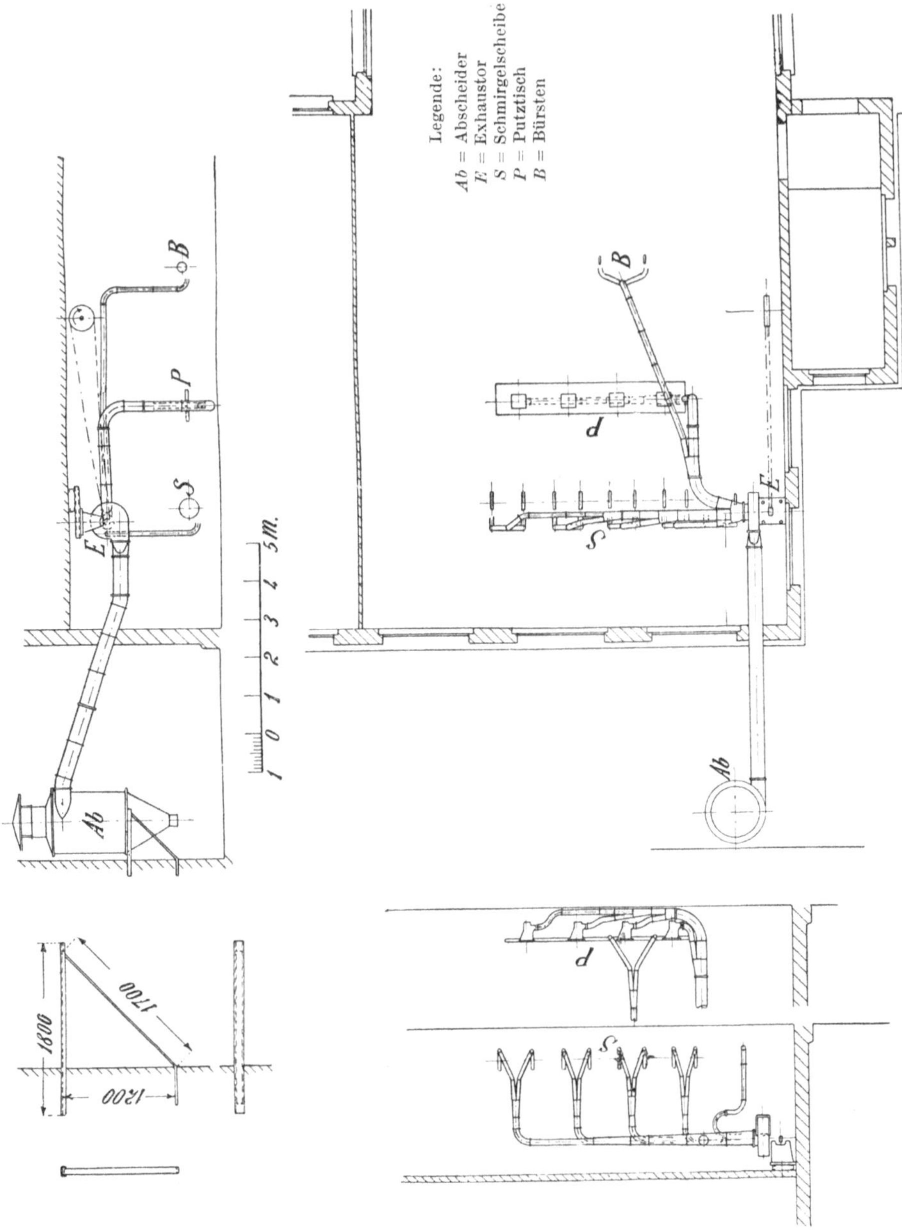

Abb. 132. Entstaubungsanlage in einer Schleiferei.

Die durch eine Entstaubungsanlage abgeführte Luft ist enorm groß und ebenso die damit entweichende Wärmemenge, die durch Heizung wieder ersetzt werden muß, deren Betriebskosten sehr hoch werden. Diesem Übelstand kann durch Aufstellung eines Filters begegnet werden. Die gereinigte Luft wird mit einem gewissen Zusatz von Frischluft dem Lufterhitzer in vorgewärmtem Zustande wieder zugeführt.

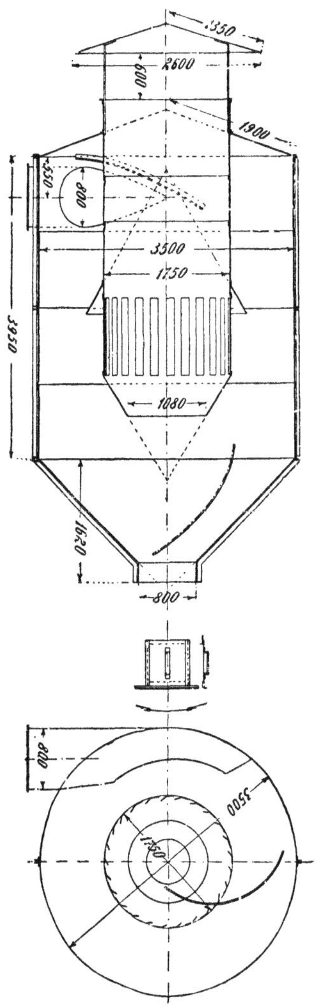

Abb. 133. Abscheider, System Wunderli.

Sehr gebräuchlich sind Barchentfilter, zusammengesetzt aus einer der eingeführten Luftmenge entsprechenden Anzahl Einzelelemente. Sie werden gewöhnlich ohne automatische Abklopfvorrichtung ausgeführt, da es genügt, wenn die Abklopfung in den Betriebspausen vorgenommen wird, wo sie rasch und in einfachster Weise erfolgen kann. Mit zunehmender Verschmutzung wächst der Widerstand und es nimmt die Saugwirkung des Exhaustors ab. Bisweilen wird der eigentliche Stoffilter durch einen sog. Vorfilter aus leichtem, durchlässigem Material entlastet. Dieser Vorfilter hat den Zweck, einerseits die gröbsten Staubteile abzufangen, andererseits soll er, da er gewöhnlich aus nicht brennbarem Material ausgeführt wird, verhindern, daß er durch Zufälligkeiten in Brand gerät.

Man hat auch durch Anwendung von Wasserzerstäubungsdüsen, durch Koks-, Holzwolle- oder Reisigfilter versucht den Staub aus der Luft abzufangen.

In neuerer Zeit hat der Delbag-Viscin-Zellen-Luftfilter der Deutschen Luftfilter-Baugesellschaft m. b. H. in Berlin ziemlich große Verbreitung gefunden.

Die zu reinigende Luft oder das Gas durchströmt zwangsläufig im steten Richtungswechsel die Filterschicht, die aus eigenartigen, netzförmigen Widerstandskörpern besteht und deren verhältnismäßig große Oberfläche mit einer nicht verdunstenden, staubbindenden Flüssigkeit, dem „Viscinol", benetzt wird. Die Reinigung der Luft ist beinahe vollständig. Unter den verschiedenen Vorteilen,

Abb. 134. Abscheider.

Abb. 135. Späneeinführung in Flammenkessel (Schuhfabrik E. F. Relly, A.-G., Niedergörgen).

die der Delbag-Viscin-Zellen-Luftfilter bietet, verdient in erster Linie der geringe Widerstand, daher gleichbleibende Luftmenge, hervorgehoben zu werden. Aus diesem Grunde hat sich diese neue Art Luftfilter in der Industrie rasch eingeführt.

Die Ventilator A.-G. Stäfa hat die Vertretung der „Delbag“ für die Schweiz und für Frankreich übernommen.

Aus allem geht hervor, daß das Anwendungsgebiet der Zentrifugalventilatoren ein sehr großes ist, dessen Umfang stetig zunimmt. Die Konstruktion des Schaufelrades richtet sich nach dem Zweck, den es zu erfüllen hat. Die Eigentümlichkeiten der verschiedenen Anlagen müssen genau studiert werden, aber dabei ist deren lufttechnischer Seite, d. h. die Fortleitung der Luft durch passende Kanäle und Röhren, die größte Aufmerksamkeit zu schenken.

Anhang.

Zahlentafel für Druckverlust in Rohrleitungen in mm W.-S. für eine Rohrlänge von 100 m und einen Widerstandskoeffizienten

$\lambda = 0{,}01$.

D	F	V = 0,3 cbm/sek			0,4			0,5			0,6		
m	m²	w	w^2	Z	w	w^2	Z	w	w^2	Z	w	w^2	Z
0,2	0,0314	9,55	91,20	29,04	12,73	162,12	51,64	15,95	253,30	80,69	19,10	363,08	116,20
0,3	0,0707	4,24	18,01	3,87	5,66	32,01	6,80	7,07	50,00	10,62	8,49	72,02	15,30
0,35	0,0962				4,16	17,29	3,15	5,20	27,01	4,92	6,24	38,90	7,08
0,4	0,1257				3,18	10,11	1,61	3,98	15,82	2,52	4,77	22,78	3,63
0,5	0,1964										3,05	9,32	1,19
		0,7			0,8			0,9			1,0		
0,2	0,0314	22,28	496,47	158,15									
0,3	0,0707	9,90	98,03	20,82	11,32	128,04	27,19	12,73	162,05	34,11	14,18	200,07	42,50
0,35	0,0962	7,28	52,95	8,69	8,32	69,16	12,59	9,37	87,54	15,43	10,40	108,05	19,67
0,4	0,1257	5,57	31,01	4,94	6,36	40,51	6,45	7,16	51,26	8,17	7,96	63,29	10,08
0,5	0,1964	3,56	12,70	1,62	4,07	16,59	2,11	4,58	21,00	2,68	5,09	25,92	3,30
		1,2			1,4			1,5			1,6		
0,35	0,0962	12,47	155,60	28,26	14,55	211,79	38,55	15,59	243,13	44,26			
0,4	0,1257	9,55	91,44	14,52	11,14	124,05	19,76	11,93	142,40	22,68	11,17	124,77	19,90
0,5	0,1964	6,11	37,33	4,76	7,13	50,81	6,47	7,67	58,33	7,43	8,15	66,37	8,46
0,6	0,2827										5,66	32,00	3,40
		1,8			2,0			2,2			2,5		
0,5	0,1964	9,16	84,00	10,74	10,18	103,70	13,23	11,20	125,48	15,99	12,73	162,03	20,65
0,6	0,2827	6,37	40,54	4,30	7,08	50,05	5,31	7,78	60,56	6,43	8,84	78,20	8,30
0,7	0,3849	4,68	21,87	2,00	5,20	27,00	2,46	5,72	32,67	2,97	6,50	42,19	3,84
0,8	0,5027				3,98	15,83	1,26	4,38	19,15	1,53	4,97	24,73	1,97
		3,0			3,5			4,0			5,0		
0,5	0,1964	15,27	232,32	29,73									
0,6	0,2827	10,61	112,60	11,96	12,40	153,28	16,27	14,15	200,20	21,24	17,69	312,80	25,20
0,7	0,3849	7,79	60,75	5,52	9,09	82,69	7,52	10,39	108,00	9,84	12,99	130,68	11,88
0,8	0,5027	5,97	35,61	2,84	6,96	48,47	3,86	7,96	63,31	5,04	9,95	98,93	7,88
0,9	0,6362	4,72	22,24	1,57	5,50	30,26	2,14	6,29	39,53	2,08	7,86	61,80	4,37
1,0	0,7854							5,09	25,94	1,65	6,37	40,62	2,58
		6,0			10,0								
0,7	0,3849	15,59	243,00	22,06	25,98	522,12	47,52						
0,8	0,5027	11,94	142,25	11,34	19,90	395,72	31,52						
0,9	0,6362	9,43	88,94	6,30	15,72	247,20	17,48						
1,0	0,7854	7,64	58,36	3,72	12,74	162,48	10,32						

$$\lambda = 0{,}01\,, \quad \gamma = 1{,}25\,, \quad Z = \frac{\lambda\,\gamma\,w^2}{D \cdot 2g}\,L\,, \quad L = 100\,, \quad Z = 0{,}063\,701\,\frac{w^2}{D}\,,$$

w = Geschw. m/sek.

Literaturverzeichnis.

Berg, H.: Die Kolbenpumpen einschließlich der Flügel- und Rotationspumpen. 2. Aufl. Berlin 1921.

Biel, R.: Mitteilungen über Forschungsarbeiten usw. V. d. I. Heft 44.

— Die Wirkungsweise der Kreiselpumpen und Ventilatoren. Mitteilungen über Forschungsarbeiten usw. Heft 42. Berlin 1907.

Blaess, Victor: Die Strömung in Röhren und die Berechnung weitverzweigter Leitungen und Kanäle. München und Berlin 1911.

— Zur Theorie der Zentrifugalpumpen und Ventilatoren.

Brabbée, K.: H. Rietschels Leitfaden der Heiz- und Lüftungstechnik. 6. Aufl. Berlin 1922.

Hinz, Ad.: Thermodynamische Grundlagen der Kolben- und Turbokompressoren. Graphische Darstellungen für die Berechnung und Untersuchung. Berlin 1914.

Hütte.: Berlin 1919.

Jordan, W.: Barometrische Höhentafeln. Stuttgart 1886.

— Handbuch der Vermessungskunde.

Krell jr., Otto: Über Messungen von dynamischem und statischem Druck bewegter Luft. München und Berlin 1904.

Matthiessen, H. und E. Fuchslocher: Die Pumpen. Berlin 1923.

Neumann, Fritz: Die Zentrifugalpumpen mit besonderer Berücksichtigung der Schaufelschnitte. 2. Aufl. Berlin 1922.

Ombeck, Hugo: Forschungsarbeiten auf dem Gebiete des Ingenieurwesens. V. d. I. Heft 158/159. Berlin 1914.

Ostertag, P.: Die Entropietafel für Luft und ihre Verwendung zur Berechnung der Kolben- und Turbokompressoren. 2. Aufl. Berlin 1917.

— Kolben- und Turbokompressoren. 3. Aufl. Berlin 1923.

Psychrometertafeln, herausgegeben vom Preußischen Meteorologischen Institut. Braunschweig 1908.

Quantz, L.: Kreiselpumpen. Eine Einführung in Wesen, Bau und Berechnung neuzeitlicher Kreisel- oder Zentrifugalpumpen. Berlin 1922.

Regeln für Leistungsversuche von Ventilatoren und Kompressoren. V. d. I. Berlin 1912.

Schüle, W.: Technische Thermodynamik. 4. Aufl. Berlin 1913.

Vidmar, Milan: Theorie der Kreiselpumpen. Braunschweig 1922.

Walther, Leo: Dynamik der Leistungsregelung von Kolbenkompressoren und Pumpen einschl. Selbstregelung und Parallelbetrieb. Berlin 1921.

Wiesmann, E.: Künstliche Lüftung im Stollen- und Tunnelbau sowie von Tunnels im Betrieb. Zürich und Leipzig 1919.

Zeitschr. f. d. ges. Turbinenwesen. 4. Jahrg. 1907, Heft 31—36.

Sachverzeichnis.

Kreiselpumpen. Eine Einführung in Wesen, Bau und Berechnung neuzeitlicher Kreisel- oder Zentrifugalpumpen. Von Dipl.-Ing. **L. Quantz,** Stettin. Mit 109 Textabbildungnn. (IV u. 108 S.) 1922. 3.80 Goldmark / 0.95 Dollar

---

Die Pumpen. Ein Leitfaden für höhere Maschinenbauschulen und zum Selbstunterricht. Von Professor Dipl.-Ing. **H. Matthiessen,** Kiel, und Dipl.-Ing. **E. Fuchslocher,** Kiel. Mit 137 Textabbildungen. (IV u. 85 S.) 1923. 1.60 Goldmark / 0.40 Dollar

---

Kreiselpumpen. Von Professor Dr.-Ing. **C. Pfleiderer,** Braunschweig. Mit etwa 355 Abbildungen. (Etwa 400 S.) In Vorbereitung

---

Die Transformatoren. Von Professor Dr. techn. **Milan Vidmar,** Direktor der Maschinenfabriken und Gießereien A.-G. Ljubljana. Zweite Auflage. In Vorbereitung

---

Die elektrische Kraftübertragung. Von Dipl.-Ing. **Herbert Kyser,** Oberingenieur.

Erster Band: **Die Motoren, Umformer und Transformatoren.** Ihre Arbeitsweise, Schaltung, Anwendung und Ausführung. Zweite, umgearbeitete und erweiterte Auflage. Mit 305 Textfiguren und 6 Tafeln. 1920. (XV u. 417 S.) Unveränderter Neudruck. 1923.
Gebunden 15.— Goldmark / Gebunden 3.60 Dollar

Zweiter Band: **Die Niederspannungs- und Hochspannungs-Leitungsanlagen.** Ihre Projektierung, Berechnung, elektrische und mechanische Ausführung und Untersuchung. Zweite, umgearbeitete und erweiterte Auflage. Mit 319 Textfiguren und 44 Tabellen. 1921. (VIII u. 405 S.) Unveränderter Neudruck 1923.
Gebunden 15.— Goldmark / Gebunden 3.60 Dollar

Dritter Band: **Die maschinellen und elektrischen Einrichtungen des Kraftwerkes und die wirtschaftlichen Gesichtspunkte für die Projektierung.** Zweite, umgearbeitete und erweiterte Auflage. Mit 665 Textfiguren, 2 Tafeln und 87 Tabellen. (XII u. 930 S.) 1923.
Gebunden 28.— Goldmark / Gebunden 6.70 Dollar

H. Rietschels Leitfaden der Heiz- und Lüftungstechnik. Ein Hand- und Lehrbuch für Architekten und Ingenieure. Sechste, völlig neubearbeitete Auflage. Von Professor Dr. techn. **K. Brabbée,** Berlin.

Erster Band: Mit 257 Textabbildungen. (VIII u. 182 S.) 1922.

Zweiter Band: Mit 42 Textabbildungen, 30 Zahlentafeln und den Hilfstafeln I—X. (VI u. 178 S.) 1922.
In zwei Bänden gebunden 28 Goldmark / Gebunden 6.70 Dollar

GPSR Compliance

The European Union's (EU) General Product Safety Regulation (GPSR) is a set of rules that requires consumer products to be safe and our obligations to ensure this.

If you have any concerns about our products, you can contact us on ProductSafety@springernature.com

In case Publisher is established outside the EU, the EU authorized representative is:

Springer Nature Customer Service Center GmbH
Europaplatz 3
69115 Heidelberg, Germany

Batch number: 10682323

Printed by Printforce, the Netherlands